W0188348

Westermeier

Elektrophorese-Praktikum

© VCH Verlagsgesellschaft mbH, D-6940 Weinheim (Bundesrepublik Deutschland), 1990

Vertrieb
VCH Verlagsgesellschaft, Postfach 101161, D-6940 Weinheim (Bundesrepublik Deutschland)
Schweiz: VCH Verlags-AG, Postfach, CH-4020 Basel (Schweiz)
United Kingdom und Irland: VCH Publishers (UK) Ltd., 8 Wellington Court, Wellington Street,
    Cambridge CB1 1HZ (England)
USA und Canada: VCH Publishers, Suite 909, 220 East 23rd Street, New York,
    NY 10010-4606 (USA)

ISBN 3-527-28172-X

Reiner Westermeier

Elektrophorese-Praktikum

unter Mitwirkung von

Sonja Gronau-Czybulka
Corinna Habeck
Hubert Schach
Hanspeter Schickle
Günter Theßeling
Peter Wiesner

Weinheim · New York · Basel · Cambridge

Dr. R. Westermeier
Pharmacia LKB GmbH
Munzinger Straße 9
D-7800 Freiburg

Das vorliegende Werk wurde sorgfältig erarbeitet. Dennoch übernehmen Autor und Verlag für die Richtigkeit von Angaben, Hinweisen und Ratschlägen sowie für eventuelle Druckfehler keine Haftung.

Lektorat: Dr. Hans F. Ebel
Herstellerische Betreuung: Peter J. Biel
Bild auf dem Umschlag: Illustration einer Elektrophorese; Auftrennung verschiedener Proben in ihre Einzelkomponenten. – Gestaltung: Schneider, Raabe und Partner, D-7800 Freiburg

CIP-Titelaufnahme der Deutschen Bibliothek:
Westermeier, Reiner:
Elektrophorese-Praktikum / Reiner Westermeier. Unter Mitw. von Sonja Gronau-Czybulka ...
– Weinheim ; New York ; Basel ; Cambridge : VCH, 1990
  ISBN 3-527-28172-X

© VCH Verlagsgesellschaft mbH, D-6940 Weinheim (Bundesrepublik Deutschland), 1990

Gedruckt auf säurefreiem Papier

Satz, Bild, Grafik vom Autor auf Datenträger zur Verfügung gestellt.
Belichtung: Kühn & Weyh, D-7800 Freiburg
Druck: betz druck gmbh, D-6100 Darmstadt
Bindearbeiten: Verlagsbuchbinderei G. Kränkl, D-6148 Heppenheim
Printed in the Federal Republic of Germany

Geleitwort

Die Anzahl der elektrophoretischen Trennmethoden hat seit Tiselius' grundlegenden Arbeiten, die mit einem Nobelpreis ausgezeichnet wurden, drastisch zugenommen. Der Weg von der Papier-, Celluloseacetat- und Stärkegelelektrophorese über die Molekularsieb-, Disk-, SDS- und Immunelektrophorese bis hin zur Isoelektrischen Fokussierung einschließlich der hochauflösenden zweidimensionalen Elektrophorese hat zusammen mit der Silber- und Goldfärbung, der Autoradiographie, Fluorographie und den Blottingverfahren zu immer höherer Auflösung, Nachweisempfindlichkeit und Spezifität in der Proteinanalytik geführt. Des weiteren hat sich die Gelelektrophorese als einzigartiges Werkzeug für die DNA-Sequenzierung erwiesen, während die hochauflösende zweidimensionale Elektrophorese den faszinierenden Weg vom isolierten Protein über die Aminosäurensequenzanalyse zum Gen und nach dessen Klonierung zur Proteinsynthese geebnet hat.

Das Spektrum des Analysenmöglichkeiten ist somit immer vielfältiger geworden, so daß eine zusammenfassende Darstellung der elektrophoretischen Trennmethoden nicht nur für den Anfänger, sondern auch für den erfahrenen Praktiker wünschenswert erscheint. Mit dieser Zielsetzung ist dieses Buch geschrieben worden.

Der Autor gehört zum Kreis der *Bluefingers* und hat dies 1979 in Mailand hautnah erfahren müssen, als er nach getaner Laborarbeit in einem Zigarettenkiosk aufgrund der Coomassie-gefärbten Hände in den Verdacht des Geldfälschers geriet, und Prof. P.G. Righetti und ich ihn aus einer bedrohlichen Situation befreien mußten. Somit ist bei diesem Buch gemäß Maurers Definition (Proceedings of the first small conference of the bluefingers, Tübingen 1972) ein Experte am Werk gewesen, der den Weißfingern, die die Methoden nur vom Hörensagen kennen, erzählen kann wie sie z.B. keine blauen Finger bekommen.

Die dem auch sei, ich bin sicher, daß die zusammenfassende Darstellung der Methoden nicht nur die Weißfinger, sondern auch die Gemeinschaft der Bluefingers, Silverfingers, Goldfingers usw. erfreuen und mit vielen technischen Details bereichern wird.

Weihenstephan, im Februar 1990

Priv.-Doz. Dr. Angelika Görg

Vorwort

Dieses Buch ist für die Praktiker im Elektrophoreselabor verfaßt worden. Auf physiko-chemische Ableitungen und Formeln elektrophoretischer Phänomene wurde deshalb verzichtet.

Die Art und Weise der Erklärungen und die Darstellungsform hat sich aus der jahrelangen Erfahrung bei Anwender-Seminaren und -Kursen, Abfassung von Bedienungsanleitungen und Lösungen von Anwendungsproblemen ergeben. Sie sollten für technische Assistenten ebenso verständlich sein wie für in der Forschung stehende Wissenschaftler. Die Kommentarspalte bietet noch Freiraum für eigene Notizen.

In Teil I wird – so knapp wie möglich – eine Übersicht über den Stand der Technik in der Elektrophorese gegeben. Die Literaturzitate erheben keinen Anspruch auf Vollständigkeit.

Der Teil II enthält exakte Arbeitsanleitungen für 11 ausgewählte Elektrophorese-Methoden, die mit *einer* apparativen Ausrüstung durchgeführt werden können. Die Reihenfolge der Methoden wurde in der Weise festgelegt, daß man danach einen Elektrophoresekurs für Anfänger und Fortgeschrittene zusammenstellen kann. Mit diesen Methoden ist der Hauptteil der für das biologische, biochemische, medizinische und lebensmittelchemische Labor notwendigen Techniken abgedeckt.

Sollten – trotz exakten Nacharbeitens der Methoden-Beschreibungen – unerklärliche Effekte auftreten, kann man deren Gründe und die zu ihrer Vermeidung notwendigen Maßnahmen im Anhang unter der Rubrik "Problemlösungen" finden.

Für zusätzliche Hinweise und Problemlösungen aus der Leserschaft ist der Autor dankbar.

Freiburg, im März 1990   R. Westermeier

Inhalt

Teil I

Grundlagen

Teil II

Methoden

Anhang

Abkürzungen, Symbole, Einheitszeichen

A	Ampere
A,C,G,T	Adenin, Cytosin, Guanin, Thymin
A/D-Wandler	Analog-Digital-Wandler
ACES	N-(2-Acetamido)-2-aminoethansulfonsäure
APS	Ammoniumpersulfat
BAC	Bisacryloylcystamin
Bis	NN'-Methylenbisacrylamid
bp	Basenpaare
BSA	Rinderserumalbumin
C	Vernetzungsgrad *("Crosslinking")*[%]
CAPS	3-(Cyclohexylamino)propansulfonsäure
CHAPS	3-(3-Cholamidopropyl)dimethylammonio-1-propansulfat
CM	Carboxymethyl
CMW	*Collagen Molecular Weight*
const.	konstant
CTAB	Cetyl-trimethylammonium-bromid
Da	Dalton
DBM	Diazobenzyloxymethyl
DEAE	Diethylaminoethyl
Disk	Diskontinuierlich
DMSO	Dimethylsulfoxid
DNA	Desoxyribonukleinsäure
DPT	Diazophenylthioether
DTE	Dithioerythreitol
DTT	Dithiothreitol
E	Feldstärke, angegeben in V/cm
EDTA	Ethylendinitrilotetraessigsäure
g/v	Gewicht pro Volumen (Massenkonzentration)
GC	Gruppenspezifische Komponente
h	Stunden
HEPES	N-(2-Hydroxyethyl)piperazin-N'-2-ethansulfonsäure
HMW	*High Molecular Weight*
HPCE	*High Performance Capillary Electrophoresis*
HPLC	*High Perfomance Liquid Chromatography*

I	Stromstärke, angegeben in A, mA
IEF	Isoelektrische Fokussierung
IgG	Immunglobulin G
IPG	Immobilisierte pH-Gradienten
IPG-Dalt	2D-Elektrophorese: IPG / SDS-Elektrophorese
Iso-Dalt	2D-Elektrophorese: IEF / SDS-Elektrophorese
ITP	Isotachophorese
kb	Kilobasen
kDa	Kilodalton
konz.	konzentriert
K_R	Retardationskoeffizient
LDAO	Lauryldimethylamin-N-Oxid
LMW	*Low Molecular Weight*
mA	Milliampere
MES	Morpholinoethansulfonsäure
MG	Molekulargewicht
min	Minute
mol/L	Molekülmasse
MOPS	Morpholinopropansulfonsäure
m_r	relative elektrophoretische Mobilität
NAP	*Nucleic Acid Purifier*
Nonidet	Nichtionisches Detergenz
O.D.	optische Dichte
P	Leistung, angegeben in W
PAG	Polyacrylamid-Gel
PAGE	Polyacrylamid-Gel-Elektrophorese
PAGIEF	Polyacrylamid-Gel-Isoelektrische-Fokussierung
PBS	*Phosphate Buffered Saline*
PCR®	Polymerase-Ketten-Reaktion
PEG	Polyethylenglykol
PFG	*Pulsed Field Gel* (-Elektrophorese)
PGM	Phosphoglucomutase
pI	Isoelektrischer Punkt
PI	Protease Inhibitor
pK-Wert	Dissoziationskonstante
PMSF	Phenylmethyl-sulfonylfluorid
PMW	*Peptide Molecular Weight*
PVC	Polyvinylchlorid
PVDF	Polyvinylidendifluorid
r	Molekülradius

Rf-Wert	relative Laufstrecke
RFLP	Restriktions-Fragmente-Längen-Polymorphismus
R_m	relative elektrophoretische Mobilität
RNA	Ribonukleinsäure
s	Sekunde
SDS	Natriumdodecylsulfat
T	Totalacrylamid-Konzentration [%]
t	Zeit, angegeben in h, min, s
TBE	Tris-Borat-EDTA
TCA	Trichloressigsäure
TEMED	N,N,N'N'-Tetramethylethylendiamin
TF	Transferrin
TMPTMA	Trimethylolpropan-trimethacrylat[2-ethyl-2(hydroxymethyl)-1,3-propandiol-trimethacrylat]
Tricin	N-Tris(hydroxymethyl)-methylglycin
Tris	Tris(hydroxymethyl)-aminomethan
U	Spannung, angegeben in V
UV	ultraviolettes Licht
V	Volt
V	Volumen, angegeben in L
v	Wanderungsgeschwindigkeit, angegeben in m/s
v/v	Volumen pro Volumen (Volumenanteil)
VLDL	*Very low density lipoproteins*
W	Watt
2D-Elektrophorese	Zweidimensionale Elektrophorese

0 Übersicht

Bei keinem anderen biochemischen Trennverfahren gibt es derzeit so vielfältige methodische und apparative Neu- und Weiterentwicklungen wie auf dem Gebiet der elektrophoretischen Trenntechniken. Mit relativ geringem apparativen Aufwand erreicht man mit diesen Methoden hohe Trennleistungen. Haupteinsatzgebiete sind biologische und biochemische Forschung, Proteinchemie, Pharmazeutik, forensische Medizin, klinische Routine, Veterinärmedizin und Lebensmittelüberwachung sowie Molekularbiologie. Es wird auf diesem Gebiet immer wichtiger, in der Lage zu sein, für bestimmte Trennprobleme die richtige Elektrophoresetechnik auszuwählen und auch durchführen zu können.

Als eines der ausführlichsten und am meisten praxisbezogenen Bücher über Elektrophorese-Methoden sei die Monographie von Andrews [1] empfohlen. Im vorliegenden *Elektrophorese-Praktikum* sollen Elektrophoresemethoden und ihre Anwendungen in wesentlich kürzerer Form zusammengestellt werden.

Das Prinzip: In einem elektrischen Gleichstromfeld wandern geladene Moleküle und Partikeln jeweils in die Richtung der Elektrode mit entgegengesetztem Vorzeichen. Die Probensubstanzen befinden sich dabei in wäßriger Lösung. Verschiedenartige Moleküle und Partikeln eines Gemisches wandern aufgrund unterschiedlicher Ladungen und Massen mit unterschiedlicher Geschwindigkeit und werden dabei in einzelne Fraktionen aufgetrennt.

Die elektrophoretische Mobilität, das heißt die Wanderungsgeschwindigkeit, ist eine signifikante und charakteristische Größe eines geladenen Moleküls oder Partikels und ist abhängig von den pK-Werten der geladenen Gruppen und der Molekül- bzw. der Partikelgröße. Sie wird beeinflußt von Art, Konzentration und pH-Wert des Puffers, Temperatur, Feldstärke sowie der Beschaffenheit des Trägermaterials. Elektrophoretische Trennungen werden in freier Lösung, z.B. durch Trägerfreie und Kapillar-Elektrophorese, oder in stabilisierenden Medien, z.B. auf Dünnschichtplatten, Folien, oder Gelen durchgeführt.

Ausführliche theoretische Grundlagen sind in Literatur [2] und [3] zu finden.

Meistens findet man Angaben über die *relative* elektrophoretische Mobilität von Substanzen. Dabei bezieht man sich auf die Laufstrecke einer mitaufgetrennten Standardsubstanz, um unterschiedliche Feldstärken und Trennzeiten auszugleichen.

[1] Andrews AT. Electrophoresis. theory techniques and biochemical and clinical applications. Clarendon Press, Oxford (1986).

[2] Chrambach A. The practice of quantitative gel electrophoresis. VCH Weinheim (1985).

[3] Wagner H, Kuhn R, Hofstetter S. In: Wagner H, Blasius E, Hrsg. Praxis der elektrophoretischen Trennmethoden. Springer-Verlag, Berlin Heidelberg (1989) 1-20.

Die relative elektrophoretische Mobilität wird abgekürzt: m_r oder Rm.

Es gibt drei grundsätzlich verschiedene elektrophoretische Trennmethoden:

a) Elektrophorese, manchmal Zonen-Elektrophorese genannt,
b) Isotachophorese, kurz ITP,
c) Isoelektrische Fokussierung, kurz IEF.

"Elektrophorese" ist ein Überbegriff über drei Methoden. Blotting ist keine Trenn-, sondern eine Nachweismethode.

In Abb. 1 sind die drei Trennprinzipien dargestellt.

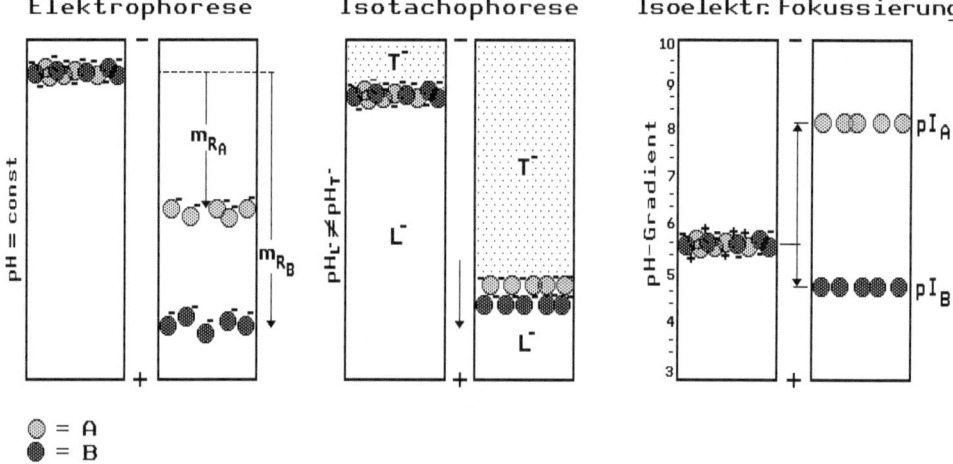

Abb. 1: Die drei elektrophoretischen Trennprinzipien. Nähere Erläuterungen im Text; A und B sind Probenkomponenten.

Zu a): Bei *Elektrophoresen* verwendet man ein homogenes Puffersystem, das über die gesamte Trenndistanz und -zeit den gleichen pH-Wert gewährleistet. Die in einem definierten Zeitabschnitt zurückgelegten Wanderungsstrecken sind damit ein Maß für die elektrophoretischen Mobilitäten der verschiedenen Substanzen.

Dies gilt auch für die Disk-Elektrophorese, das diskontinuierliche System existiert nur zu Beginn und verwandelt sich von selbst in ein homogenes.

Zu b): Bei der *Isotachophorese* (ITP), auf deutsch Gleichgeschwindigkeits-Elektrophorese, wird die Trennung in einem diskontinuierlichen Puffersystem durchgeführt. Die ionisierten Probensubstanzen wandern zwischen einem "schnellen" Leitionelektrolyten (L) und einem "langsamen" Folgeionelektrolyten (T, von *terminierend*) mit gleichen Geschwindigkeiten. Dabei sortieren sich die verschiedenen Probenkomponenten nach ihren elektrophoretischen Mobilitäten auseinander und bilden einen Stapel: die Substanzen mit der höchsten Mobilität folgen direkt dem Leition, die mit der niedrigsten Mobilität wandern direkt vor dem Folgeion. Diese Methode wird hauptsächlich für quantitative Analysen eingesetzt.

Die ITP wird im Vergleich zu sonstigen elektrophoretischen und chromatographischen Trennungen als exotisch eingeschätzt, weil sich keine Zwischenräume zwischen den Zonen ergeben; die Banden sind keine "Peaks" (Gaußsche Verteilung), sondern "Spikes" (konzentrationsabhängige Breiten).

Zu c): Die *Isoelektrische Fokussierung* (IEF) findet in einem pH-Gradienten statt und kann ausschließlich mit amphoteren Substanzen, wie Peptiden, Proteinen, durchgeführt werden. Die Moleküle wandern hierbei – je nach Ladung – in Richtung Anode bzw. Kathode, bis sie im Gradienten an dem pH-Wert ankommen, wo ihre Nettoladung Null ist.

Dieser pH-Wert ist der "*Isoelektrische Punkt*", kurz pI, der jeweiligen Substanz. Da sie dort nicht mehr geladen sind, hat das elektrische Feld keinen Einfluß mehr auf sie. Entfernen sie sich – aufgrund von Diffusion – von dieser Stelle, erhalten sie wieder eine Nettoladung und werden durch das elektrische Feld wieder auf ihren pI zurücktransportiert. Das ergibt einen Konzentrierungseffekt, daher der Name *Fokussierung*.

Bei der IEF ist es wichtig, die optimale Stelle im pH-Gradienten für den Probenauftrag zu ermitteln und zu verwenden, da, wie oben bereits erwähnt, manche Substanzen bei bestimmten pH-Werten instabil sind.

Anwendungsbereich: Man verwendet diese Methoden für die qualitative Charakterisierung einer Substanz oder eines Substanzgemisches, für Reinheitsprüfung, Gehaltsbestimmungen und präparative Zwecke.

Der Anwendungsbereich erstreckt sich von ganzen Zellen und Partikeln über Nukleinsäuren, Proteine, Peptide, Aminosäuren, organische Säuren und Basen, Drogen, Pestizide bis zu anorganischen Anionen und Kationen – kurz: über alles, was Ladungen tragen kann.

Die Probe: Ein wichtiges Kriterium zur Auswahl der geeigneten Elektrophorese-Methode ist die Art der Probesubstanzen, die analysiert werden sollen. In den Probenlösungen dürfen keine festen Partikeln oder Fetttröpfchen suspendiert sein, weil diese die Trennung stören, indem sie die Poren der Matrix verstopfen. Meist werden die Probenlösungen vor der Elektrophorese zentrifugiert.

Problemlos sind im allgemeinen Trennungen von Substanzen, die ausschließlich negativ oder positiv geladen sind.

Beispiele solcher Anionen oder Kationen sind: Nukleinsäuren, Farbstoffe, Phenole, organische Säuren oder Basen. Amphotere Moleküle wie Aminosäuren, Peptide, Proteine und Enzyme haben je nach dem pH-Wert des Puffers positive oder negative Nettoladung, weil sie sowohl saure als auch basische Gruppen besitzen.

Makromoleküle, wie Proteine und Enzyme, sind teilweise gegenüber bestimmten pH-Werten oder Puffersubstanzen empfindlich, es können Konfigurationsänderungen, Denaturierungen, Komplexbildungen und zwischenmolekulare Wechselwirkungen auftreten. Dabei spielen auch die Substanzkonzentrationen in der Lösung eine Rolle. Besonders beim Eintritt der Probensubstanzen in eine Gelmatrix können leicht Überladungsef-

Die Probenaufgabe erfolgt bei Gelen, die sich unter Puffer befinden, wie z.B.Vertikal- und Submarine-Systemen, mit Spritzen in einpolymerisierte Geltaschen oder in Glasröhrchen durch Unterschichten der mit Glycerin oder Saccharose beschwerten Probe unter den Puffer.

fekte auftreten, wenn die Probenkonzentration beim Übergang von der Lösung in das stärker restriktive Gel über einen kritischen Wert steigt.

Bei der Natriumdodecylsulfat-Elektrophorese muß die Probe vorher denaturiert, d.h. die Probenmoleküle müssen in die Form von Molekül-Detergenz-Mizellen gebracht werden. Die Methode der selektiven Probenextraktion bzw. die Extraktion von schwerlöslichen Substanzen bestimmt häufig die Art des verwendeten Elektrophorese-Puffers.

Die Art des stabilisierenden Mediums, z.B. eines Geles, muß von der Größe der Probenmoleküle abhängig gemacht werden.

Bei offenen Oberflächen wie bei Horizontalsystemen (z.B. in der Celluloseacetat-, Agarose-Gel- und automatisierten Elektrophorese) verwendet man Probenapplikatoren oder pipettiert mit Mikroliterpipetten in Schlitzmasken, Lochbänder oder einpolymerisierte Gelwannen. Bei Kapillartechniken verwendet man ebenfalls Spritzen, die meisten Geräte haben jedoch eine automatische Probenaufgabe.

Der Puffer: Die elektrophoretische Trennung von Substanzgemischen erfolgt bei einem genau eingestellten pH-Wert und bei konstanter Ionenstärke des Puffers. Die Ionenstärke des Puffers wird möglichst niedrig gewählt, dann sind der Anteil der Probeionen am Gesamtstrom und damit ihre Wanderungsgeschwindigkeiten genügend hoch.

Die Pufferionen werden während der Elektrophorese ebenfalls – wie die Probeionen – durch das Gel transportiert: negativ geladene zur Anode und positiv geladene zur Kathode. Man will mit möglichst geringer Leistung auskommen, damit während der Elektrophorese nicht zu viel Joulesche Wärme entsteht. Es ist aber eine Mindest-Pufferkapazität erforderlich, damit der pH-Wert der Probesubstanzen keinen Einfluß auf das System nehmen kann.

Für die Aufrechterhaltung konstanter pH- und Pufferbedingungen müssen die Volumina der Elektrodenpuffer-Vorräte genügend groß sein. Sehr praktisch, wenn auch nur in horizontalen Trennsystemen möglich, ist die Verwendung von Gel-Pufferstreifen.

Man verwendet bei anionischen Elektrophoresen sehr basische, bei kationischen Elektrophoresen sehr saure Puffersysteme.

Bei Vertikal- und Kapillarsystemen wird der pH-Wert so eingestellt, daß möglichst alle vorhandenen Probesubstanz-Moleküle entweder negativ oder positiv geladen sind, so daß sie im elektrischen Feld möglichst in die gleiche Richtung wandern.

Elektroosmose: Wenn statisches Trägermaterial, das stabilisierende Medium, und / oder Oberflächen der Trennapparatur, wie Glasplatten, -röhrchen oder -kapillaren, ebenfalls Ladungen tragen können, tritt der *Elektroosmose*-Effekt auf: dann wandert auch das Wasser – bei negativer Ladung des Gels oder der Oberfläche in Richtung Kathode – und transportiert die gelösten Substanzen mit. Es kommt zu einer Überlagerung der elektrophoretischen und der elektroosmotischen Bewegung.

Elektroosmoseeffekte stören im allgemeinen die Elektrophorese. Es gibt jedoch einzelne Methoden, die diesen Effekt zur Erzielung bestimmter Ergebnisse ausnützen.

1 Elektrophorese

1.0 Allgemeines

Elektrophoresen in freier Lösung

Wandernde-Grenzschichten-Elektrophorese: Für die elektrophoretische Trennung von Substanzen entwickelte Arne Tiselius 1937 die Methode der wandernden Grenzschichten-Elektrophorese [4] und erhielt dafür, neben seinen Arbeiten auf dem Gebiet der Adsorptionsanalyse, 1948 den Nobelpreis. In ein mit Puffer gefülltes, U-förmiges Glasrohr, in dessen Enden die Elektroden eingebaut sind, wird die Probe, z.B. ein Proteingemisch, eingebracht. Unter dem Einfluß des elektrischen Feldes wandern die Probenkomponenten je nach Ladungszahl und Ladungsrichtung unterschiedlich schnell in Richtung Anode oder Kathode. Mit Hilfe einer Schlieren-Optik kann man an beiden Enden der Probenzone die dabei entstehenden, durch unterschiedliche Lichtbrechung voneinander abgesetzten Grenzschichten während der Bewegung beobachten (Abb. 2).

[4] Tiselius A. Trans Faraday Soc. 33 (1937) 524-531.

Die Grenzschichten-Elektrophorese in freier Lösung wird heute hauptsächlich in der Grundlagenforschung zur exakten Messung von elektrophoretischen Mobiltäten von Substanzen eingesetzt.

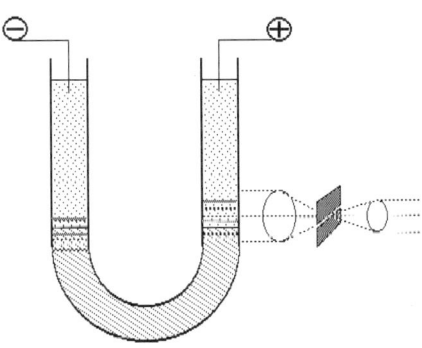

Abb. 2:
Wandernde Grenzschichten-Elektrophorese im U-Rohr nach Tiselius. Messung der elektrophoretischen Mobilität mit Schlieren-Optik.

Kontinuierliche trägerfreie Elektrophorese: Bei dieser von Hannig [5] entwickelten Methode fließt senkrecht zu einem elektrischen Feld ein kontinuierlicher Pufferfilm durch einen 0,5 bis 1 mm schmalen Spalt zwischen zwei gekühlten Glasplatten. An der einen Seite wird an einer definierten Stelle die Probe zugeführt, am anderen Ende werden die Einzelfraktionen durch eine Reihe von Schläuchen aufgefangen.

[5] Hannig K. Electrophoresis. 3 (1982) 235-243.

Die verschiedenen elektrophoretischen Mobilitäten senkrecht zur Fließrichtung führen zu verschieden starker, aber konstanter Ablenkung der Probenkomponenten, so daß sie an unterschiedlichen Stellen am Ende der Trennkammer auftreffen (siehe Abbildung 3).

Neben Trennungen löslicher Substanzen wird diese Technik auch zur Identifizierung, Reinigung und Isolierung von Zellorganellen und -Membranen und ganzer Zellen, wie Erythrozyten, Leukozyten, Gewebezellen, Malaria-Erregern und anderer Parasiten, eingesetzt [5,6].

Die Methode ist sehr effektiv, da bereits geringe Unterschiede der Oberflächenladungen von Partikeln und Zellen zur Trennung ausgenützt werden können.

[6] Wagner H, Kuhn R, Hofstetter S. In: Wagner H, Blasius, E. Hrsg. Praxis der elektrophoretischen Trennmethoden. Springer-Verlag, Heidelberg (1989) 223-261.

Leider kann die trägerfreie Elektrophorese bisher noch nicht im Industriemaßstab eingesetzt werden. Die Vergrößerung der Apparatur ist durch die thermische Konvektion limitiert, welche bei der ungenügenden Abfuhr der Jouleschen Wärme aus den stromführenden Elektrolytlösungen entsteht. Die Beladung kann nicht beliebig erhöht werden, weil hochkonzentrierte Proben zu sedimentieren beginnen. Beide limitierende Faktoren treten nur bei Gravitation auf: seit 1971, ab Apollo 14, wird im Weltraum experimentiert, um Produktionsmöglichkeiten in einer Raumstation zu erschließen.

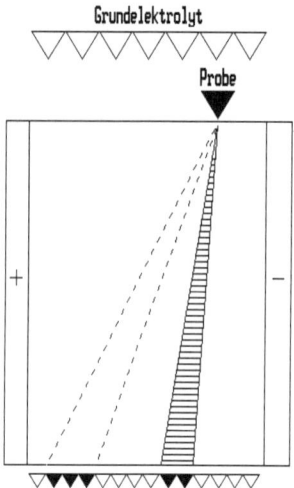

Kapillar-Elektrophorese: Für analytische und mikropräparative Elektrophoresen wird auch vermehrt die Kapillar-Elektrophorese eingesetzt [7]; analog zur HPLC kann man hierbei häufig der Abkürzung HPCE für *High Performance Capillary Electrophoresis* begegnen. Die Trennung erfolgt in einer 20 bis 30 cm langen, meist offenen Quarzkapillare aus *Fused Silica* mit 50 bis 100 μm Innendurchmesser; die beiden Enden tauchen in Pufferbehälter ein, in welche die Elektroden eingebaut sind.

Die verwendeten Feldstärken liegen in der Größenordnung bis zu 1 kV/cm, die Stromstärke beträgt 10 bis 20 μA; man benötigt deshalb einen Stromversorger, der Spannungen bis zu 30 kV liefern kann. Die Joulesche Wärme kann aus diesen dünnen Kapillaren mit einem Gebläse sehr effektiv abgeführt werden.

[7] Hjertén S. J Chromatogr. 270 (1983) 1-6.

Fused-Silica-Quarzkapillaren werden ansonsten in der Gaschromatographie eingesetzt.

Typische Trennzeiten sind 10 bis 20 min. Die Detektion der Fraktionen erfolgt durch UV-Messung direkt in der Kapillare bei 280, 260 oder in manchen Fällen sogar bei 185 nm. Die Meßwerte werden im allgemeinen über einen Analog/Digital-Wandler mit HPLC-Auswertungsprogrammen auf *Personal Computern* weiterverarbeitet.

Bei einigen Substanzen erreicht man Nachweisempfindlichkeiten bis in den unteren Femtomol-Bereich.

Zur Verhinderung von Adsorption der Probenkomponenten an der Kapillaroberfläche und zur Vermeidung von Elektroosmose-Effekten wird die Kapillareninnenseite meist mit linearem Polyacrylamid oder Methylcellulose belegt. Kapillar-Elektrophorese-Apparaturen können für alle drei Trennmethoden eingesetzt werden: Elektrophorese, Isotachophorese und Isoelektrische Fokussierung.

Die verwendeten Puffer hängen vom Trennproblem ab: z.B. 20 bis 30 mmol/L Natriumphosphatpuffer pH 2,6 für die Elektrophorese von Peptiden.

Ein Vorteil der Kapillar-Elektrophorese liegt in der Automatisierung. So gehört bei solchen Geräten eine automatische Probenaufgabe zum Standard (Abb. 4).

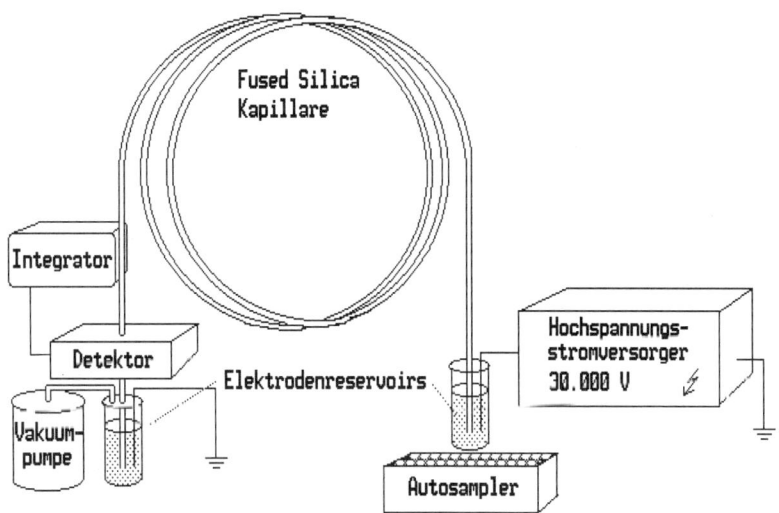

Abb. 4: Beispiel der Geräteanordnung einer Kapillar-Elektrophorese.

Ein weiterer Vorteil ist die Möglichkeit der Kopplung mit anderen analytischen Instrumenten sowohl vor der Elektrophorese: HPLC / HPCE; als auch danach: HPCE / Massenspektrometer. Für präparative Trennungen verwendet man hinter dem UV-Detektor einen Fraktionensammler. Die Identifizierung einzelner Substanzen erfolgt über die relative Mobilität oder das Molekulargewicht, oder man analysiert die gewonnenen Fraktionen.

Im Gegensatz zur Reversed-Phase-Chromatographie werden Proteine bei der HPCE nicht geschädigt, außerdem erhält man eine höhere Auflösung.

Für Molekulargewichtstrennungen von Proteinen und Peptiden werden mit Polyacrylamid-Gel gefüllte Kapillaren verwendet [8].

[8] Cohen AS, Karger BL. J Chromatogr. 397 (1987) 409-417.

Elektrophoresen in stabilisierenden Medien

Man verwendet entweder kompakte Materialen, wie Papier
oder Folien, oder Gele. Um den Verlauf der Trennung beobachten zu können und den Endpunkt der Trennung zu erkennen, läßt
man Farbstoffe mit hohen elektrophoretischen Mobilitäten mit
der Probe mitlaufen.

*Die Arbeitsanleitungen im zwei-
ten Teil beschränken sich auf
Elektrophoresen im stabilisierenden Medium, weil diese
Techniken mit dem geringsten
Geräteaufwand durchgeführt
werden können.*

Bei Proteintrennung in Richtung Anode verwendet man meist
Bromphenolblau oder Orange G, in Richtung Kathode Bromkre-
solgrün oder Methylenblau, für Nukleinsäuretrennungen in
Richtung Anode: Xylencyanol.

Der Nachweis der getrennten Zonen erfolgt entweder unmittelbar im Trennmedium durch Anfärbung, Ansprühen mit spezifischen Reagenzien, durch Enzym-Substrat-Kopplungsreaktio-
nen, Immunpräzipitation, Autoradiographie, Fluorographie oder
mittelbar durch *Immunprinting* oder mit *Blotting*-Methoden.

*Blotting: Transfers auf immo-
bilisierende Membranen mit an-
schließender Färbung oder spezifischer Ligandenbindung.*

Papier- und Dünnschicht-Elektrophorese: Diese Techniken
sind zum großen Teil aufgrund der besseren Trenneigenschaften
und der höheren Beladungskapazität von Agarose- und Polyacrylamid-Gelen durch Methoden der Gel-Elektrophorese abgelöst worden. Lediglich zur Analyse von hochmolekularen Polysacchariden und Lipopolysacchariden, welche die Gelporen verstopfen können, werden elektrophoretische Trennungen auf horizontalen Kiesel-Gel-Dünnschichtplatten durchgeführt, die
seitlich mit Puffertanks verbunden sind [9].

[9] Scherz H. Electrophoresis. 11 (1990) 18-22.

Celluloseacetatfolien-Elektrophorese: Celluloseacetatfolien
sind großporig, so daß sie praktisch keine Siebwirkung auf
Proteine ausüben. Elektrophoretische Trennungen in diesem
Material sind deshalb rein ladungsabhängig. Die Matrix wirkt
kaum der Diffusion entgegen, so daß die getrennten Zonen
relativ breit, die Auflösung und die Nachweisempfindlichkeit
niedrig sind. Auf der anderen Seite ist ihre Handhabung sehr
einfach, Trennung und Anfärbung sind schnell.
Es werden einfach konstruierte Horizontalkammern verwendet:
die Celluloseacetat-Streifen werden in die Kammern eingehängt,
so daß die beiden Enden in Puffer eintauchen; eine Kühlung
während der Trennung ist überflüssig. Diese Technik ist weitver-
breitet in der klinischen Routine und verwandten Anwendungs-
gebieten für die Untersuchung von Serum und zur Analyse von
Isoenzymen in physiologischen Flüssigkeiten.

*Weil das Auflösungsvermögen
und auch die Reproduzierbarkeit der Trennungen in Agarose-
und Polyacrylamid-Gelen besser ist, wird die Elektrophorese
mit Celluloseacetatfolien immer
mehr von Gel-Elektrophoresen
verdrängt.*

Gel-Elektrophorese

Das Gel: Die Gelmatrix soll möglichst kontrolliert einstellbare und gleichmäßige Porengrößen haben, chemisch inert sein und keine Elektroosmose besitzen. Dabei hat man die Möglichkeit vertikaler Rund-Gelstäbe oder Platten, oder horizontaler Gelplatten, wobei letztere der einfachen Handhabung wegen meist auf stabile Trägerfolien aufgegossen sind (Abb. 5).

Die Arbeitsanleitungen im zweiten Teil beschränken sich auf Horizontal-Gele mit Trägerfolie, weil diese für alle Methoden einsetzbar sind und nur eine universell verwendbare apparative Ausrüstung benötigt wird.

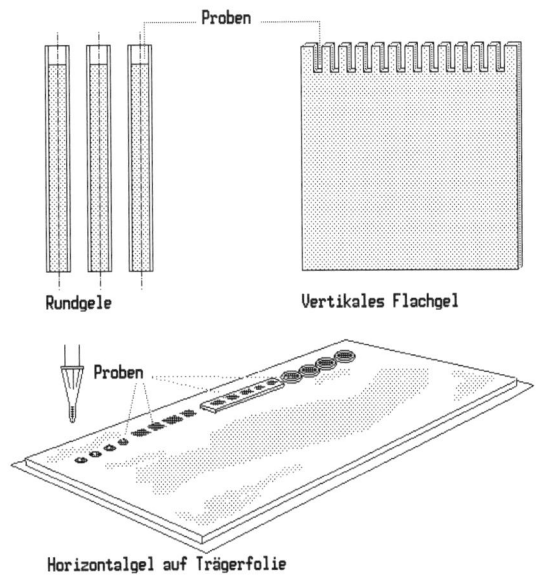

Abb. 5: Gelgeometrien für elektrophoretische Trennungen.

Stärke-Gele, 1955 von Smithies [10] eingeführt, werden aus hydrolysierter Kartoffelstärke hergestellt, die man durch Aufkochen löst und in 5 bis 10 mm dicker Schicht ausgießt. Die Porengröße wird durch den Stärkegehalt der Lösung eingestellt. Wegen der mangelnden Reproduzierbarkeit und der unpraktischen Handhabung diese Gele werden sie immer mehr von Polyacrylamid-Gelen abgelöst.

Agarose-Gele werden insbesondere dann verwendet, wenn man große Poren für Analysen von Molekülen über 10 nm Durchmesser benötigt. Agarose ist ein Polysaccharid und wird aus roten Meeresalgen hergestellt.

Durch Entfernen des Agaropektins erhält man unterschiedliche Elektroosmose- und Reinheitsstufen. Die Charakterisierung erfolgt durch die Schmelztemperatur (35 °C bis 95 °C) und den Grad der Elektroosmose (m_r Wert).

[10] Smithies O. Biochem J. 61 (1955) 629-641.

Stärke ist ein Naturprodukt, dessen Eigenschaften stark variieren können.

m_r ist abhängig von der Anzahl polarer Restgruppen.

Die Porengröße ist abhängig von der Agarosekonzentration: man orientiert sich dabei an der Einwaage der Agarose und dem Wasservolumen. Da die beim Aufkochen unvermeidlichen Wasserdampfverluste von Ansatz zu Ansatz variieren können, kann dieser Wert in der Praxis nicht als absolut exakt betrachtet werden. In der Regel verwendet man Gele mit 150 nm Porengröße bei 1 % (g/v) bis 500 nm bei 0,16 %.

Porendurchmesser bis zu 800 nm (0,075% Agarose): [11] Serwer P. Biochemistry. 19 (1980) 3001-3005.

Agarose wird durch Aufkochen in Wasser gelöst und geliert beim Abkühlen. Dabei bilden sich aus dem Polysaccharid-Sol Doppelhelices aus, die sich in Gruppen seitlich zu relativ dicken Fäden zusammenlagern (Abb. 6).

Die Struktur verleiht Agarose-Gelen hohe Stabilität bei großen Porendurchmessern.

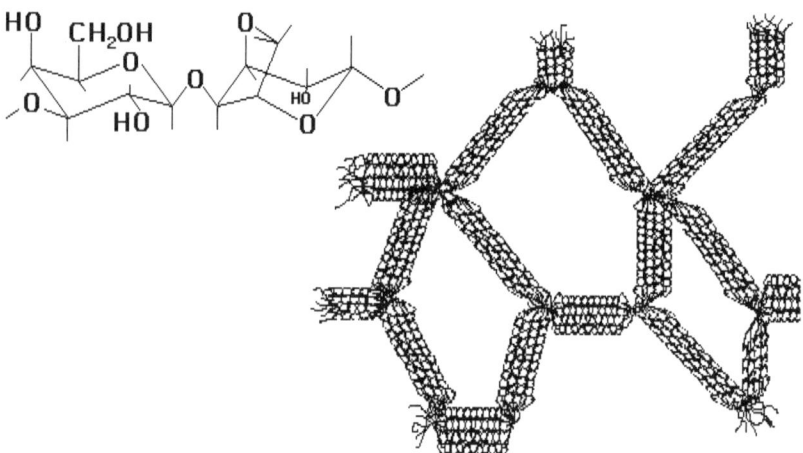

Abb. 6: Chemische Formel der Agarose und Ausbildung der Gelstruktur beim Gelieren.

Die Gele werden in der Regel durch Ausgießen der Agaroselösung auf eine horizontale Glasplatte oder Trägerfolie hergestellt. Die Geldicke ergibt sich dabei aus dem Volumen der Lösung und der Fläche, auf die sie verteilt wird.

Sehr exakte Geldicken erreicht man durch Gießen der Lösung in vorgewärmte Küvetten.

Polyacrylamid-Gele, erstmals 1959 von Raymond und Weintraub [12] für die Elektrophorese eingesetzt, sind chemisch und mechanisch besonders stabil. Durch chemische Kopolymerisation von Acrylamidmonomeren mit einem Vernetzer – meist N,N'-Methylenbisacrylamid (Abb. 7) – erhält man ein klares durchsichtiges Gel mit sehr geringer Elektroosmose.

[12] Raymond, S. und Weintraub, L.: Science 130 (1959) 711-711.

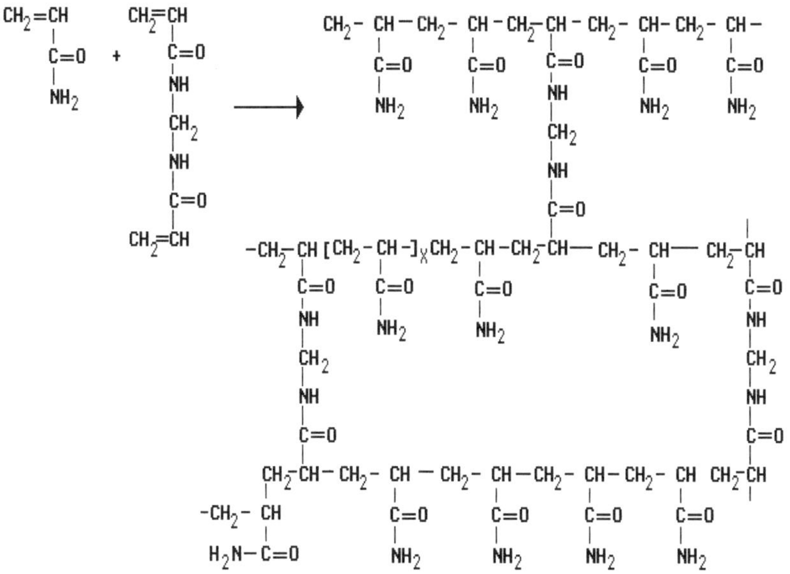

Abb: 7:
Die Reaktion der Polymerisation von Acrylamid und Methylenbisacrylamid.

Die Porengröße läßt sich durch die **T**otalacrylamid-Konzentration T und den Vernetzungsgrad C (von englisch **C**rosslinking) exakt und reproduzierbar einstellen:

$$T = \frac{(a+b) \times 100}{V} [\%], \quad C = \frac{b \times 100}{a+b} \quad [\%]$$

Dabei ist

        a Masse Acrylamid in g
        b Masse Methylenbisacrylamid in g
        V Volumen in mL

Bei konstantem C und steigendem T wird die Porengröße kleiner. Bei konstantem T und steigendem C folgt die Porengröße einer parabolischen Funktion: bei hohen *und* niedrigen C-Werten erhält man große Poren, das Minimum liegt bei $C = 4\%$.

Außer Methylenbisacrylamid gibt es noch eine Reihe von alternativen Vernetzern, die von *Righetti* aufgelistet und verglichen wurden [13]. Erwähnt sei an dieser Stelle das N,N'-Bisacryloylcystamin, das eine Disulfid-Brücke enthält, die mit Thiolen aufgespalten werden kann. Auf diese Weise ist es möglich, nach der Elektrophorese die Gelmatrix zu verflüssigen und großporig zu machen.

Die Polymerisation erfolgt unter Luftabschluß, da Sauerstoff ein Radikalfänger ist. Die Polymerisationskinetik ist u.a. temperaturabhängig: zur Vermeidung von unvollständiger Polymerisation soll diese nicht bei Temperaturen unter 20 °C erfolgen.

Gele mit C > 5 % sind spröde und relativ hydrophob. Sie werden nur in Sonderfällen verwendet.

[13] Righetti PG. In: Work TS, Burdon RH Hrsg. Isoelectric focusing: theory, methodology and applications. Elsevier Biomedical Press, Amsterdam (1983).

Die Monomere sind toxisch: Vorsichtig damit umgehen!

Die Gele werden, zur Minimierung der Sauerstoff-Aufnahme, meist in vertikalen Gießständen polymerisiert: Rund-Gele in Glasröhrchen; Flach-Gele in Küvetten, die durch zwei Glasplatten und Dichtungen gebildet werden.

Bei Vertikalsystemen werden die Gele zur Elektrophorese zusammen mit den Glasröhrchen bzw. den Glasküvetten in die Pufferkammern eingesetzt; die Gele haben unmittelbaren Kontakt zu den Elektrodenpuffern. Gele für Horizontalsysteme werden auf eine Trägerfolie aufpolymerisiert und zur Trennung aus der Gießküvette entnommen.

Für die Aufgabe der Proben werden an der Oberseite von Vertikal-Gelen Probenwannen einpolymerisiert (s. auch Abb. 5). Dies erreicht man durch Einstecken eines scharfkantigen Kamms zwischen die Glasplatten. Bei Horizontal-Gelen benötigt man in vielen Fällen keine Geltaschen; die Proben werden mit Filterpapierstückchen oder Lochbändern aus Silikongummi direkt auf die Oberfläche appliziert.

Die verschiedenen Gel-Elektrophorese-Methoden kann man in solche mit *restriktiven* und mit *nichtrestriktiven* Medien einteilen. Restriktive Gelsysteme wirken der Diffusion entgegen: die Zonen werden dadurch schärfer getrennt und höher aufgelöst als bei nichtrestriktiven Gelen, dadurch erhöht sich auch die Nachweisempfindlichkeit.

Neben der vertikalen gibt es auch horizontale Gießtechniken. Die erhöhte Sauerstoff-Aufnahme muß durch Erhöhung der Katalysatorenmenge kompensiert werden. Dabei handelt man sich allerdings Störungen der Trennung ein.

Bei homogenen Puffersystemen sind auch im Horizontalsystem schmale Geltaschen in der Geloberfläche wichtig für gute Resultate.

Bei restriktiven Gelen hat die Molekülgröße starken Einfluß auf das Trennergebnis.

1.1 Elektrophoresen in nichtrestriktiven Gelen

Bei diesen Techniken wird der Reibungswiderstand der Gelmatrix vernachlässigbar gering gehalten, so daß die elektrophoretische Mobilität nur von den Nettoladungen der Probenmoleküle abhängig ist. Bei hochmolekularen Proben wie Proteinen und Enzymen verwendet man horizontale Agarose-Gele, bei niedermolekularen wie Peptiden oder Polyphenolen horizontale Polyacrylamid-Gele.

1.1.1 Agarose-Gel-Elektrophorese

Zonen-Elektrophorese

Agarose-Gele mit Konzentrationen von 0,7% bis 1% werden sehr häufig in klinischen Routinelabors zur Analyse von Serumproteinen eingesetzt. Die Trennzeiten sind äußerst gering: ca. 30 min. Agarose-Gele werden auch für die Analytik von Isoenzymzusammensetzungen mit diagnostischer Relevanz, wie z.B. Lactatdehydrogenase (Abb. 8) und Creatinkinase, eingesetzt.

Agarose-Gele sind wegen ihrer großen Poren besonders geeignet zum spezifischen Proteinnachweis durch *Immunfixation*:

Im Anschluß an die Elektrophorese läßt man spezifische Antikörper in das Gel diffundieren. Die Immunkomplexe, welche mit den jeweiligen Antigenen gebildet werden, bilden unlösliche Präzipitate, die nicht präzipitierten Proteine werden ausgewaschen. Bei der Anfärbung werden somit nur die spezifischen Fraktionen erfaßt.

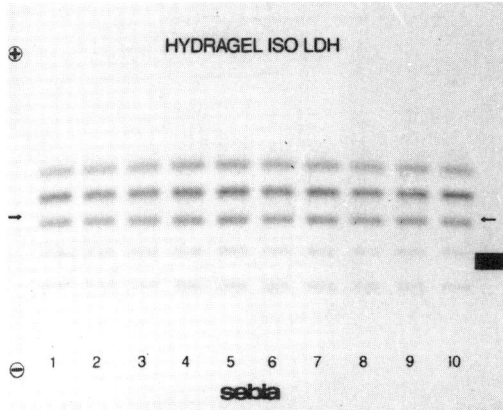

Abb. 8: Agaroseelektrophorese von Lactatdehydrogenase Isoenzymen. Spezifische Anfärbung mit Zymogrammtechnik.

Ähnlich funktioniert das *Immunprinting*: Nach einer elektrophoretischen Trennung wird ein Antikörper-haltiges Agarose-Gel oder eine mit Antikörpern getränkte Celluloseacetat-Folie auf das Gel gelegt. Hier diffundieren die Antigene zu den Antikörpern. Die Identifizierung der Zonen erfolgt im Antikörper-haltigen Medium. Immunprinting wird meistens bei engporigen Trenn-Gelen angewendet.

Neben der Immunfixation und dem Immunprinting gibt es für den Proteinnachweis noch das Immunblotting: Dabei verwendet man immobilisierende Membranen, z.B. Nitrocellulose, an deren Oberfläche die Proteine adsorbieren, s. "Blotting".

Immun-Elektrophorese

Das Prinzip bei Immun-Elektrophoresen ist die Ausbildung von Präzipitationslinien am Äquivalenzpunkt zwischen Antigen und entsprechendem Antikörper. Wichtig bei diesen Methoden ist, daß das Mengenverhältnis zwischen Antigen und Antikörper richtig eingestellt ist (*"Antikörpertiter"*): Bei einem Antikörperüberschuß bindet sich – statistisch gesehen – maximal ein Antigen an einen Antikörper, bei einem Antigenüberschuß maximal ein Antikörper an ein Antigen. Bei einem bestimmten Antigen/Antikörper-Verhältnis (*"Äquivalenzpunkt"*) jedoch bilden sich riesige Makromoleküle

Antigen - Antikörper - Antigen - Antikörper -...,
die in der Gelmatrix immobilisiert werden: *"Immunpräzipitate"*.
Diese Präzipitate sind als weiße Linien im Gel sichtbar und

können mit Proteinfarbstoffen angefärbt werden. Der Nachweis ist spezifisch, und die Empfindlichkeit ist sehr hoch, da sich scharfe Zonen ausbilden. Immun-Elektrophoresen lassen sich wiederum in drei methodische Prinzipien unterteilen (Abb. 9):

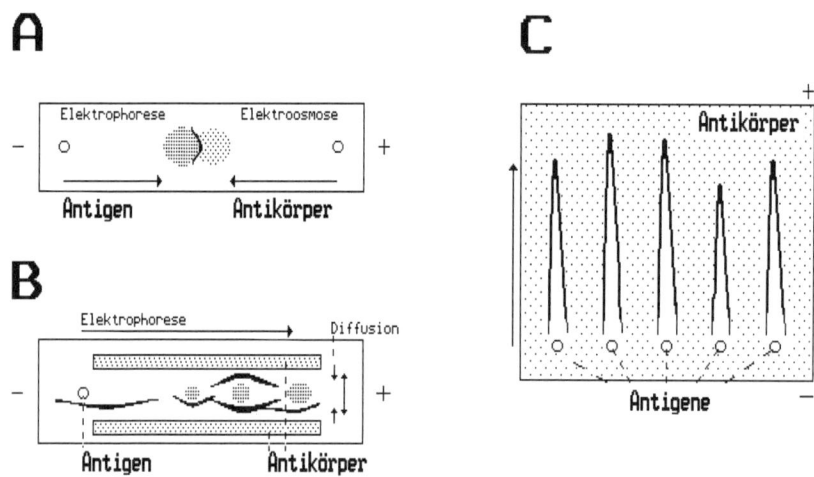

Abb. 9: Die drei Prinzipien der Immun-Elektrophorese. A, B und C s. Text.

A. Gegenstrom-Elektrophorese nach Estela und Heinrichs [14]: In einem Agarose-Gel mit hoher Elektroosmose ist der Puffer auf einen pH-Wert von 8,6 eingestellt, damit die Antikörper keine Ladung tragen. Man läßt Probe und Antikörper, die in entsprechende Löcher einpipettiert wurden, gegeneinander laufen: die geladenen Antigene laufen elektrophoretisch, die Antikörper werden durch den elektroosmotischen Fluß transportiert.

[14] Estela LA, Heinrichs TF. Am J Clin Pathol. 70 (1978) 239-243.

B. Zonen-Elektrophorese/Immundiffusion nach Grabar und Williams [15]: Erst wird eine Zonen-Elektrophorese der Proben in einem Agarose-Gel durchgeführt, nachfolgend eine Diffusion der Antigenfraktionen gegen die Antikörper, welche in seitlich neben den Trennspuren eingestanzte Rinnen einpipettiert werden.

[15] Grabar P, Williams CA. Biochim Biophys Acta. 10 (1953) 193.

C. *"Rocket"*-Technik nach Laurell [16] und verwandte Methoden: Antigene wandern elektrophoretisch in ein Agarose-Gel, welches Antikörper in einer bestimmten Konzentration enthält. Wie bei A sind die Antikörper durch geeignete Wahl des Puffers ungeladen. Bei der elektrophoretischen Wanderung der Probe werden von den Antikörpern im Gel so lange jeweils ein Antigen pro Antikörper gebunden, bis das Konzentrationsverhältnis dem Äquivalenzpunkt für den Immunkomplex entspricht. Dabei bilden sich raketenförmige Präzipitationslinien aus, die einge-

[16] Laurell CB. Anal Biochem. 15 (1966) 45-52.

schlossenen Flächen sind proportional zu den Konzentrationen der Antigene in den Proben. Hierzu gibt es eine Reihe von Modifikationen, auch zweidimensionale.

Affinitäts-Elektrophorese

Hier handelt es sich um der Immun-Elektrophorese verwandte Methoden, die auf Wechselwirkungen zwischen verschiedenen Makromolekülen z.B. für Lectin-Glykoprotein-, Enzym-Substrat- und Enzym-Inhibitor-Interaktionen beruhen [17].

Dabei werden alle aus der Immun-Elektrophorese bekannten Techniken angewandt. Zum Beispiel werden mit der Linien-Affinitäts-Elektrophorese spezifisch bindende Lectine aus weltweit gesammelten Pflanzensamen untersucht. Damit können Kohlehydratveränderungen an Glykoproteinen während verschiedener biologischer Prozesse identifiziert werden. In Abb. 10 ist eine Anwendung der Affinitäts-Elektrophorese zur Unterscheidung der alkalischen Phosphatase aus Leber und Knochen gezeigt.

[17] Bøg-Hansen TC, Hau J. J Chrom Library. 18 B (1981) 219-252.

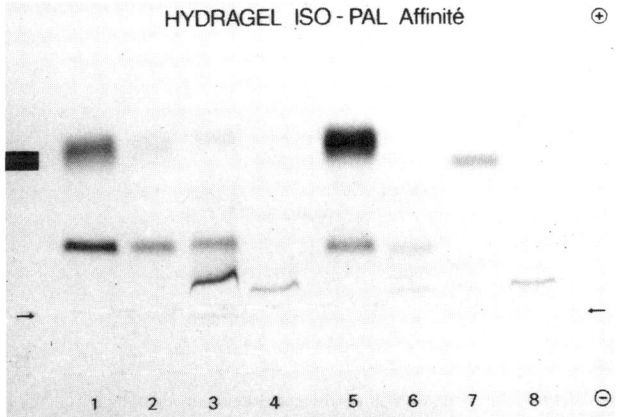

Abb. 10: Affinitäts-Elektrophorese von Isoenzymen der alkalischen Phosphatase aus Leber und Knochen. Das Weizenkeim-Agglutinin bindet spezifisch die Knochen-Fraktion, die als charakteristische Bande nahe der Auftragsstelle erkennbar ist.

1.1.2 Polyacrylamid-Gel-Elektrophorese von niedermolekularen Substanzen

Da sich niedermolekulare Fraktionen in einer großporigen Matrix chemisch nicht fixieren lassen, werden hierzu auf Folie polymerisierte ultradünne Polyacrylamid-Gele im Horizontalsystem verwendet, die sofort nach der Elektrophorese bei 100 °C getrocknet und anschließend mit spezifischen Reagenzien besprüht werden. Mit dieser Methode kann man z.B. Farbstoffe mit Molekülgrößen um 500 Da*) auftrennen.

s. Methode 1 in Teil II

* Nach den internationalen Empfehlungen der SI wird seit 1970 die Bezeichnung Dalton für $1,6601 \times 10^{-27}$ kg nicht mehr empfohlen. Sie ist aber in der Biochemie eine gängige Größe.

1.2 Elektrophorese in restriktiven Gelen

1.2.1 Der Ferguson-Plot

Obwohl bei der Elektrophorese im restriktiven Gel die elektrophoretischen Mobilitäten sowohl von der Anzahl der Nettoladungen als auch vom Molekular-Radius abhängen, kann die Methode auch zur physiko-chemischen Analytik von Proteinen benützt werden. Das Grundprinzip stammt von Ferguson [18]: Man trennt die Proben unter identischen Puffer-, Zeit- und Temperatur-Bedingungen, jedoch bei unterschiedlichen Gel-Konzentrationen (g/100 mL bei Agarose, T (%) bei Polyacrylamid) auf. Dann ergeben sich in den verschiedenen Gelen unterschiedliche Laufstrecken: m_r bedeutet relative Mobilität. Trägt man den Logarithmus von m_r über der Gel-Konzentration auf, so ergibt sich eine Gerade.

Die S teigung der Geraden (Abb. 11) ist ein Maß für die Molekülgröße und ist definiert als der *Retardationskoeffizient*, der K_R-Wert.

[18] Ferguson KA. Metabolism. 13 (1964) 985-995.

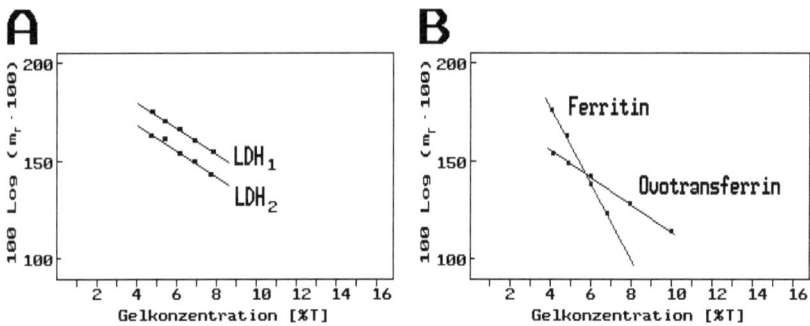

Abb. 11: Ferguson Plots: Auftragung der elektrophoretischen Wanderungsstrecken von Proteinen über Gel-Konzentrationen [19].– (A) Lactatdehydrogenase-Isoenzyme; (B) verschiedenartige Proteine. Nähere Erläuterungen im Text.

Bei globulären Proteinen gibt es eine lineare Beziehung zwischen K_R und dem Molekülradius r (Stokes-Radius): damit kann man die Molekülgröße aus der Steigung der Geraden berechnen. Wenn die freie Mobilität und der Molekülradius bekannt sind, kann man auch die Nettoladung berechnen [19]. Bei Proteingemischen lassen sich aufgrund der Lage der Proteingeraden folgende Aussagen machen:

[19] Hedrick JL, Smith AJ. Arch Biochem Biophys. 126 (1968) 155-163.

● Parallele Geraden weisen auf identische Größe, aber Ladungsheterogenität hin, z.B. Isoenzyme.

Abb. 11A!

● Wenn zwei Geraden unterschiedliche Steigungen haben, sich aber nicht schneiden, ist das Protein der oberen Gerade das kleinere und hat eine höhere Nettoladung als das andere.

● Kreuzen sich die Geraden im Bereich über T = 2 %, ist das größere der beiden Proteine stärker geladen und schneidet die y-Achse weiter oben.

Abb. 11B!

● Schneiden sich mehrere Geraden in einem Punkt, der sich im Bereich T < 2% befindet, handelt es sich offensichtlich um verschiedene Polymere eines Proteins.

Gleiche Nettoladung, unterschiedliche Molekülgrößen.

Agarose-Gel-Elektrophorese

Proteine

Da hochkonzentrierte Agarose-Gele über 1% (> 1 g/100 mL Agarose in Wasser) trüb sind und die Elektroosmose hoch ist, werden nur bei der Trennung von sehr hochmolekularen Proteinen oder Proteinaggregaten Agarose-Gele verwendet. Weil Agarose-Gele keine Katalysatoren enthalten, welche das Puffersystem beeinflussen, sind sie auch zur Entwicklung einer Reihe von mehrfach diskontinuierlichen Puffersystemen eingesetzt worden [20].

[20] Jovin TM, Dante ML, Chrambach A. Multiphasic buffer systems output. Natl Techn Inf Serv. Springfield VA USA PB (1970) 196 085-196 091.

Nukleinsäuren

Agarose-Elektrophorese ist die Standardmethode für die Trennung, Identifizierung, RFLP-Analyse und Reinigung von DNA- und RNA-Fragmenten [21,22]. Für diese Nukleinsäure-Trennungen werden horizontale *"Submarine"*-Gele verwendet: Das Agarose-Gel liegt dabei direkt im Puffer (Abb. 12). Dadurch vermeidet man das Austrocknen der Geloberfläche. Die Gele werden mit Ethidiumbromid gefärbt. Die Banden sind unter UV-Licht sichtbar.

[21] Maniatis T, Fritsch EF, Sambrook J. Molecular cloning a laboratory manual. Cold Spring Harbor Laboratory (1982).

[22] Rickwood D, Hames BD. Gel electrophoresis of nucleic acids. IRL Press Ltd (1982).

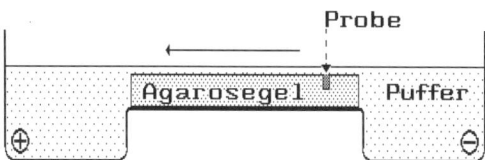

Abb. 12: "Submarine" Technik für Nukleinsäurentrennungen.

Pulsed-Field Gel-Elektrophorese (PFG):

Für die Chromosomentrennung setzt man die *Gel-Elektrophorese im gepulsten Feld* (PFG) nach Schwartz und Cantor [23] ein; dies ist eine modifizierte Submarine-Technik.

Hochmolekulare DNA-Moleküle über 20 kb richten sich bei konventioneller Elektrophorese der Länge nach aus und wandern mit gleichen Mobilitäten, so daß keine Auftrennung stattfindet.

Bei der PFG müssen die Moleküle wegen der geographischen Änderung des elektrischen Feldes ihre Orientierung ändern, ihre Helixstruktur wird dabei zuerst gestreckt, bei Änderung des Feldes gestaucht. Die *"viskoelastische Relaxationszeit"* ist abhängig vom Molekulargewicht. Außerdem brauchen größere Moleküle zur *Umorientierung* eine längere Zeit als kleinere. Dies bedeutet, daß nach der erneuten Streckung und abgeschlossener Umorientierung für größere Moleküle – in der gegebenen Pulsdauer – weniger Zeit für die eigentliche elektrophoretische Wanderung übrigbleibt. Auf diese Weise ist die resultierende elektrophoretische Mobilität abhängig von der Pulsationszeit bzw. von der jeweiligen Dauer des elektrischen Feldes: man erhält eine Auftrennung nach Molekülgröße bis in die Größenordnung von 10 Megabasen.

[23] Schwartz DC, Cantor CR. Cell. 37 (1984) 67-75.

kb Kilobasen

Auch für kürzere DNA-Fragmente ist das Auflösungsvermögen bei PFG besser als bei konventionellen Submarine-Elektrophoresen.

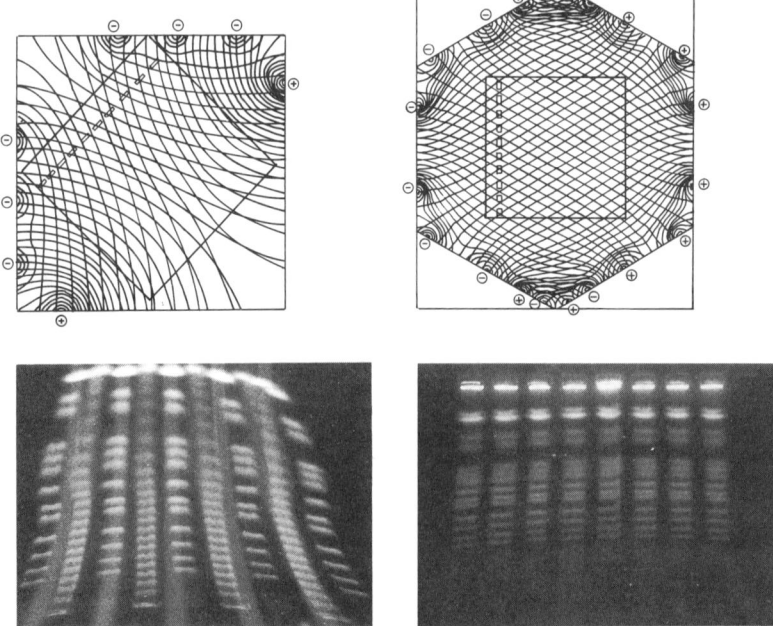

Abb. 13: Feldlinien und Trennergebnisse bei zwei Möglichkeiten der PFG-Elektrophorese: *links* zweifach inhomogene Felder bei rechtwinklig und *rechts* homogene Felder bei hexagonal angeordneten Punkt-Elektroden.

Für die Analyse von Chromosomen erfolgt die Probenvorbereitung inklusive Zellaufschluß in Agaroseblöckchen, die dann in vorgeformte Geltaschen eingesetzt werden. Diese großen Moleküle würden beim Pipettieren durch die Scherkräfte brechen. Für die Trennung verwendet man 1,0 bis 1,5%ige Agarose-Gele.

Die elektrischen Felder sollen, von der Probe aus gesehen, einen Mindestwinkel von 110° zueinander haben. Dies erreicht man, z.B. durch inhomogene Felder mit Punkt-Elektroden auf rechteckigen Schienen oder in hexagonaler Anordnung. Die Pulsdauer reicht bei diesen Techniken von 1 s bis 90 min, abhängig von den Längen der zu trennenden DNA-Moleküle. Bei längeren Pulszeiten werden größere Moleküle besser aufgelöst, bei kürzeren Pulszeiten die kleineren. Die Trennungen können bis zu mehreren Tagen dauern.

Abb. 13 zeigt die Feldlinien bei rechtwinkliger Elektrodenschienen-Anordnung mit inhomogenen Feldern und bei hexagonaler Anordnung mit homogenen Feldern sowie die entsprechenden Beispiele von Trennergebnissen.

Zusätzlich gibt es noch weitere Feldgeometrien:
● *Die Field Inversion (FI) Elektrophorese: Das elektrische Feld wird in einer Richtung in bestimmten Pulsfrequenzen hin und her geschaltet.*
● *Die Transverse Alternating-Field-Elektrophorese (TAFE): Das Gel befindet sich aufrechtstehend in der Mitte eines aquariumähnlichen Puffertanks, das Feld wird zwischen zwei links und rechts oberhalb und unterhalb des Gels befindlichen, diagonal gegenüber stehenden Elektrodenpaaren hin- und hergeschaltet.*

1.2.3 Polyacrylamid-Gel-Elektrophorese (PAGE)

Nukleinsäuren

a) Vertikaltechnik: DNA-Sequenzierung

Bei den DNA-Sequenzierungsmethoden nach Sanger [24] oder Maxam und Gilbert [25] ist der letzte Schritt jeweils eine Vertikal-Elektrophorese im Polyacrylamid-Gel unter denaturierenden Bedingungen. Die vier Reaktionen – sie enthalten die jeweils mit einer bestimmten Base endenden, verschieden langen Stücke eines zu sequenzierenden DNA-Stückes – werden nebeneinander aufgetrennt. Die Ablesung der Reihenfolge der Banden in diesen vier Spuren vom unteren zum oberen Ende des Geles ergibt die Basensequenz, die genetische Information.

Zur vollständigen Denaturierung der Moleküle wird zumeist bei hoher Temperatur über 50 °C und in Gegenwart von Harnstoff gearbeitet. Die ungleiche Wärmeverteilung bei der Elektrophorese resultiert im *"Smiling"*-Effekt, das sind zu den Rändern hin verzogene Bandenmuster. Es hat sich deshalb bewährt, das Gel unabhängig vom elektrischen Feld mit Thermostatisierplatten, die an einen externen Thermostaten angeschlossen sind, zu erwärmen.

Manuelles Sequenzieren: In der *manuellen* Technik werden die radioaktiv markierten Banden durch Autoradiographie nachgewiesen. Die Gele sind meist dünner als 0,4 mm, da sie zur

[24] Sanger F, Coulson AR. J Mol Biol. 94 (1975) 441-448.

[25] Maxam AM, Gilbert W. Proc Natl Acad Sci USA. 74 (1977) 560-564.

"Smiling"-Effekt:
Wenn die Temperatur im mittleren Teil des Geles höher ist als an den Rändern, laufen die DNA-Fragmente schneller.

Autoradiographie getrocknet werden. Gut bewährt hat sich die Verwendung von keilförmigen Gelen: Damit erzeugt man einen Feldstärkegradienten, der eine Stauchung des Bandenmusters im niedermolekularen Bereich bewirkt und die Analyse von erheblich mehr Basen in einem Gel ermöglicht.

Die Proben werden mit Mikrokapillaren oder Spritzen mit extra dünnen Kanülen in die durch Kämme bei der Polymerisation erzeugten Geltaschen pipettiert. Abb. 14 zeigt ein typisches Sequenzierungs-Autoradiogramm.

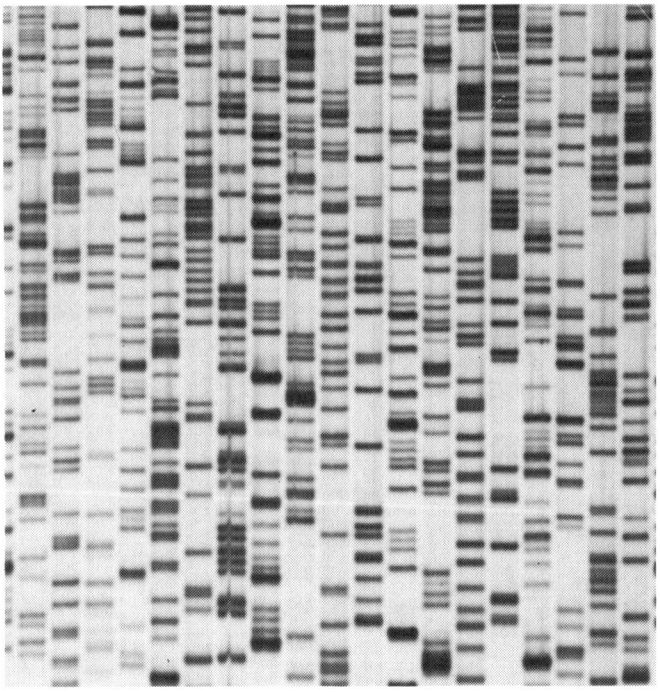

Abb. 14: Autoradiogramm zur DNA-Sequenzierung.

Automatisches Sequenzieren: Bei der *automatischen* Sequenzierung verwendet man Fluoreszenz-markierte Proben. Hierbei gibt es zwei Prinzipien:

1. Einspursystem: Für die notwendigen vier Reaktionen – mit den Basen-Endungen A, C, G, T – werden vier verschiedenfarbige Fluoreszenzmarker verwendet. Zur Trennung trägt man die vier Reaktionsansätze auf ein Polyacrylamid-Gel auf und mißt die in einer Spur wandernden Zonen mit selektiven Photodetektoren.

2. Vierspursystem: Dieses Prinzip baut auf der traditionellen *Sanger*-Methode auf [24]. Man verwendet nur einen Farbstoff, z.B. Fluorescein, der zur Markierung des Primers dient. Die Proben werden in vier Spuren je Klon aufgetrennt. Ein fixierter Laserstrahl durchdringt ständig das Trenn-Gel in ganzer Breite im unteren Fünftel der Trennstrecke. Auf dieser Höhe befindet sich hinter der Glasplatte an jeder Trennspur eine Photozelle. Wenn eine Bande während ihrer Wanderung an dieser Stelle ankommt, werden die fluoreszierenden DNA-Fragmente durch das Laserlicht angeregt und emittieren Lichtsignale [26]. Da jeder Trennspur eine eigene Photozelle zugeordnet ist, werden die wandernden Banden jeder Trennspur nach ihrer Reihenfolge – und damit die Sequenzen – im Computer registriert (Abb. 15). Beim Einspursystem müssen die Rohdaten so aufbereitet werden, daß die durch die unterschiedlichen Marker bedingten Mobilitätsverschiebungen ausgeglichen werden. Beim Vierspursystem kann man die Sequenz bereits aus den Rohdaten erkennen.

[26] Ansorge W, Sproat BS, Stegemann J, Schwager C. *J Biochem Biophys Methods. 13* (1986) 315-323.

A

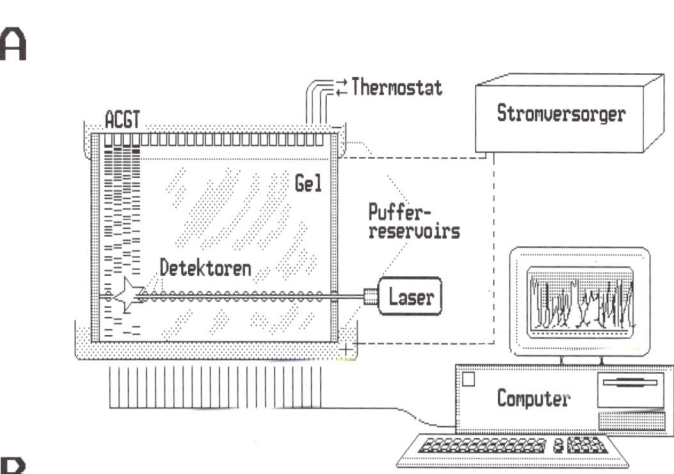

B

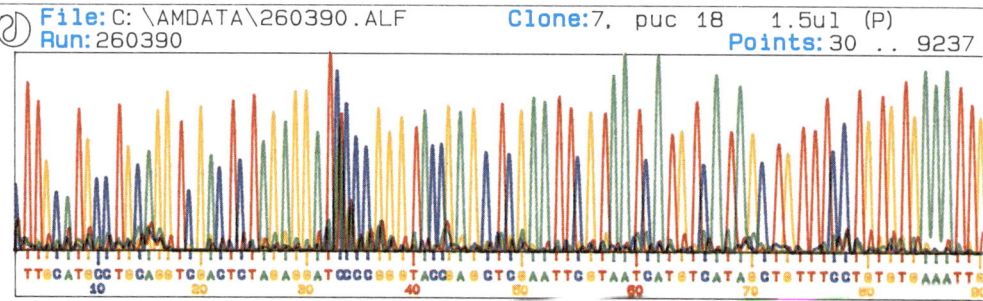

Abb. 15: (A) Apparative Anordnung zur automatischen DNA-Sequenzierung im Vierspursystem; (B) Typisches Trennergebnis nach Aufbereitung der Rohdaten im Computer.

Die automatische Sequenzierung hat gegenüber der manuellen Technik mehrere Vorteile:

● Da mit Fluoreszenzmarkern gearbeitet wird, kann man auf Radioaktivität im Labor verzichten, man benötigt kein Isotopenlabor.

● Man spart sich die aufwendige Gelbehandlung nach der Trennung und die zeitraubende Autoradiographie.

● Die mühevolle Ablesung der Banden erübrigt sich.

● Die Sequenzen werden direkt in einen Computer übertragen.

● Die fluoreszenzmarkierten Reaktionsansätze können lange und problemlos gelagert werden, so daß im Zweifelsfall die Trennung später wiederholt werden kann.

Die hohe Nachweisempfindlichkeit der Fluoreszenzmarkierung ermöglicht auch die Sequenzierung von Cosmiden, Lambda-DNA und Produkten aus der Polymerase Kettenreaktion $PCR^{®}$. Außerdem können Restriktionsanalysen durchgeführt werden.

b) Horizontaltechnik: DNA und Oligonukleotide

In Polyacrylamid-Gelen werden DNA-Fragmente mit Unterschieden von 6 Basenpaaren bei einer Gesamtlänge von 500 Basenpaaren noch aufgelöst. Die Nachweisempfindlichkeit ist, vor allem bei 0,5 mm dünnen Gelen, höher als bei Agarose-Gelen: bis < 50 pg Nukleinsäure pro Bande mit Silberfärbung, die in Polyacrylamid erheblich besser funktioniert als in Agarose. Auf Folie polymerisierte Gele sind noch zu handhaben, wenn sie großporig sind (z.B. $T = 2\%, C = 9\%$) und erlauben auch die Auftrennung relativ langkettiger DNA bis zu 800 kDa (ca. 2300 bp).

Empfindlichkeit von Ethidiumbromid: bis zu 1 ng DNA

bp Basenpaare

RNA und Viroide

Für Viroidtests werden *bidirektionale Elektrophoresen* [27] angewendet: Der Pflanzenextrakt (RNA-Fragmente + Viroid) wird erst unter nativen Bedingungen bei 15 °C aufgetrennt. Nach einer bestimmten Laufzeit wird das Gelstück hinter einer durch Farbmarker, Bromphenolblau und Xylencyanol, erkennbaren Zone abgeschnitten.

[27] Schumacher J, Meyer N, Riesner D, Weidemann HL. J Phytopathol. 115 (1986) 332-343.

Mit dem verbleibenden Gelstück führt man eine Elektrophorese in Gegenrichtung unter denaturierenden Bedingungen bei 50 °C durch. Dabei bildet das Viroid einen Ring, der im Polyacrylamid-Gel nicht wandern kann. Die beim ersten, nativen Lauf langsamer gewanderten RNA-Bruchstücke verlieren ihre Mobilität bei 50 °C nicht und wandern aus dem Gel. Bei Anfärbung des Gels findet man *nur* eine Bande, wenn ein Viroid vorhanden ist. Die Position des Viroids im Gel ist abhängig von

Das Gel enthält 4 mol/L Harnstoff. Durch die Kombination von Harnstoff und Temperaturerhöhung auf 50 °C werden die Moleküle gestreckt: denaturiert. Diese Methode wird inzwischen aus praktischen Gründen ausschließlich im Horizontalsystem durchgeführt.

der Art des Viroids, da unterschiedliche Arten unterschiedliche Mobilitäten haben. Mit dieser Methode sind bereits mehrere Viroide neu entdeckt worden.

DNA-Punktmutationen

Für die DNA-Diagnostik können mit dem *Primer Mismatch*-Verfahren in Kombination von PCR®-Technik und Elektrophorese der Amplifikationsprodukte im horizontalen Polyacrylamid DNA-Punktmutationen schnell nachgewiesen werden [28].

[28] Dockhorn-Dworniczak B, Aulekla-Scholz C, Dworniczak B. Pharmacia LKB Sonderdruck A 37 (1990).

Proteine

Bei der analytischen Protein-PAGE geht die Tendenz von Rund-Gelen zu Flach-Gelen und dünneren Gelen. Durch die Entwicklung von empfindlicheren Färbemethoden, z.B. die Silberfärbung, können auch zur Untersuchung von Proteinspuren in konzentrierten Lösungen sehr geringe Probemengen eingesetzt werden.

Für die Verwendung dünnerer Gele spricht:

● schnellere Auftrennung,

● schärfere Banden,

● schnellere Färbung,

● höhere Färbe-Effektivität, höhere Nachweisempfindlichkeit.

Horizontale Ultradünnschicht-Elektrophorese

Das Horizontalsystem hat, bei Verwendung ultradünner Gelschichten, die auf Trägerfolie aufpolymerisiert werden, eine Reihe von Vorteilen gegenüber Vertikalsystemen [29]: einfachere Handhabung, einfacher Einsatz von Fertig-Gelen und fertigen Pufferstreifen, gute Kühleffektivität, Automatisierbarkeit, gleichzeitige Analyse von Anionen und Kationen.

[29] Görg A, Postel W, Westermeier R, Gianazza E, Righetti PG. J Biochem Biophys Methods 3 (1980) 273-284.

Disk-Elektrophorese

Die diskontinuierliche Elektrophorese nach Ornstein [30] und Davis [31] löst bei der Auftrennung von Proteinen in engporigen Gelen zwei Probleme auf einmal: Sie verhindert das Aggregieren und Präzipitieren von Proteinen beim Eintritt in die Gelmatrix und bewirkt eine hohe Bandenschärfe. Die Diskontinuität bezieht sich auf vier Parameter (Abb. 16):

[30] Ornstein L. Ann NY Acad Sci. 121 (1964) 321-349.

[31] Davis BJ. Ann NY Acad Sci. 121 (1964) 404-427.

● Gelstruktur,

● pH-Wert der Puffer,

● Ionenstärke der Puffer,

● Art der Ionen im Gel- und im Elektroden-Puffer.

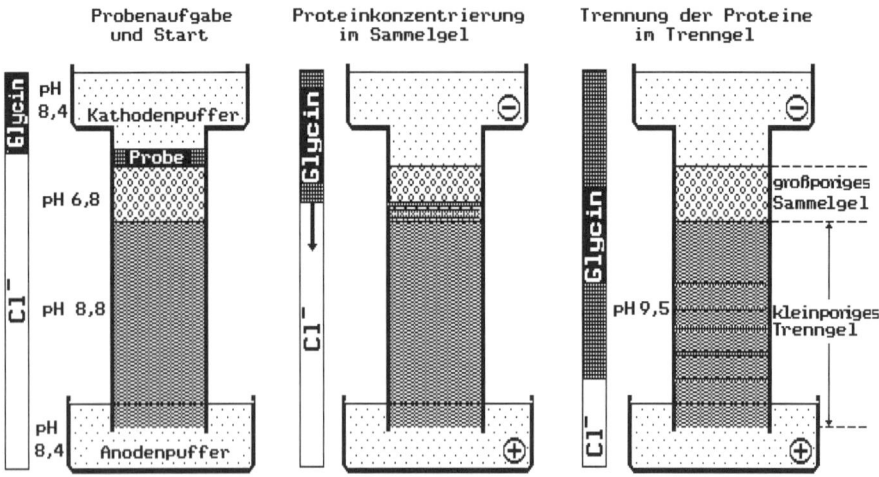

Abb. 16:
Schematische Darstellung des Funktionsprinzips der Disk-Elektrophorese, nach [24]

Die Gelmatrix ist in zwei Bereiche eingeteilt: das Trenn-Gel und das Sammel-Gel. Das engporige Trenn-Gel enthält 0,375 mol/L Tris-HCl-Puffer pH 8,8, das großporige Sammel-Gel 0,125 mol/L Tris-HCl-Puffer pH 6,8. Im Elektrodenpuffer werden als Anionen ausschließlich langsame Folgeionen, z.B. Glycin, im Gel ausschließlich Leitionen, z.B. Cl⁻, mit hoher Mobilität verwendet.
Beim pH-Wert des Sammel-Gels ist das Glycin nicht geladen.

Chlorid im Puffer wurde in der Originalarbeit verwendet. Manche Anwender nehmen anstelle dessen Phosphat im Sammel-Gel, oder in Trenn- und Sammel-Gel.

Beim Start trennen sich die Proteine nach dem Prinzip der *Isotachophorese* auf und bilden einen Stapel in der Reihenfolge der Mobilitäten ("Stacking"-Effekt). Dabei konzentrieren sich die einzelnen Zonen. Wegen der großporigen Gelmatrix sind die Mobilitäten nur von den Ladungen abhängig, nicht von den Molekülgrößen.

Der "Stacking"-Effekt ist in Kap. 2, Isotachophorese, beschrieben.

Der Proteinstapel bewegt sich − relativ langsam mit konstanter Geschwindigkeit − in Richtung Anode, bis er an die Grenzschicht des engporigen Trenn-Gels gelangt. Die Proteine erfahren plötzlich einen hohen Reibungswiderstand, so daß ein Stau entsteht, der zur weiteren Zonenschärfung führt. Das niedermolekulare Glycin wird davon nicht betroffen und überholt die Proteine.

Jetzt geschehen mehrere Dinge gleichzeitig:

● Die Proteine befinden sich in einem homogenen Puffermilieu und beginnen sich nach dem zonenelektrophoretischen Prinzip aufzutrennen.

Eine Diskontinuität gibt es nur noch an der Front.

● Ihre Mobilität ist nun sowohl von den Ladungen als auch der Molekülgröße abhängig. Dabei arrangiert sich die Folge der Protein-Ionen neu.

● Der pH-Wert steigt auf pH 9,5, dadurch erhalten die Proteine höhere Nettoladungen.

pK-Wert der basischen Gruppe des Glycins

Mit der Disk-Elektrophorese werden sehr hohe Auflösung und Bandenschärfe erzielt. Allerdings werden beim oben beschriebenen Beispiel Proteine mit pI > 6,8 in Richtung Kathode transportiert und gehen verloren. Zur Trennung dieser Proteine muß ein anderes Puffersystem verwendet werden. Eine Auswahl ist im Buch von Maurer [32] und bei Jovin et al. [20] zu finden.

[32] Maurer RH. Disk-Elektrophorese – Theorie und Praxis der diskontinuierlichen Polyacrylamid-Elektrophorese. W de Gruyter, Berlin (1968).

Sammel- und Trenn-Gel werden erst unmittelbar vor der Elektrophorese aufeinandergegossen, weil bei längerem Stehenlassen des Gesamt-Gels die Ionen ineinander diffundieren.

Gradienten-Gel-Elektrophorese

Durch kontinuierliche Veränderung der Acrylamid-Konzentration in der Polymerisationslösung erhält man Porengradienten-Gele, welche zur Ermittlung der Moleküldurchmesser von Proteinen im Nativzustand eingesetzt werden [33].

[33] Rothe GM, Purkhanbaba M. Electrophoresis. 3 (1982) 33-42.

Wenn im engporigen Bereich die Acrylamid-Konzentration und der Vernetzungsgrad hoch genug gewählt sind, gelangen die Proteinmoleküle mit der Zeit an einen Punkt, wo sie aufgrund ihrer Größe im stets engmaschiger werdenden Gelnetzwerk stecken bleiben. Weil die Wanderungsgeschwindigkeiten der einzelnen Proteinmoleküle auch von deren Ladungen abhängen, muß die Elektrophorese so lange dauern, bis auch das Molekül mit der niedrigsten Nettoladung an seinem Endpunkt angekommen ist.

Die Bestimmung der Molekulargewichte auf diese Art ist problematisch, weil die Tertiärstrukturen verschiedener Proteine unterschiedlich sind: Strukturproteine können nicht mit globulären Proteinen verglichen werden.

Es gibt eine Reihe von Methoden, Gele mit linearen oder exponentiellen Porengradienten herzustellen. Alle haben ein gemeinsames Prinzip: Es werden zwei Polymerisationslösungen mit unterschiedlichen Acrylamid-Konzentrationen hergestellt. Während des Gelgießens wird der hochkonzentrierten Lösung kontinuierlich niederkonzentrierte Lösung zugemischt, so daß die Konzentration in der Gießküvette von unten nach oben abnimmt (Abb. 17).

Beim Gießen einzelner Gelgradienten läßt man die Lösung von oben in die Küvette laufen. Wenn man mehrere Gele gleichzeitig herstellen will, drückt man die Lösung von unten in den Mehrfachgießstand. Dann werden die Lösungen in Mischkammer und Reservoir vertauscht.

Damit sich die Schichten in der Küvette nicht untereinander mischen, wird die hochkonzentrierte Lösung zusätzlich mit Glycerin oder Saccharose beschwert. Man gießt im Prinzip einen Dichtegradienten. Die Vermischung der nachfließenden leichten Lösung mit der schweren Lösung erfolgt in der Mischkammer mittels des Magnetkernes.

Läßt man die Mischkammer nach oben offen, gilt das Prinzip der kommunizierenden Röhren: damit beide Flüssigkeitsniveaus immer gleich hoch sind, fließt halb so viel leichte Lösung nach wie Lösung aus der Mischkammer ausfließt. Dabei ergibt sich ein linearer Gradient. Ein *Multifunktionsstab* im Reservoir kompensiert das Volumen des Magnetkernes und den Dichteunterschied zwischen den beiden Lösungen.

Exponentielle Gradienten entstehen, wenn man die Mischkammer mit einem Stempel verschließt. Das Volumen in der Mischkammer bleibt konstant, es fließt soviel leichte Lösung nach wie Lösung aus der Mischkammer ausfließt.

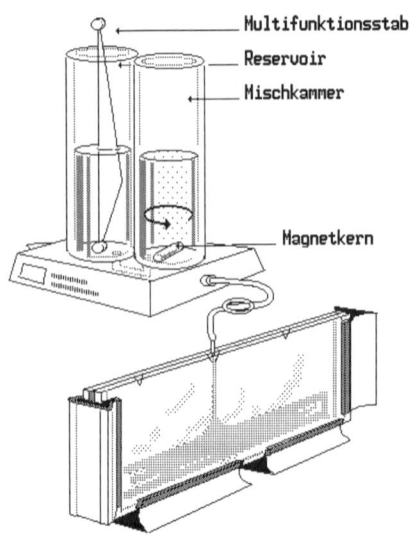

Abb. 17:
Gießen eines linearen Gelgradienten mit einem Gradientenmischer. Der Magnetkern wird durch einen Magnetmotor angetrieben (nicht gezeigt).

SDS-Elektrophorese

Die von [34] eingeführte SDS-Elektrophorese – SDS ist die englische Abkürzung von *Natriumdodecylsulfat* – trennt ausschließlich nach unterschiedlichen Molekülgrößen auf. Durch die Beladung mit dem anionischen Detergenz SDS werden die Eigenladungen von Proteinen so effektiv überdeckt, daß anionische Mizellen mit konstanter Nettoladung pro Masseneinheit entstehen: mit ca. 1,4 g SDS pro g Protein. Zudem werden die unterschiedlichen Molekülformen ausgeglichen, indem die Tertiär- und Sekundärstrukturen durch Aufspalten der Wasserstoffbrücken und durch Streckung der Moleküle aufgelöst werden.

[34] Shapiro AL, Viñuela E, Maizel JV. Biochem Biophys Res Commun. 28 (1967) 815-822.

Schwefelbrücken, die zwischen Cysteinen gebildet werden können, werden nur durch Zugabe einer reduzierenden Thiolverbindung, z.B. 2-Mercaptoethanol oder Dithiothreitol, aufgespalten. Häufig schützt man die SH-Gruppen noch durch eine darauffolgende Alkylierung mit Iodacetamid, Iodessigsäure oder Vinylpyridin [35].

Die mit SDS beladenen, gestreckten Aminosäureketten bilden Ellipsoide mit gleich langen Mittelabständen. Bei der Elektrophorese im restriktiven Polyacrylamid-Gel, das 0,1 % SDS enthält, ergibt sich eine lineare Beziehung zwischen dem Logarithmus der jeweiligen Molekulargewichte und den relativen Wanderungsstrecken dieser SDS-Polypeptid-Mizellen.

Porengradienten-Gele haben einen weiteren Trennbereich und einen weiteren linearen Trennbereich als Gele mit konstanten Porendurchmessern. Außerdem erzielt man damit sehr scharfe Banden, weil das Gradienten-Gel der Diffusion entgegen wirkt (Abb. 18). Mit Hilfe von Markerproteinen lassen sich über eine Eichkurve die Molekulargewichte der Proteine ermitteln (Abb. 19).

[35] Lane LC. Anal Biochem.
86 (1978) 655-664.

Diese lineare Beziehung gilt nur in einem gewissen Bereich, der vom Größenverhältnis Molekülmasse zum Porendurchmesser bestimmt ist.

Markerproteingemische gibt es für unterschiedliche Molekulargewichtsbereiche.

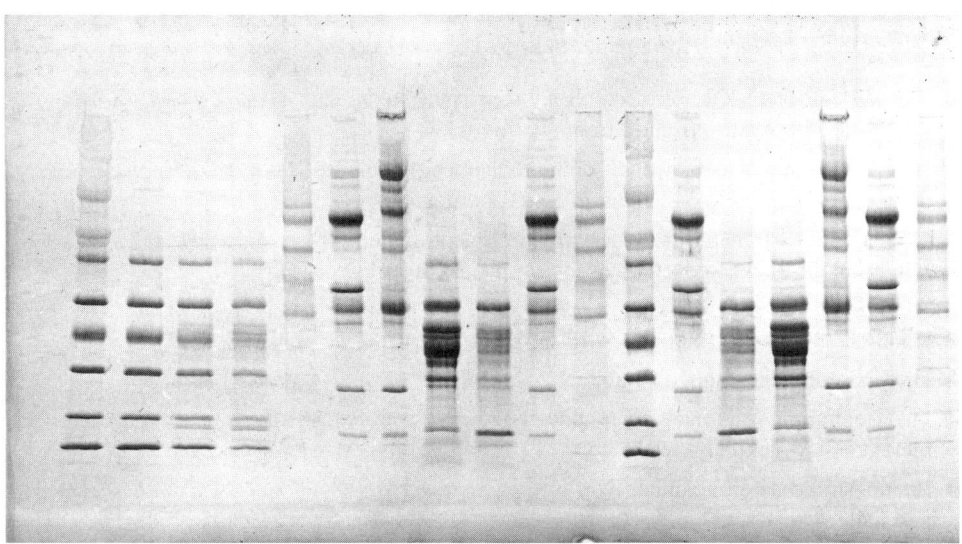

Abb. 18: Trennergebnis: SDS-Elektrophorese von Proteinen in einem Porengradientengel $T = 8\%$ bis 18%. Anfärbung mit Coomassie-Brilliantblau (Kathode oben).

Bei Auftrennungen von physiologischen Flüssigkeiten, z.B. bei der Urinproteinanalyse, verzichtet man auf die Reduzierung, um zu verhindern, daß sich Immunglobuline in Untereinheiten zerlegen. Man nimmt dabei die unvollständige Auffaltung bestimmter Proteine in Kauf und erhält damit keine exakte Molekulargewichtsbestimmung.

Albumin, z.B., täuscht bei Nichtreduzierung ein Molekulargewicht von 54 kDa anstelle von 68 kDa vor, da die Polypeptidkette unvollständig aufgefaltet ist.

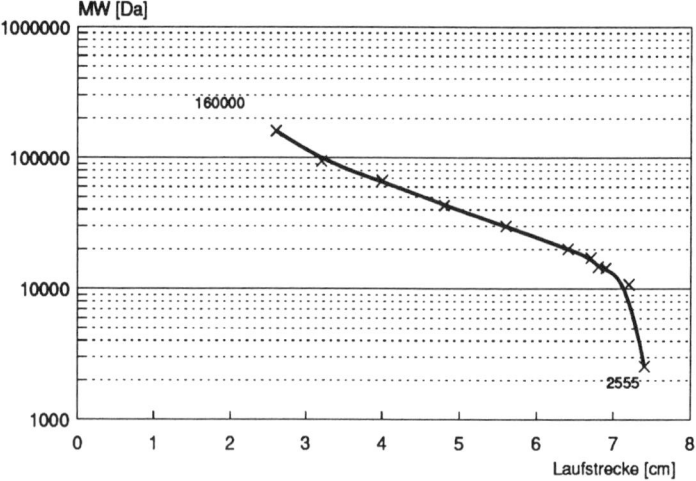

Abb. 19: Molekulargewichtskurve in der halblogarithmischen Darstellung: Molekulargewichte von Eichproteinen über ihren Wanderungsstrecken aufgetragen. (SDS-Porengradientengel aus Abb. 16)

Die SDS-Elektrophorese hat eine Reihe praktischer Vorteile:

● Mit SDS gehen und bleiben beinahe alle Proteine in Lösung.

auch sehr hydrophobe und denaturierte Proteine

● Weil SDS-Protein-Komplexe hoch geladen sind, haben sie eine hohe elektrophoretische Mobilität.

dadurch schnelle Trennungen

● Alle Fraktionen laufen, wegen einheitlicher negativer Ladung der SDS-Protein-Mizellen, in *eine* Richtung.

in Richtung zur Anode

● Durch die SDS-Behandlung werden die Polypeptidfäden entfaltet und gestreckt, die Trennung wird in stark restriktiven Gelen durchgeführt.

dies schränkt die Diffusion ein

● Dadurch ergibt sich ein hohes Auflösungsvermögen.

scharfe Zonen

● Die Fixierung der Banden ist einfach.

keine starken Säuren notwendig

● Die Trennung erfolgt nach *einem* physiko-chemischen Parameter, dem Molekulargewicht.

Man hat eine einfache Meßmethode für Molekulargewichte.

● Ladungsmikroheterogenitäten von Isoenzymen werden ausgeschaltet.

*Man erhält **eine** Bande für **ein** Enzym.*

● Mit SDS-Elektrophorese getrennte Proteine binden mehr Farbstoff.

zehnmal so hohe Nachweisempfindlichkeit bei der Silberfärbung

● Nach elektrophoretischem Transfer auf eine immobilisierende Membran kann das SDS wieder von den Proteinen entfernt werden, ohne die Proteine selbst dabei zu eluieren.

s. Kap. 4: Blotting

SDS-Elektrophoresen können im kontinuierlichen Phosphatpuffersystem [36] oder in diskontinuierlichen Systemen durchgeführt werden:

[36] Weber K, Osborn M. J Biol Chem. 244 (1968) 4406-4412.

Lämmli [37] hat die Disk-Elektrophorese-Methode nach Ornstein [30] und Davis [31] direkt für SDS-beladene Proteine übernommen, obwohl man den pH-Wert- und Ionenstärken-Sprung dabei nicht benötigt:

[37] Lämmli UK. Nature. 227 (1970) 680-685.

Im anodischen Elektrophorese-puffer wird kein Glycin und SDS benötigt →Kostenspar-nis.

- Weil die Protein-SDS-Mizellen hohe negative Nettoladungen tragen, ist die Mobilität des sehr hydrophilen – und damit nicht mit SDS beladenen Glycins – in einem großporigen Sammel-Gel zu Beginn der Elektrophorese auch bei pH 8,8 niedriger als die der Proteine.

Wichtig ist allerdings die Dis-kontinuität der Anionen und sehr hilfreich die unterschiedli-che Gelporosität.

- Während des "Stacking" entsteht kein Feldstärkegradient, weil es keine Ladungsunterschiede innerhalb der Probe gibt: daher benötigt man hier keine niedrigere Ionenstärke.

Aus dieser Tatsache folgt, daß man ein SDS-Disk-Elektropho-rese-Gel in einem Arbeitsgang herstellen kann:

Man gibt zum Trenn-Gel etwas Glycerin zu und überschichtet es direkt mit der Sammel-Gellösung, die den gleichen Puffer enthält wie das Trenn-Gel, aber kein Glycerin.

Man kann sich also das Über-schichten des Trenn-Gels mit Butanol o.ä. sparen und vor al-lem das mühsame Entfernen der Flüssigkeit vor dem Gießen des Sammel-Gels.

Außerdem ist die Gesamtzeit der Elektrophorese etwas kür-zer, weil der Start schneller läuft.

Da es bei solchen Gelen keine Probleme mit der Diffusion von Sammel- und Trenn-Gelpuffer geben kann, sind sie länger lager-fähig als klassische Disk-Gele. Allerdings ist die Lagerfähigkeit durch den hohen pH-Wert des Puffers im Gel limitiert, weil nach ca. 10 Tagen die Polyacrylamid-Matrix zu hydrolysieren be-ginnt.

Für Fertig-Gele mit hoher La-gerstabilität muß man ein ande-res Puffersystem wählen, mit ei-nem pH-Wert unter 7.

Durch empirische Versuche hat sich ein Tris-Acetat-Puffer mit pH 6,7 im Gel als optimal für Lagerstabilität und Trennung erwiesen. Dann benötigt man Tricin anstelle von Glycin als Folgeion. Abb. 20 zeigt die Funktionsweise dieses Puffersystems mit Elektrodenpuffer-Streifen aus Polyacrylamid in einem SDS-Fertig-Gel.

Da Tricin erheblich teurer als Glycin ist, verwendet man es nur in der Kathode, die Anode enthält Tris-Acetat.

SDS-Elektrophorese für niedermolekulare Peptide: Beim her-kömmlichen Tris-Glycin-HCl-System ist die Auflösung von Peptiden < 14 kDa ungenügend. Das Problem ist durch die Entwicklung eines neuen Gel- und Puffersystems von Schägger und von Jagow [38] gelöst worden. Dabei wird ein zusätzliches Spacer-Gel eingeführt, die Molarität der Puffer erhöht und an-stelle von Glycin das Tricin als Folge-Ion eingesetzt. Mit dieser Methode erhält man eine lineare Auflösung von 100 bis 1 kDa.

[38] Schägger H, von Jagow G. Anal Biochem. 166 (1987) 368-379.

Glykoproteine: Glykoproteine wandern bei der SDS-Elektro-phorese zu langsam, weil der Zuckeranteil kein SDS bindet. Bei

[39] Poduslo JF. Anal Bio-chem. 114 (1981) 131-139.

Verwendung eines Tris,Borat,EDTA-Puffers werden auch die neutralen Zuckeranteile negativ geladen, so daß die Wanderungsgeschwindigkeit entsprechend erhöht wird [39].

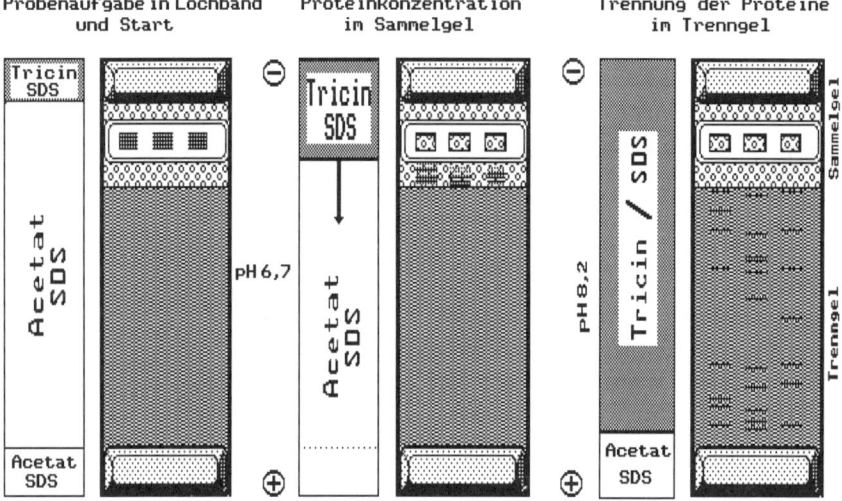

Abb. 20: Funktionsweise des Puffersystems von Fertiggelen für die diskontinuierliche SDS-Elektrophorese. Horizontalgel mit Tris-Tricin Pufferstreifen.

Kationisches Detergenz: Stark saure Proteine binden kein SDS. Auch bei der Analyse von stark basischen Nukleoproteinen, die sich in SDS-Gelen sehr ungewöhnlich verhalten, wird als Alternative die Elektrophorese mit dem kationischen Detergenz Cetyltrimethylammonium-bromid, kurz CTAB, im sauren Puffersystem bei pH = 3 bis 5 empfohlen [40]. Auch dies ergibt eine Trennung nach Molekulargewichten in Richtung Kathode. Das kationische Detergenz schädigt die Aktivität von Proteinen weit weniger als SDS, so daß man die CTAB-Elektrophorese als eine Form der Nativ-Elektophorese einsetzen kann [41].

Nativ-Elektrophorese in amphoteren Puffern: Aus trägerfoliengestützen Polyacrylamid-Gelen, die für Horizontalsysteme verwendet werden, kann man die Polymerisations-Katalysatoren mit entionisiertem Wasser auswaschen. Durch Äquilibrieren in amphoteren Puffern, wie z.B. HEPES, MES oder MOPS, ergibt sich ein weites Spektrum für den Einsatz von Elektrophoresen unter nativen Bedingungen.

[40] Eley MH, Burns PC, Kannapell CC, Campbell PS. Anal Biochem.92 (1979) 411-419.
[41] Atin DT, Shapira R, Kinkade JM. Anal Biochem. 145 (1985) 170-176.

Die ionischen Katalysatoren APS und TEMED würden solche Puffersysteme destabilisieren, näheres hierzu in Methode 5, s.S. 133 ff.

Zweidimensional-Elektrophorese

Mit der Kombination zweier verschiedener Elektrophorese-methoden werden unterschiedliche Ziele verfolgt:

- Elektrophoretisch fraktionierte Proteine werden mit einer anschließenden Affinitäts- oder Immun-Elektrophorese nach Laurell [16] identifiziert, näher charakterisiert oder quantifiziert, z.B. durch Kreuzimmun-Elektrophorese.

- Aus komplexen Proteingemischen wird ein Teil der Fraktionen mit *einer* Elektrophorese abgetrennt und mit einer zweiten, nach anderen Parametern trennenden Methode weiter separiert, so daß die für die Problemstellung irrelevanten Proteine die eigentliche Trennung bzw. deren Auswertung nicht stören können [42].

- Proteingemische werden so fraktioniert, daß man aus dem 2D-Pherogramm wie aus einem Koordinatensystem physiko-chemische Parameter ablesen kann, z.B. pI und Molekular-gewicht.

- Komplexe Proteingemische, wie z.B. Zellysate oder Gewebeextrakte, sollen möglichst in sämtliche Einzelproteine fraktioniert werden, um ein Gesamtbild der Proteinzusammensetzung zu erhalten und einzelne Proteine auffinden zu können.

Bei diesen Techniken führt man die erste Dimension in individuellen Rund-Gelen oder Gelstreifen durch und überträgt diese auf das Gel der zweiten Dimension. Man kann auch ein Flach-Gel nach der Trennung in Streifen schneiden und auf das zweite Gel transferieren.

Hochauflösende 2D-Elektrophorese: Bei der "*Hochauflösenden Zweidimensional-Elektrophorese*" nach O'Farrell [43] und nach Klose [44], die mittlerweile als eigenständige Elektrophoresemethode geführt wird, besteht die erste Dimension aus einer isoelektrischen Fokussierung in Gegenwart von 8- bis 9-molarem Harnstoff – an der Sättigungsgrenze – und einem nichtionischen Detergenz, wie z.B. Triton X-100 oder Nonidet NP-40; die zweite Dimension aus einer SDS-Elektrophorese. Der Trennparameter der ersten Dimension, der pI, ist unabhängig vom Molekulargewicht, dem Trennparameter der zweiten Dimension. Daher kommt der von Anderson und Anderson eingeführte Name *IsoDalt*-System [45].

Kurz: 2D-Elektrophorese

Dabei entstehen Präzipitatbögen, die den Zonen der ersten Dimension zugeordnet werden können.

[42] Altland K, Hackler R. In: Neuhoff V, Hrsg. Electrophoresis' 84. Verlag Chemie, Weinheim (1984) 362-378.

Dies ist eine Basis für Protein-Datenbanken.

In den meisten Fällen muß das Gel der ersten Dimension im Puffer der zweiten Dimension äquilibriert werden, um die Proteine umzuladen bzw. mit SDS zu versetzen.

[43] O'Farrell PH. J Biol Chem. 250 (1975) 4007-4021.
[44] Klose J. Humangenetik. 26 (1975) 231-243.
[45] Anderson NG, Anderson NL. Anal Biochem. 85 (1978) 331-340.

Als Trennergebnis erhält man Fleckenmuster (Abb. 21). Bei ihrer Darstellung hat sich, in Anlehnung an kartesische Koordinatensysteme, folgender Standard durchgesetzt: von links nach rechts → steigender pI; von unten nach oben → steigendes Molekulargewicht. Solche Zweidimensional-Proteinkarten haben das höchste Auflösungsvermögen aller derzeit bekannten Analysenmethoden. Durch Verlängerung der Trenndistanzen, Verwendung dünnerer Gele und Entwicklung von Nachweismethoden mit höherer Empfindlichkeit wird in vielen Forschungslabors versucht, die Anzahl der auffindbaren Einzelproteine so weit wie möglich zu steigern. Zum Einsatz kommen hauptsächlich Autoradiographie von markierten Proteinen und die Silberfärbung. Hohe Reproduzierbarkeit der Fleckenpositionen ist für die Auswertung sehr wichtig.

Große Probleme gibt es mit der ersten Dimension, wenn sie nach der traditionellen Methode in individuellen Rund-Gelen durchgeführt wird. Durch eine Reihe von Materialeinflüssen und die langen Trennzeiten beginnen die pH-Gradienten zu driften. Dadurch variieren die Fleckenpositionen, und ein Teil der Proteine geht verloren: vor allem die basischen. Durch die Verwendung immobilisierter pH-Gradienten in der ersten Dimension kann man die Reproduzierbarkeit der Fleckenmuster unabhängig von Trennzeiten und Puffersubstanzen der Proben erheblich erhöhen sowie auch die basischen Proteine erfassen [46,47]. Abb. 21 zeigt eine 2D-Elektrophorese von basischen Hefezellproteinen, die nur durch Einsatz von immobilisierten pH-Gradienten in der ersten Dimension möglich ist.

Die Auswertung von 2D-Elektrophoresen mit mehreren hundert "Spots" ist kompliziert und zeitraubend, dazu setzt man Computer ein. Die Muster müssen mit Hilfe von Densitometern oder Videokameras aufgenommen werden und in digitale Signale übersetzt werden.

[46] Görg A, Postel W, Günther S. Electrophoresis. 9 (1988) 531-546.

[47] Hanash SM, Strahler JR. Nature. 337 (1989) 485-486.

[48] Merill CM, Goldman D, Sedman SA, Ebert MH. Science. 211 (1981) 1437-1438.
[49] Görg A, Postel W, Weser J, Günther S, Strahler JR, Hanash SM, Somerlot L, Kuick R. Electrophoresis. 9 (1988) 37-46.

A

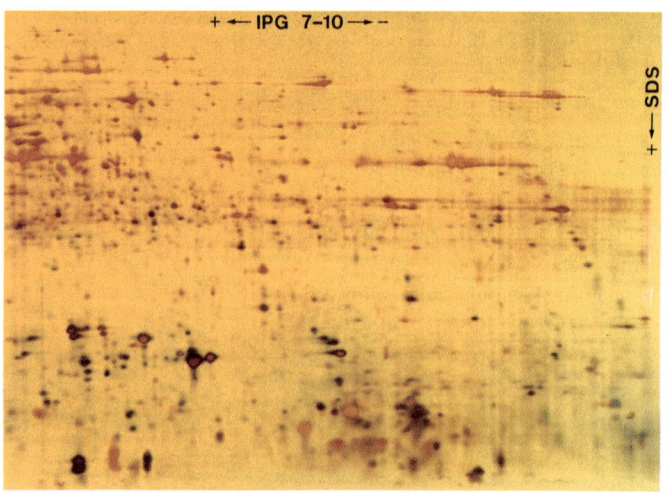

Abb. 21: (A) Hochauflösende horizontale 2D-Elektrophorese mit immobilisierten pH-Gradienten in der ersten Dimension *(IPG-Dalt)* [46]: Alkalische Proteine aus Hefezellen-Lysat *(Saccharomyces cerevisiae)*. Silberfärbung nach Merill [48]. Aus [49] von Dr. A. Görg mit freundlicher Genehmigung.

B

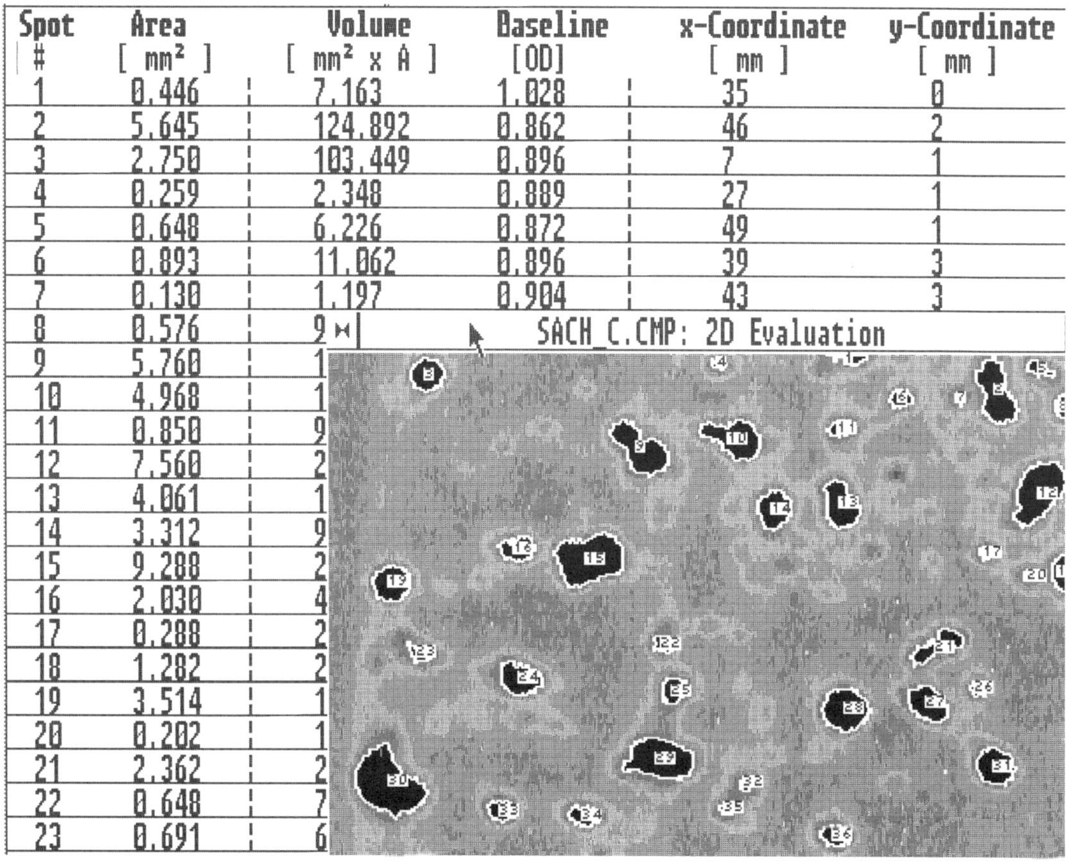

Spot #	Area [mm²]	Volume [mm² x Å]	Baseline [OD]	x-Coordinate [mm]	y-Coordinate [mm]
1	0.446	7.163	1.028	35	0
2	5.645	124.892	0.862	46	2
3	2.750	103.449	0.896	7	1
4	0.259	2.348	0.889	27	1
5	0.648	6.226	0.872	49	1
6	0.893	11.062	0.896	39	3
7	0.130	1.197	0.904	43	3
8	0.576	9			
9	5.760				
10	4.968				
11	0.850				
12	7.560				
13	4.061				
14	3.312				
15	9.288				
16	2.030				
17	0.288				
18	1.282				
19	3.514				
20	0.202				
21	2.362				
22	0.648				
23	0.691				

Abb. 21: (B) Auswertung eines Bereichs von A mit 2D-Evaluierungsprogramm aus dem Laser-Densitogramm

2 Isotachophorese

Die wichtigste Vorbedingung für eine isotachophoretische Trennung ist ein diskontinuierliches Puffersystem mit einem Leit- und einem Folgeelektrolyten. Sollen beispielsweise die Anionen einer Probe bestimmt werden, muß der Leitelektrolyt Anionen mit höherer Mobilität, der Folgeelektrolyt Anionen mit niedrigerer Mobilität als die sämtlicher interessierender Probenanionen enthalten. Bei einer solchen anionischen Analyse befindet sich der Leitelektrolyt auf der Seite der Anode, der Folgeelektrolyt auf der Seite der Kathode. Die Probe wird dazwischen aufgegeben. Das gesamte System enthält dazu ein gemeinsames kationisches Gegen-Ion.

Es können entweder Anionen oder Kationen auf einmal getrennt werden, nicht jedoch beide auf einmal.

Legt man ein elektrisches Feld an, bildet sich zwischen den Elektroden ein Potentialgradient aus. Im Bereich der Ionen mit niedriger Mobilität ist die Feldstärke höher als im Bereich der mobileren Ionen, um sie mit gleicher Geschwindigkeit bewegen zu können. Die Wanderung aller Ionen muß mit gleicher Geschwindigkeit erfolgen, weil weder Ionen davonlaufen noch welche zurückbleiben dürfen: sonst könnte kein Strom mehr transportiert werden.

s. hierzu auch Abb. 1

Während dieser Wanderung bilden sich aus dem Probenionen-Gemisch reine, direkt aufeinanderfolgende Zonen der einzelnen Substanzionen heraus. Im Gleichgewichtszustand folgt das Ion mit der höchsten Mobilität dem Leit-Ion, das mit der niedrigsten Mobilität wandert vor dem Folge-Ion, die anderen wandern dazwischen in der Reihenfolge abnehmender Mobilitäten:

Die Probenionen bilden einen Stapel.

$$m_{L^-} > m_{A^-} > m_{B^-} > m_{T^-}.$$

m Mobilität,
L^- Leit-Ion,
T^- Folge-Ion,
A^- und B^- Proben-Ionen

Die Zone mit der höchsten Mobilität hat die niedrigste Feldstärke, die mit der niedrigsten Mobilität die höchste Feldstärke; das Produkt aus Feldstärke und Mobilität jeder Zone ist konstant. Dies hat den *Zonenschärfungseffekt* zur Konsequenz: Ionen, die in eine Zone mit höherer Mobilität diffundieren, werden aufgrund der dort herrschenden niedrigeren Feldstärke verlangsamt, bis sie wieder in der ihnen eigenen Zone wandern. Bleibt ein Ion zurück, wird es durch die höhere Feldstärke aus der Folgezone nach vorne beschleunigt.

Das System wirkt der Diffusion entgegen, und man erhält eine klare Trennung der Einzelsubstanzen. Allerdings folgen die Fraktionen, im Unterschied zu allen anderen Trenntechniken, direkt aufeinander.

Die Isotachophorese wird bei konstanter Stromstärke durchgeführt, um innerhalb der einzelnen Zonen die Feldstärken konstant zu halten. Dadurch bleibt auch die Wanderungsgeschwindigkeit während der Trennung konstant.

Quantitative Analyse

Die Grundlage der quantitativen Analyse mit der isotachophoretischen Trennung ist die "beharrliche Funktion" von Kohlrausch [50]. Sie definiert die Bedingungen an der Grenze zwischen zwei verschiedenen Ionen, L^-, A^-, mit einem gemeinsamen Gegen-Ion R^+ während der Wanderung dieser Grenze im elektrischen Feld. Das Verhältnis zwischen den Konzentrationen CL^- und CA^- der Ionen L^-, A^- und R^+ ergibt sich wie folgt:

[50] Kohlrausch F. Ann Phys. 62 (1897) 209-220.

$$\frac{C_{L^-}}{C_{A^-}} = \frac{m_{L^-}}{m_{L^-} + m_{R^+}} \times \frac{m_{A^-} + m_{R^+}}{m_{A^-}}$$

m ist die Mobilität, angegeben in $cm^2/V \times s$, die für jedes Ion unter definierten Bedingungen konstant ist.

Bei vorgegebener Konzentration des Leitions L^- ist die Konzentration des Proben-Ions A^- festgelegt, da alle übrigen Parameter Konstanten sind. Dies setzt sich nach hinten fort: Da nun die Konzentration des Proben-Ions A^- vorgegeben ist, ergibt sich daraus die Konzentration des Proben-Ions B^- in der nächstfolgenden Zone usw.

Daraus ergibt sich auch der Konzentrierungseffekt: Je höher die Leitionen-Konzentration, um so konzentrierter die Zonen.

Vereinfacht könnte die Kohlrausch-Formel geschrieben werden:

$$C_{A^-} = C_{L^-} \times const$$

Im Gleichgewichtszustand ist die Konzentration des Proben-Ions C_{A^-} proportional zur Leit-Ionenkonzentration C_{L^-}. Und es ergibt sich, daß die Ionenkonzentration in jeder Zone konstant ist. Die Ionenmenge in jeder Zone ist proportional zur Zonenlänge. Charakteristisch für die Isotachophorese ist: Die Quantifizierung der einzelnen, aufgetrennten Probenkomponenten erfolgt über die Messung der Zonenlänge, unabhängig davon, in welcher Konzentration die Probe aufgegeben worden ist. In Abb. 22 ist gezeigt, wie sich während des isotachophoretischen Laufes aus den Situationen a und c automatisch die Situation b einstellt.

Zur Gehaltsbestimmung einer Substanz müssen mindestens zwei Läufe gemacht werden: Erst erfolgt eine Trennung der

Die Banden sind keine "Peaks" (Gaußsche Verteilung) wie bei sonstigen Elektrophoresen und Chromatographien, sondern "Spikes" (konzentrationsabhängige Breiten). Deshalb können herkömmliche Auswertungsprogramme nicht verwendet werden.

unmodifizierten Probe, beim zweiten Lauf gibt man die zu bestimmende Substanz in bekannter Menge in Reinform zu. Aus der Verlängerung der Zone kann man die ursprüngliche Substanzmenge berechnen.

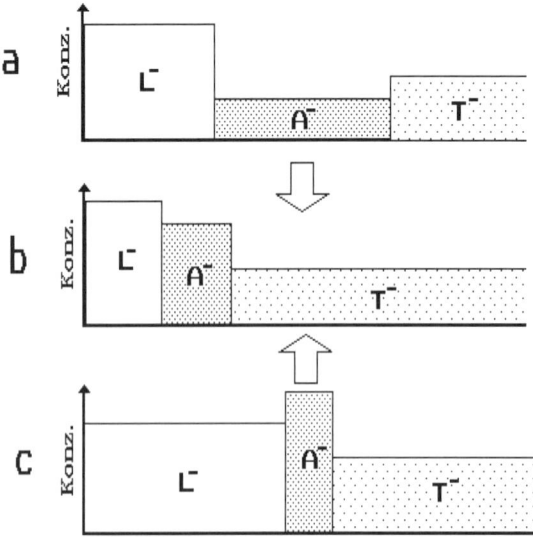

Abb. 22:
Der Konzentrations-Regulierungs-Effekt ist die Grundlage zur Quantifizierung bei der Isotachophorese. Nähere Erläuterung im Text.

Isotachophorese wird hauptsächlich in Teflonkapillaren durchgeführt [51,52], bei den neuesten Entwicklungen auch in Quarzkapillaren. Dabei verwendet man Spannungen bis zu 30 kV und Stromstärken im µA-Bereich.

Während man zur Zonendetektion mit UV nach Trennungen in Teflonkapillaren Meßzellen verwendet, kann man in Quarzkapillaren direkt messen [7]. Zur sicheren Differenzierung zwischen den direkt aufeinanderfolgenden Zonen werden zusätzlich Strom- und Wärme-Leitfähigkeitsdetektoren eingesetzt.

In Abb. 23 sind Isotachophorese-Ergebnisse von Penicillinen gezeigt: je 10 µg Ampicillin, Phenoxymethylpenicillin und Carbenicillin.

[51] Everaerts FM, Becker JM, Verheggen ThPEM. Isotachophoresis, Theory, instrumentation and applications. J Chromatogr Library Vol 6. Elsevier, Amsterdam (1976).

[52] Hjalmarsson S-G, Baldesten A. In: CRC Critical Rev in Anal Chem. (1981) 261-352.

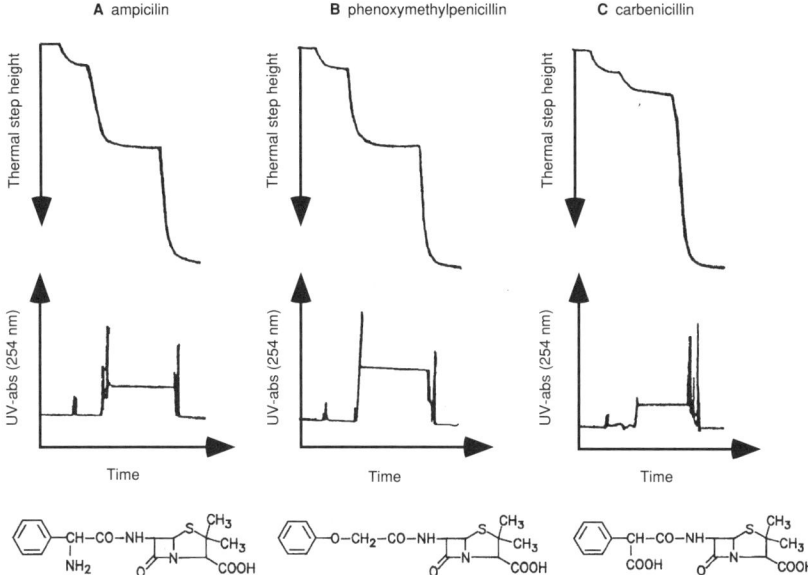

Abb 23: Isotachophoresen von Penicillinen. Nachweis der Zonen simultan mit Wärmeleitfähigkeits- und UV-Detektor. Aus dem Applikationslabor von Pharmacia LKB, Bromma, Schweden.

3 Isoelektrische Fokussierung

3.1 Prinzip

Die Anwendung der Isoelektrischen Fokussierung ist auf die Trennung solcher Moleküle beschränkt, die nach außen positiv und negativ geladen sein können, *amphoterer* Natur sind: Proteine, Enzyme, Peptide. Die Nettoladung eines Proteins ist die Summe aller negativen und positiven Ladungen an den Aminosäuren-Seitengruppen, wobei auch die dreidimensionale Konfiguration des Proteins eine Rolle spielt (Abb. 24).

Die zu trennenden Substanzen müssen einen isoelektrischen Punkt (pI) besitzen, an dem sie entladen werden.

Bei niedrigem pH-Wert sind die Carboxyl-Seitengruppen von Aminosäuren neutral:

$$R-COO^- + H^+ \rightarrow R-COOH \ ,$$

bei hohem pH-Wert negativ geladen:

$$R-COOH + OH^- \rightarrow R-COO^- + H_2O$$

Die Amino-, Imidazol- und Guanidin-Seitengruppen von Aminosäuren sind bei niedrigem pH-Wert positiv geladen:

$$R-NH_2 + H^+ \rightarrow R-NH_3^+ \ ,$$

bei niedrigem pH-Wert sind sie neutral:

$$R-NH_3^+ + OH^- \rightarrow R-NH_2 + H_2O \ .$$

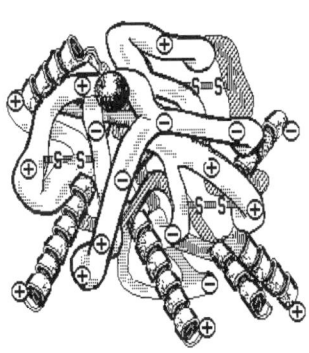
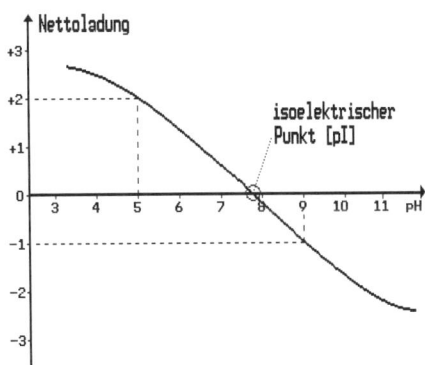

Abb. 24: Proteinmolekül und die Abhängigkeit seiner Nettoladung vom pH-Wert. Ein Protein mit dieser Nettoladungskurve hat bei pH 5 zwei positive, bei pH 9 eine negative Nettoladung.

Bei zusammengesetzten Proteinen, wie Glyko- oder Nukleoproteinen, wird die Nettoladung noch von den Zucker- bzw.
Nukleinsäureresten beeinflußt. Auch Phosphorylierung hat Einfluß auf den Ladungszustand.

Trägt man die jeweiligen Nettoladungen eines Proteins über
einer pH-Skala auf (Abb. 24), so ergibt sich eine kontinuierliche
Kurve, welche die Abszisse am isoelektrischen Punkt pI schneidet. Das Protein mit dem niedrigsten bisher gefundenen isoelektrischen Punkt ist das saure Glykoprotein im Schimpansen:
pI=1,8, das mit dem höchsten das Lysozym der Human-Plazenta:
pI=11,7.

Gibt man ein Proteingemisch an einer Stelle eines pH-Gradienten auf, so haben die verschiedenen Proteine bei diesem
pH-Wert unterschiedliche Nettoladungen. Im elektrischen Feld
wandern die Proteine an ihren jeweiligen isoelektrischen Punkt
(s. Abb. 1).

Die Isoelektrische Fokussierung ist im Gegensatz zur Zonen-
Elektrophorese eine Endpunktmethode. Durch den Fokussie-
rungseffekt erhält man scharfe Proteinzonen und hohe Auflösung.

Mit großem Erfolg wird die Isoelektrische Fokussierung u.a.
zur Proteinisolierung auch im präparativen Maßstab, zur Identifizierung genetischer Varianten und zur Untersuchung von che-
mischen, physikalischen und biologischen Einflüssen auf Proteine, Enzyme und Hormone eingesetzt. Während sie ursprünglich
in Dichtegradienten-Säulen in flüssiger Phase durchgeführt wurde, verwendet man heute fast ausschließlich Gelmedien.

Die Definition des Auflösungsvermögens der Isoelektrischen
Fokussierung stammt von Svensson [53]:

$$\Delta pI = \sqrt{\frac{D[d(pH)/dx]}{E[-du/d(pH)]}}$$

ΔpI Auflösungsvermögen,
D Diffusions-Koeffizient des Proteins,
E Feldstärke (V/cm),
d(pH)/dx pH-Gradient,
du/d(pH) Mobilitätssteigung des Proteins am pI.

Die Formel zeigt, wie man die Auflösung erhöhen kann:

● Bei einem hohen Diffusionskoeffizienten wählt man ein eng-
poriges Gelmedium, so daß die Diffusion eingeschränkt wird.

● Man kann einen sehr flachen pH-Gradienten verwenden.

Manche Mikroheterogenitäten in IEF-Mustern lassen sich auf diese Molekülmodifikationen zurückführen.

Die Ladungskurve ist ein Charakteristikum für ein Protein. Mit der Titrationskurvenanalysen-Technik, die in Kap. 3.8 beschrieben wird, kann man sie auf einfache Weise in einem Gel darstellen.

Wichtig ist es in vielen Fällen, die optimale Stelle im Gradienten zu finden, bei der die Probe problemlos in das Gel einwandert und nicht aggregiert und an der kein Protein instabil ist.

Als weiterführende Literatur wird das Buch von Righetti [13] empfohlen.

[53] Svensson H. Acta Chem Scand. 15 (1961) 325-341.

ΔpI ist das Minimum der pH-Differenz, die nötig ist, zwei benachbarte Banden aufzulösen.

s. hierzu auch: Titrationskurvenanalyse

Aber sie veranschaulicht auch die Grenzen der Isoelektrischen Fokussierung:

● Die Feldstärke kann zwar durch hohe Spannungen gesteigert, aber nicht uneingeschränkt erhöht werden.

● Die Steigung der Mobilität eines Proteins am pI ist nicht beeinflußbar.

Arten von pH-Gradienten

Grundvoraussetzung zur Erzielung hochauflösender und reproduzierbarer Trennergebnisse ist ein stabiler und kontinuierlicher pH-Gradient mit gleichmäßiger und konstanter Leitfähigkeit und Pufferkapazität.

Es gibt zwei verschiedene Konzepte, die diese Anforderungen erfüllen: pH-Gradienten, die im elektrischen Feld durch amphotere Puffer, die Trägerampholyte, gebildet werden oder immobilisierte pH-Gradienten, bei welchen die puffernden Gruppen Bestandteil des Gelmediums sind.

3.2 Freie Trägerampholyte

Die theoretische Grundlage zur Erzeugung der "*natürliche*n" pH-Gradienten stammt von Svensson [53], die praktische Realisierung von Vesterberg [54]: die Synthese eines heterogenen Gemisches von Isomeren aliphatischer Oligoamino-Oligocarbonsäuren. Diese Puffer sind ein Spektrum kleinmolekularer Ampholyte mit eng benachbarten isoelektrischen Punkten.

[54] Vesterberg, O.: Acta Chem.Scand. 23 (1969) 2653-2666.

Die chemische Allgemeinformel lautet:

$$- CH_2 - N - (CH_2)_x - N - CH_2 -$$
$$ | |$$
$$ (CH_2)_x (CH_2)_x$$
$$ | |$$
$$ NR_2 COOH$$

wobei R = H
oder $- (CH_2)_x - COOH$
x = 2 oder 3

Diese Trägerampholyte haben folgende Eigenschaften:

● hohe Pufferkapazität und Löslichkeit am pI,
● gute und gleichmäßige Leitfähigkeit am pI,
● freiheit von biologischen Effekten,
● niedriges Molekulargewicht.

Natürlich vorkommende Ampholyte, wie Aminosäuren und Peptide, haben an ihrem pI nicht die höchste Pufferkapazität. Sie eignen sich deshalb nicht.

Den pH-Gradienten erzeugt man mit dem elektrischen Feld: Nimmt man als Beispiel ein Fokussierungs-Gel mit der in der Praxis üblichen Konzentration von 2 bis 2,5 % (g/v) Trägerampholyten (z.B. für Gradienten von pH 3 bis 10), so hat das Gel einen einheitlichen Durchschnitts-pH-Wert. Fast alle Trägerampholyte sind geladen: die mit höherem pI positiv, die mit niedrigerem pI negativ (Abb. 25).

Durch Kontrolle der Synthese und geeignete Mischung versucht man die Zusammensetzung so zu steuern, daß in Gelen möglichst lineare und reproduzierbare Gradienten entstehen.

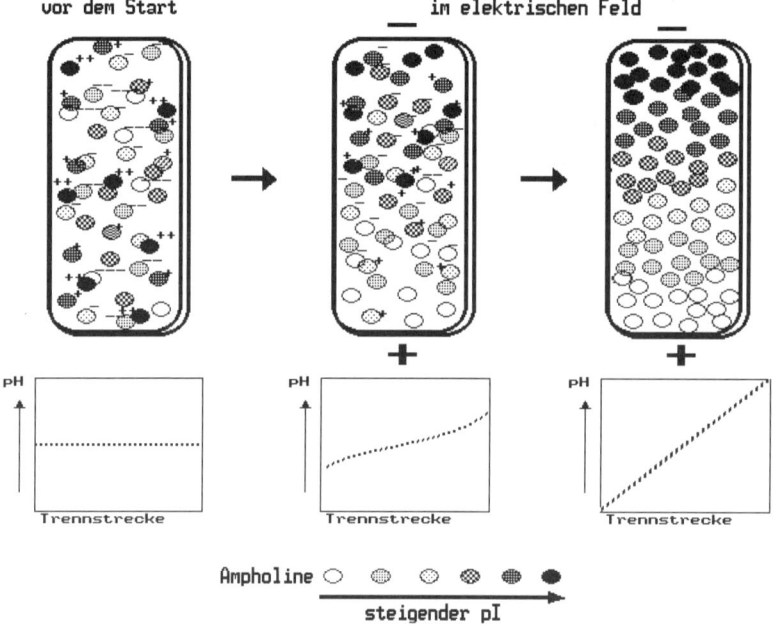

Abb. 25:
Schemazeichung der Entstehung eines Trägerampholyten pH-Gradienten im elektrischen Feld.

Wenn man ein elektrisches Feld anlegt, wandern die negativ geladenen Trägerampholyte zur Anode, die positiv geladenen zur Kathode, wobei die Geschwindigkeiten von der Höhe der jeweiligen Nettoladung abhängen.

Dabei wird die anodische Seite des Gels saurer, die kathodische basischer.

Die Trägerampholyt-Moleküle mit dem niedrigsten pI wandern bis an das anodische, die mit dem höchsten an das kathodische Ende des Geles. Die anderen Trägerampholyte arrangieren sich dazwischen in der Reihenfolge ihrer pIs und geben den entsprechenden pH-Wert an ihre Umgebung ab. Auf diese Weise erhält man einen stabilen, monoton steigenden pH-Gradient von 3 bis 10 (Abb. 25).

Dabei verlieren die Träger-ampholyte an Eigenladung: Die Leitfähigkeit im Gel nimmt ab.

Weil Trägerampholyte niedermolekular sind, haben sie im Gel eine hohe Diffusionsrate. Daraus resultiert, daß sie andauernd und schnell von ihren pIs wegdiffundieren und elektrophoretisch wieder an ihren pI zurückwandern: deshalb entsteht, auch bei einer begrenzten Anzahl an Isomeren, ein *"glatter"* pH-Gradient. Dies ist besonders wichtig, wenn man zur Erzielung sehr hoher Auflösung flache pH-Gradienten, z.B. pH 4,0 bis 5,0, verwendet.

Die Proteine sind erheblich größer als die Trägerampholyte – ihre Diffusionskonstante ist erheblich kleiner –, sie fokussieren in scharfen Zonen.

Elektrodenlösungen

Um die Gradienten möglichst stabil zu halten, legt man zwischen Gel und Elektroden Filterkartonstreifen, die in Elektrodenlösungen getränkt sind: eine Säure an der Anode und eine Base an der Kathode. Wenn beispielsweise ein saurer Trägerampholyt an die Anode gelangte, würde seine basische Gruppe im Milieu der Säure positiv geladen und von der Kathode wieder zurückgeholt werden.

Die native IEF in Abb. 26 konnte ohne Elektrodenlösungen durchgeführt werden, weil ein gewaschenes, getrocknetes und rehydratisiertes Gel verwendet wurde.

Diese Elektrodenlösungen sind besonders wichtig bei langdauernden Trennungen in Harnstoff-Gelen und flachen Gradienten. Bei kurzen Trenndistanzen sind sie nicht notwendig.

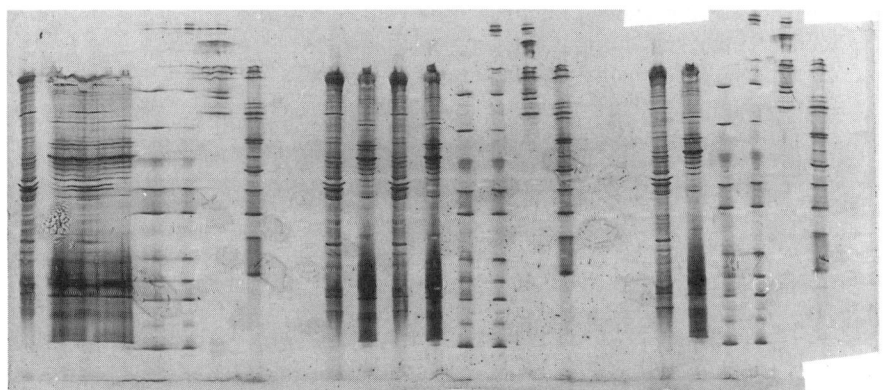

Abb. 26: Isoelektrische Fokusierung im gewaschenen und rehydratisierten Polyacrylamidgel. Anfärbung mit Coomassie-Brilliantblau. (Anode oben)

Separator-IEF

Seit Einführung der IEF versucht man, die pH-Gradienten zu modifizieren. Reicht das Auflösungsvermögen nicht aus, besteht in manchen Fällen die Möglichkeit, *Separatoren* zuzumischen [55]: Aminosäuren oder amphotere Puffersubstanzen, die den pH-Gradienten in der Nähe ihres pI abflachen. Man kann die Stelle im Gradienten durch entsprechende Temperatureinstellung und die Separatorkonzentration so verschieben, daß man

[55] Brown RK, Caspers ML, Lull JM, Vinogradov SN, Felgenhauer K, Nekic M. J Chromatogr. 131 (1977) 223-232.

[56] Jeppson JO, Franzen B, Nilsson VO. Sci Tools. 25 (1978) 69-73.

vollständige Trennung sonst sehr eng benachbarter Proteinbanden erreicht. Ein Beispiel ist die Trennung des glykosylierten HbA von der eng benachbarten Hämoglobin-Hauptbande im pH-Gradienten 6 bis 8 mit dem Zusatz von 0,33 mol/L ß-Alanin bei 15 °C [56].

Plateauphänomen

Bei langen Fokussierungszeiten, die bei engen Gradienten und der Anwesenheit hochviskoser Additiva, wie Harnstoff und nichtionischer Detergenzien, notwendig sind, kann es mit der Trägerampholyten-IEF Probleme geben: Der Gradient beginnt in beide Richtungen, vor allem in die kathodische, zu triften. Dabei entsteht in der Mitte ein Plateau mit Leitfähigkeitslücken, ein Teil der Proteine wandert aus dem Gel [57] und wird nicht erfaßt. Aufgrund der begrenzten Anzahl unterschiedlicher Homologe kann man die Gradienten nicht beliebig abflachen und das Auflösungsvermögen nicht beliebig steigern.

[57] Righetti PG, Drysdale JW. Ann NY Acad Sci. 209 (1973) 163-187.
An den Leitfähigkeitslücken kann ein Gel "durchbrennen".

3.3 Immobilisierte pH-Gradienten

Aus Gründen der oben genannten Limitierungen wurde eine alternative Technik entwickelt: die immobilisierten pH-Gradienten, kurz *IPG* [58]. Dieser Gradient wird aus Acrylamid-Derivaten mit puffernden Gruppen, den *Immobilinen*, durch Kopolymerisation mit den Acrylamid-Monomeren in ein Polyacrylamid-Gel eingebaut.
Die allgemeine Strukturformel lautet:

$$CH = CH - C - N - R$$
$$\quad\quad\quad \| \quad |$$
$$\quad\quad\quad O \quad H$$

Ein *Immobiline* ist eine schwache Säure oder eine schwache Base, die durch den pK-Wert definiert ist.

[58] Bjellqvist B, Ek K, Righetti PG, Gianazza E, Görg A, Westermeier R, Postel W. J Biochem Biophys Methods 6 (1982) 317-339.

Dabei enthält R entweder eine Carboxyl- oder eine tertiäre Aminogruppe.

Kommerziell erhältlich sind zur Zeit:
● zwei Säuren (Carboxylgruppen) mit pK 3,6 und pK 4,6
● und vier Basen (tertiäre Aminogruppen) mit pK 6,2, pK 7,0, pK 8,5, und pK 9,3.

Um einen bestimmten pH-Wert puffern zu können, braucht man mindestens zwei verschiedene Immobiline, eine Säure und eine Base. Abb. 27 zeigt schematisch ein Polyacrylamid-Gel mit einpolymerisierten Immobilinen, wobei aufgrund des Mischungsverhältnisses verschiedener Immobiline ein bestimmter pH-Wert eingestellt ist.

Je weiter der gewünschte pH-Gradient ist, umso mehr verschiedene Immobiline-Homologe werden benötigt.

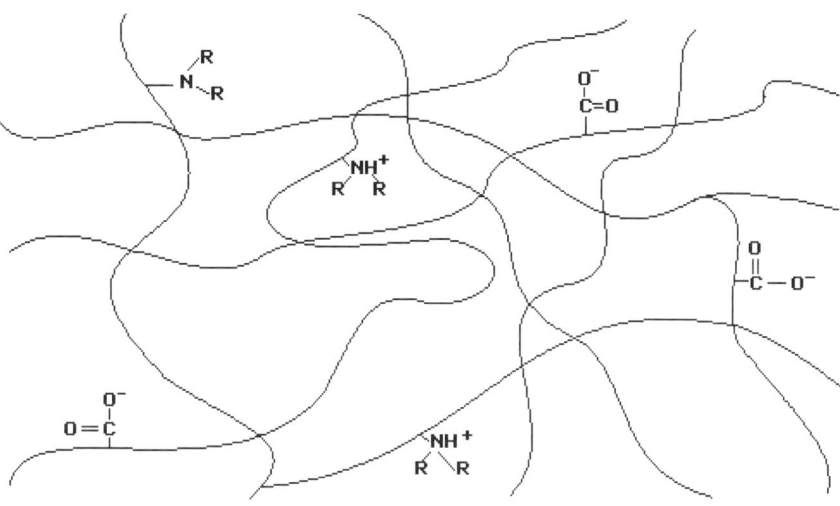

Abb. 27: Schema eines Polyacrylamid-Netzwerkes mit kopolymerisier-
ten Immobilinen.

Ein pH-Gradient wird durch kontinuierliches Verändern des
Immobiline-Mischungsverhältnisses erzielt. Das Prinzip ist dabei eine Säure-Base-Titration, der jeweilige pH-Wert auf der
Kurve ist durch die *Henderson-Hasselbalch*-Gleichung definiert:

$$pH = pK_B + \log \frac{C_B - C_A}{C_A}$$

wenn das puffernde Immobiline eine Base ist.

Hier erhält man einen absolut kontinuierlichen Gradienten.

C_A und C_B sind die molaren Konzentrationen der sauren bzw. basischen Immobiline.

Ist das puffernde Immobiline eine Säure, so lautet die Gleichung:

$$pH = pK_A + \log \frac{C_B}{C_A - C_B}$$

Herstellung immobilisierter pH-Gradienten

In der Praxis werden immobilisierte pH-Gradienten durch linea-
res Mischen von zwei verschiedenen Polymerisationslösungen
mit einem Gradientenmischer hergestellt (s. Abb. 17), wie Porengradienten. Im Prinzip gießt man einen Dichtegradienten.
Beide Lösungen enthalten Acrylamid-Monomere und Katalysatoren zur Polymerisation einer Gelmatrix.

Es hat sich gezeigt, daß 0,5 mm dicke, auf Trägerfolie polymeri-sierte Immobiline-Gele gut zu handhaben sind.

Die Immobiline werden als Stammlösungen mit der Konzentration 0,2 mol/L eingesetzt. Die mit Glycerin beschwerte Lösung ist auf das saure Ende des gewünschten pH-Gradienten, die andere Lösung auf das basische Ende eingestellt. Bei der Polymerisation werden die puffernden Carboxyl- und Aminogruppen kovalent an die Gelmatrix gebunden.

Die Katalysatoren müssen aus den Gelen ausgewaschen werden, weil sie bei der IEF stören. Das geht um so schneller, je dünner das Gel ist.

Möglichkeiten mit immobilisierten pH-Gradienten

Immobilisierte pH-Gradienten kann man exakt im voraus berechnen und dem Trennproblem anpassen. Man kann durch die Herstellung sehr flacher Gradienten, bis zu 0,01 pH-Einheiten pro cm, extrem hohe Auflösung erreichen.

Es hat sich als besonders praktisch erwiesen, die Gele nach dem Waschen zu trocknen und in der gewünschten Additiv-Lösung wieder anquellen zu lassen.

Weil der Gradient fest an die Gelmatrix gebunden ist, bleibt er über die gesamte, bei flachen Gradienten und bei der IEF mit zähen Additiven wie Harnstoff und nichtionischen Detergenzien notwendige, lange Trennzeit unverändert. Außerdem gibt es keine verzogenen Iso-pH-Linien: Der Gradient wird durch die Proteine und Salze in den Proben nicht beeinflußt.

Fertige Rezepturen zur Herstellung enger und weiter immobilisierter pH-Gradienten findet man in diesem Buch: in der Arbeitsanleitung zu immobilisierten pH-Gradienten (Teil II, Methode 10). Die notwendigen Mengen der 0,2molaren Immobiline-Stammlösungen für die sauren und basischen Starterlösungen sind in µL für das Standard-Gelvolumen angegeben. Durch einfache graphische Interpolation kann man sich aus den vorgegebenen Rezepturen die Immobiline-Mengen für maßgeschneiderte IPGs selbst zusammenstellen.

Der weiteste pH-Gradient, den man mit den derzeit kommerziell verfügbaren Immobilinen herstellen kann, umfaßt sechs pH-Einheiten: pH 4,0 bis 10,0.

Weitere Entwicklung

Altland [59] hat ein Programm für Personal Computer veröffentlicht, mit dem man gewünschte pH-Gradienten mit Optimierung der Verteilung der Pufferkonzentrationen und Ionenstärken im Gradientenverlauf selbst berechnen berechnen kann.

[59] Altland K. Electrophoresis. 11 (1990) 140-147.

Mittlerweile ist es dank der Arbeiten der *Righetti*-Gruppe möglich, mit Hilfe zusätzlicher Immobiline-Typen den oben erwähnten weiten pH-Gradienten nach oben und unten zu erweitern, sowie extrem saure und basische, enge pH-Gradienten herzustellen [60,61]:

Saure Immobiline:
[60] Chiari M, Casale E, Santaniello E, Righetti PG. Theor Applied Electr. 1 (1989) 99-102.

Es sind dies eine zusätzliche Säure mit pK 0,8 und eine Base mit pK 10,4. Bei den pH-Extremen muß die Pufferkapazität der Wasser-Ionen H^+ und OH^- mit berücksichtigt werden. Außerdem treten dabei dramatische Unterschiede im Spannungsgradienten auf, die durch graduelle Zumischung von Additiven zum Gradienten kompensiert werden müssen.

Basische Immobiline:
[61] Chiari M, Casale E, Santaniello E, Righetti PG. Theor Applied Electr. 1 (1989) 103-107.

Der Einsatz immobilisierter pH-Gradienten ist zum gegenwärtigen Zeitpunkt ausschließlich auf Polyacrylamid-Gele begrenzt.

Damit hat man eine Limitierung der Porengröße nach oben.

Abb. 28 zeigt eine IEF von α_1-Antitrypsin Isoformen im IPG pH 4,0 bis 5,0.

Die Technik der immobilisierten pH-Gradienten bietet so viele neue Möglichkeiten auf analytischem und präparativem Gebiet, daß sie Gegenstand ständiger Weiterentwicklungen ist. Der bei Drucklegung aktuelle Stand der Technik ist im neuen Buch von Righetti [62] ausführlich dargestellt.

[62] Righetti PG. In: Burdon RH, van Knippenberg PH. Hrsg. Immobilized pH gradients: theory and methodology. Elsevier, Amsterdam (1989).

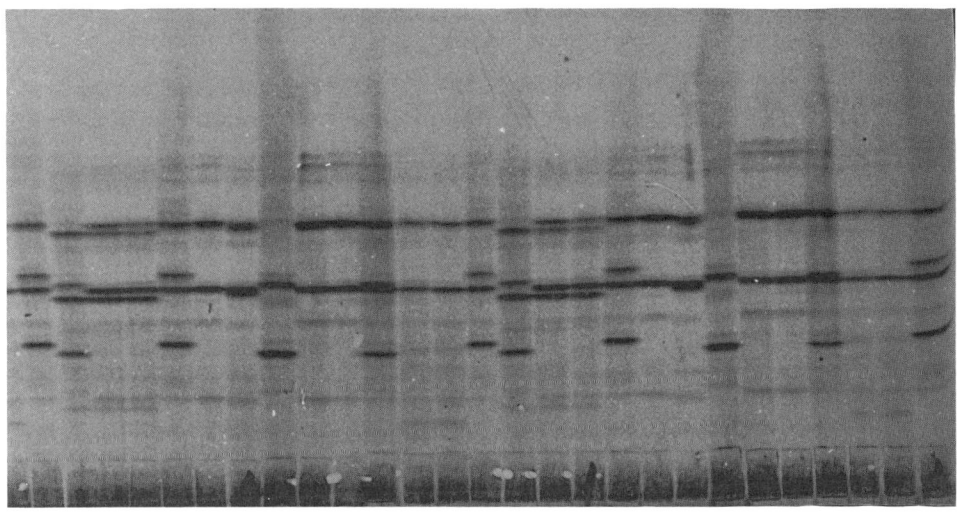

Abb. 28: IEF im immobilisierten pH-Gradienten pH 4,0 bis 5,0: Isoformen von α_1-Antitrypsin (Protease-Inhibitoren) in Humanseren. Mit freundlicher Genehmigung von Herrn Prof. Dr. Pollack und Frau Pack, Institut für Rechtsmedizin der Universität Freiburg im Breisgau. (Anode oben).

3.4 Gele für die IEF

Analytische Fokussierungen werden in Polyacrylamid- oder in Agarose-Gelen durchgeführt. Vorteilhaft ist es, großporige und sehr dünne, auf Folie gegossene Gele zu verwenden [63].

[63] Görg A, Postel W, Westermeier R. Anal Biochem. 89 (1978) 60-70.

1. Polyacrylamid-Gele:

Fertig polymerisierte Trägerampholyt-Polyacrylamid-Gele und rehydratisierbare Polyacrylamid-Gele mit oder ohne immobilisierten pH-Gradienten gibt es zu kaufen. Damit spart man sich Arbeit und Zeit.

Diese Fertig-Gele sind alle auf Trägerfolien polymerisiert.

Hydrophobe Proteine bleiben häufig nur in Lösung, wenn sie in Gegenwart von bis zu 9molarer Harnstoff-Lösung fokussiert werden. Dabei ergibt sich jedoch, bedingt durch die Pufferwirkung von Harnstoff, im sauren Bereich des Gradienten eine Erhöhung der pH-Werte. Bei manchen Proteinen erfolgen Konfigurationsänderungen und die Auflösung der Quartärstruktur. Die Löslichkeit besonders hydrophober Proteine, wie z.B. Membranproteine, kann durch die zusätzliche Verwendung von nichtionischen Detergenzien (z.B. Nonidet NP-40, Triton X -100) oder zwitterionischen Detergenzien (wie CHAPS, Zwittergent) erhöht werden.

Weil die Kopolymerisation des Gels mit der Trägerfolie in Anwesenheit von nichtionischen Detergenzien nicht funktioniert, wird die Rehydratisierung eines trockenen Geles in der entsprechenden Lösung empfohlen.

2. Agarose-Gele:

Die Isoelektrische Fokussierung in Agarose-Gelen ist erst seit etwa 1975 möglich, seit es gelungen ist, erfolgreich die Eigenladungen der Agarose durch Abtrennung der Agaropektin-Reste aus dem Agar-Rohmaterial zu überdecken oder zu entfernen. Allerdings ist bei der Agarose-IEF mit stärkeren Elektroosmose-Effekten zu rechnen als bei der Polyacrylamid-Gel-IEF.

Es sind immer noch Reste von Carboxyl- und Sulfatgruppen vorhanden, die geladen werden.

Trennungen in Agarose-Gelen, meist mit 0,8 bis 1,0 % Agarose, sind schneller. Auch Makromoleküle über 500 kDa können aufgetrennt werden, weil die Agarose-Poren größer sind als die von Polyacryl-amid-Gelen. Häufig werden Agarose-Gele auch deshalb für die IEF eingesetzt, weil ihre Ausgangsstoffe – im Gegensatz zu denen der Polyacrylamid-Gele – ungiftig sind und keine störenden Katalysatoren enthalten.

Nachteile:
Die Silberfärbung funktioniert bei Agarose-Gelen nicht so gut wie bei Polyacrylamid-Gelen. Im basischen Bereich wirkt sich die Elektroosmose besonders stark aus.

Es ist schwierig, stabile Agarose-Gele mit hohen Harnstoff-Konzentrationen herzustellen, weil der Harnstoff den Aufbau der Helixstruktur der Polysaccharidketten unterbricht. Rehydratisierbare Agarose-Gele sind hierbei von großem Vorteil [64].

[64] Hoffman WL, Jump AA, Kelly PJ, Elanogovan N. Electrophoresis. 10 (1989) 741-747.

3.5 Temperatur

Weil die pK-Werte der Immobiline, Trägerampholyte und der zu analysierenden Substanzen temperaturabhängig sind, soll die IEF bei kontrollierter, konstanter Temperatur durchgeführt werden, meist 10 °C. Zur Analyse von Untereinheiten-Konfigurationen bestimmter Proteine, Liganden-Bindungen oder Enzym-Substrat-Komplexen werden auch Kryo-IEF-Methoden bei Temperaturen unter 0 °C eingesetzt [65].

[65] Righetti PG. J Chromatogr. 138 (1977) 213-215.

3.6 Kontrolle des pH-Gradienten

Die Messung der pH-Gradienten mit Elektroden ist problematisch, da bei der – meist niedrigen – Trenntemperatur gemessen werden muß, wo sie sehr langsam reagieren. Außerdem beeinflussen Additiva die Messung. Eindiffundierendes CO_2 aus der Luft bildet im Gel mit Wasser Kohlensäure-Ionen und senkt die pH-Werte in basischen Bereichen ab. Um die möglichen Fehler, die man bei der pH-Gradienten-Messung in Gelen machen kann, auszuschalten, sei die Verwendung von Markerproteinen mit bekannten pIs empfohlen. Mit Hilfe einer pH-Eichkurve kann man die pIs der Proben bestimmen.

Markerproteingemische gibt es für verschiedene pH-Bereiche. Diese Proteine sind so ausgewählt, daß sie unabhängig von der Auftragsstelle problemlos fokussieren.

3.7 Präparative Isoelektrische Fokussierung

1. Trägerampholyten-IEF

Präparative Trägerampholyten-IEF wird hauptsächlich in granulierten Gelen in horizontalen Trögen durchgeführt. Ein hochgereinigtes Dextran-Gel wird mit Trägerampholyten vermischt und in den Trog gegossen. Nach einer Vorfokussierung zur Ausbildung des pH-Gradienten wird ein Teil des Geles an einer bestimmten Stelle im Gradienten herausgenommen, mit der Probe vermischt und wieder an seinen ursprünglichen Platz zurückgegossen.

[66] Radola BJ. Biochim Biophys Acta. 295 (1973) 412-428.

Hier fokussiert man mit langen Trenndistanzen: ca. 25 cm.

    Nach der IEF können die Protein- oder Enzym-Zonen durch einen Papierabklatsch, den man anfärbt, aufgefunden werden. Mit einem Gitter wird das Gel fraktioniert, die Einzelfraktionen werden mit Puffer aus dem Gel eluiert [66]. Auf diese Weise können Proteinmengen in der Größenordnung von 100 mg isoliert werden.

Für die Elution verwendet man kleine Röhrchen mit Nylonsieben.

2. Immobilisierte pH-Gradienten

Immobilisierte pH-Gradienten bieten sich ebenfalls für präparative Trennungen an:

[67] Righetti PG, Gelfi C. J Biochem Biophys Methods. 9 (1984) 103-119.

● Sie besitzen eine hohe Beladungskapazität,

● die puffernden Gruppen sind in der Matrix fixiert,

● die Leitfähigkeit ist niedrig, so daß sich auch ein 5 mm dickes Gel kaum erwärmt.

Polyacrylamid-Gele mit IPGs halten Proteine stärker fest als andere Medien, daher müssen elektrophoretische Elutionsmethoden angewendet werden [67].

    Besonders nützlich ist die Technik für Peptide, weil die puffernden Gruppen im Gel bleiben [68]. Peptide haben die gleiche Größe und – nach der IEF – die gleiche Ladung wie die Trägerampholyte, so daß man sie nicht voneinander abtrennen kann.

[68] Gianazza E, Chillemi F, Dossi M, Righetti PG. J Biochem Biophys Methods. 8 (1983) 339-351.

3.8 Titrationskurvenanalyse

Mit Hilfe von Trägerampholyt-Gelen kann man auch die Netto-ladungskurven von Proteinen ermitteln. Diese Methode ist sehr nützlich für eine Reihe von Untersuchungen: man erhält umfassende Informationen über die Eigenschaften eines Proteins oder Enzyms, z.B. die Mobilitätssteigung in der Nähe des pI, über Konformationsänderungen oder Ligandenbindungen in Abhängigkeit vom pH-Wert; man kann das pH-Optimum zur Eluierung bei der Ionenaustauschchromatographie von Proteinen bestimmen und das pH-Optimum für präparative Elektrophoresen.

[69] Rosengren A, Bjellqvist B, Gasparic V. In: Radola BJ, Graesslin D. Hrsg. Electrofocusing and isotachophoresis. W. de Gruyter, Berlin (1977) 165-171.

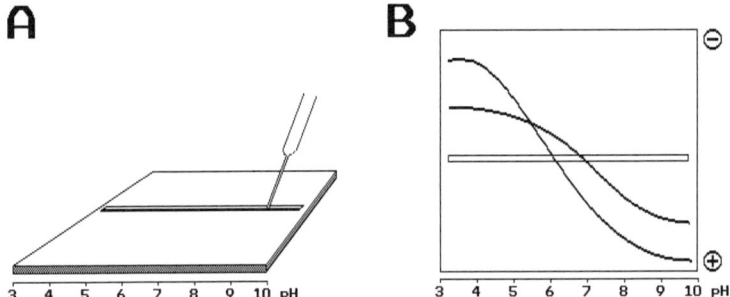

Abb. 29: Titrationskurvenanalyse: (A) Probenauftragung in Gelrinne bei bereits etabliertem pH-Gradient. (B) Ausbildung der Titrationskurven.

In einem quadratischen Flach-Gel wird erst eine IEF ohne Proben durchgeführt, bis sich der pH-Gradient aufgebaut hat. Dann wird das Gel auf der Kühlplatte um 90 ° gedreht. Die Probe wird in eine schmale, vorher in die Gelmitte einpolymerisierte Gelrinne einpipettiert (s. Abb. 29). Legt man senkrecht zum pH-Gradienten ein elektrisches Feld an, bleiben die Trägerampholyte an Ort und Stelle unbeweglich, da sie an ihrem pI eine Nettoladung von Null haben. Die Probenproteine wandern in Abhängigkeit vom jeweiligen pH-Wert mit unterschiedlichen Mobilitäten und bilden Kurven aus, welche deckungsgleich mit den durch eine klassische Säuren- und Laugen-Titration ermittelten Kurven sind: Titrationskurven (Abb. 30). Der pI eines Proteins befindet sich an der Stelle, wo seine Titrationskurve die Gelrinne schneidet.

Bei der Darstellung von Titrationskurven gibt es für die Vergleichbarkeit von Ergebnissen einen Standard: Das Gel wird so orientiert, daß die pH-Werte von links nach rechts ansteigen und die Kathode oben ist (Abb. 29 und 30).

Man führt praktisch eine Reihe von Nativ-Elektrophoresen mit unterschiedlichen pH-Bedingungen durch.
Wie man sieht, benötigt man bei Nativ-Elektrophoresen in amphoteren Puffern keine Pufferreservoirs. Dies ist die Grundlage für eine Elektrophorese-Methode, die im zweiten Teil, Methode 5, beschrieben wird.

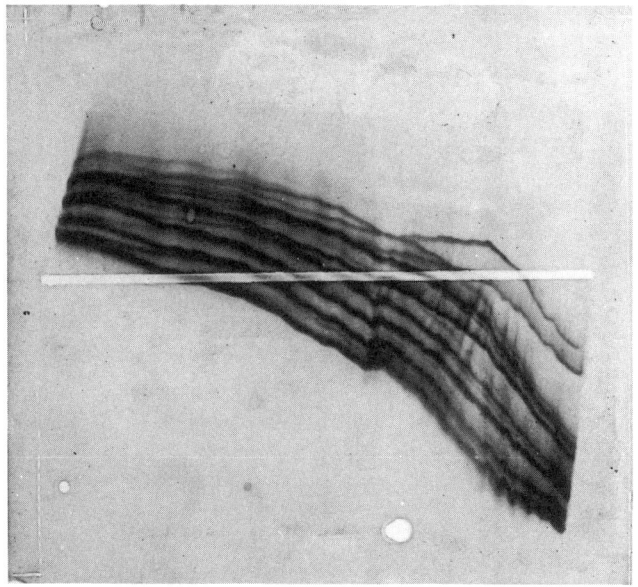

Abb. 30: Titrationskurven eines pI-Markerproteingemisches pH 4,7 bis
10,6. Kathode oben.

4 Blotting

4.1 Prinzip

Blotting ist der Transfer von großen Molekülen auf die Oberfläche einer immobilisierenden Membran. Diese Methode erweitert die Nachweismöglichkeiten für elektrophoretisch getrennte Fraktionen, weil die auf der Membranoberfläche adsorbierten Moleküle frei zugänglich sind für großmolekulare Liganden, z.B. für Antigene, Antikörper, Lectine, Nukleinsäuren. Vor dem spezifischen Nachweis müssen die unbesetzten Bindungsstellen noch mit Substanzen blockiert werden, die nicht an der nachfolgenden Nachweisreaktion teilnehmen (Abb. 31).

Außerdem wird Blotting als Zwischenschritt für die Proteinsequenzierung und als Elutionsmethode für weitergehende Analysen verwendet.

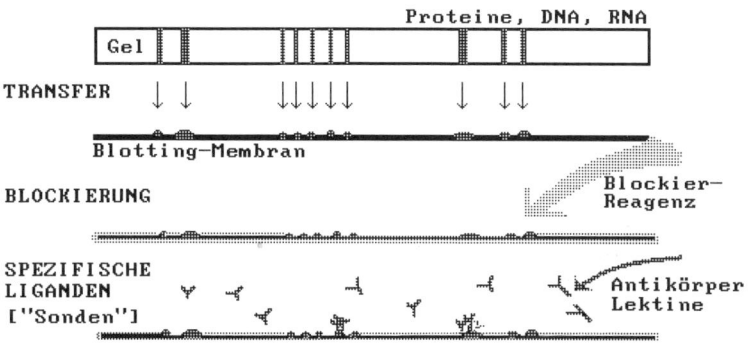

Abb. 31: Die wichtigsten Schritte beim Blotting aus Elektrophoresegelen.

4.2 Transfermethoden

1. Diffusionsblotting

Die Blotfolie wird hierzu wie bei einem Abklatsch auf die Geloberfläche gelegt. Die Übertragung der Moleküle erfolgt ausschließlich durch Diffusion. Weil die Moleküle in alle Richtungen gleichermaßen diffundieren, kann man das Gel auch zwischen zwei Blotfolien legen und erhält auf diese Weise zwei spiegelgleiche Transfers (Abb. 32). Durch Erhöhung der Temperatur wird die Diffusion beschleunigt, die Technik heißt dann *Thermoblotting*. Sie wird meist nach Elektrophoresen in weitporigen Gelen durchgeführt.

Mit dieser Methode kann man jedoch keine quantitativen Transfers erzielen, vor allem nicht bei größeren Molekülen.

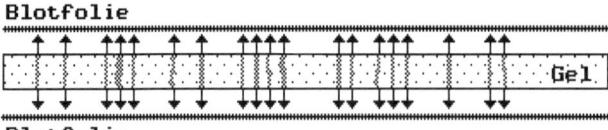

Abb. 32: Bidirektioneller Transfer von Proteinen aus großporigen Gelen durch Diffusionsblotting.

2. Kapillarblotting

Diese Technik ist Standard bei DNA-Trennungen für die anschließende Hybridisierung nach Southern [70] (*Southern Blot*). Der unter dem Namen *Northern Blot* bekannt gewordene Transfer von RNA auf eine kovalent bindende Folie oder Nylonmembran bedient sich ebenfalls dieser Technik [71].

Auch bei Proteinen, die in großporigen Gelen getrennt wurden, kann man diese Art des Transfers anwenden [72]. Puffer wird durch Kapillarkraft aus einer Vorratswanne durch das Gel und die Blotfolie in einen Stapel trockener Papierhandtücher gesogen. Dabei werden die Moleküle an die Blotfolie transportiert, an der sie adsorbiert werden. Der Transfer erfolgt über Nacht (Abb. 33).

[70] Southern EM. J Mol Biol. 98 (1975) 503-517.
[71] Alwine JC, Kemp DJ, Stark GR. Proc Natl Acad Sci USA. 74 (1977) 5350-5354.

[72] Olsson BG, Weström BR, und Karlsson BW. Electrophoresis. 8 (1987) 377-464.

Abb. 33: Kapillarblotting, Transferdauer über Nacht.

3. Vakuumblotting

Diese Technik wird hauptsächlich anstelle von Kapillarblotting eingesetzt [73]. Wichtig ist, daß man ein kontrolliertes Niedrigvakuum, mit je nach Anwendung 20 bis 40 cm Wassersäule, anlegt, um zu verhindern, daß die Gelmatrix kollabiert. Man verwendet hierzu eine regulierbare Pumpe, da eine Wasserstrahlpumpe zu hohes und ungleichmäßiges Vakuum erzeugt. Die Geloberfläche ist während der gesamten Prozedur für Reagenzien zugänglich. Der Aufbau einer Vakuumblotting-Kammer ist in Abb. 34 dargestellt.

[73] Olszewska E, Jones K. Trends Gen. 4 (1988) 92-94

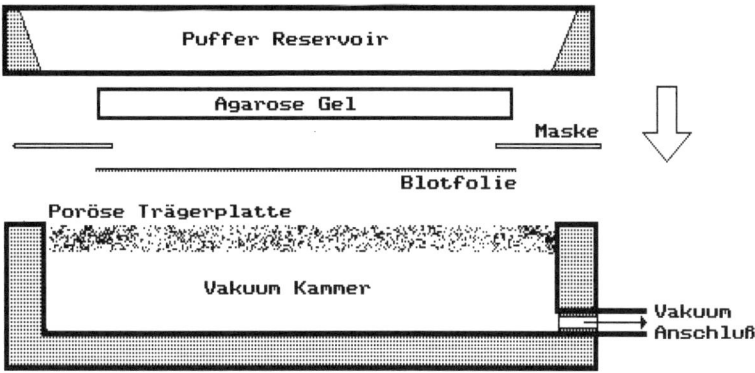

Abb. 34:
Transfer von Nukleinsäuren mit Vakuumblotting in 30 bis 40 min.

Die Methode Vakuumblotting hat einige Vorteile gegenüber Kapillarblotting; sie

● ist schneller: 30 bis 45 min, anstatt über Nacht;

● ist quantitativ, es gibt keinen Rücktransfer;

● resultiert in höherer Bandenschärfe und Auflösung;

● ermöglicht schnellere Depurinierung, Denaturierung und Neutralisierung in der Kammer;

● reduziert die mechanische Belastung des Gels, weil es bei allen Schritten in der Kammer verbleibt;

● spart Kosten für Lösungen und Papier.

4. Elektrophoretisches Blotting

Elektrophoretische Transfers wurden in Zusammenhang mit Proteinblotting, vor allem nach SDS-Elektrophoresen, eingeführt [74,75].

In Einzelfällen wird es auch für Nukleinsäuren angewandt.

[74] Towbin H, Staehelin T, Gordon J. Proc Natl Acad Sci USA. 76 (1979) 4350-4354.
[75] Burnette WN. Anal Biochem. 112 (1981) 195-203.

Tankblotting

Ursprünglich verwendete man vertikale Puffertanks mit an zwei Seitenwänden mäanderförmig aufgespannten Platinelektrodendrähten. Hierzu werden Gel und Blotfolie zwischen Filterpapieren und Schwammtüchern in Gitterkassetten geklemmt und in den mit Puffer gefüllten Tank eingehängt. Die Transfers werden meist über Nacht durchgeführt.

Dabei muß der Puffer gekühlt werden, damit sich das Blot-Sandwich nicht erwärmt.

Semidry-Blotting

Seit ein paar Jahren setzt sich immer mehr das *Semidry*-Blotten zwischen zwei horizontal angeordneten Graphitplatten als Elektroden durch. Man benötigt nur ein geringes Volumen an Puffer, in dem ein paar Blatt Filterpapier getränkt werden. Diese Technik ist einfacher, billiger und schneller, und man kann ein diskontinuierliches Puffersystem verwenden [76,77].

Dabei tritt der *Isotachophorese*-Effekt auf: die Anionen wandern mit gleicher Geschwindigkeit, so daß man einen gleichmäßigeren Transfer bekommt. Ein Graphitplattensystem braucht nicht gekühlt zu werden. Als Stromwert wird 0,8 bis 1 mA pro cm^2 Blotfläche empfohlen. Bei höheren Werten erwärmt sich das Gel, und es können Proteine ausfallen.

Die Transferzeit beträgt ca. eine Stunde und ist abhängig von Dicke und Konzentration des Gels. Muß man beim Blotten aus dicken (> 1 mm) oder hochkonzentrierten Gelen die Transferzeit verlängern, wird auf die obere Platte ein Gewicht gelegt, damit das Elektrolysegas seitlich herausgedrückt wird. In Abb. 35 ist der Aufbau eines Semidry-Blots schematisch dargestellt.

[76] Kyhse-Andersen J. J Biochem Biophys Methods. 10 (1984) 203-209.
[77] Tovey ER, Baldo BA. Electrophoresis. 8 (1987) 384-387.

Graphit ist das optimale Material für Elektroden bei Semidry-Blotting, weil es am besten leitet, sich nicht erwärmt und keine Oxidationsprodukte katalysiert.

Auch beim Semidry-Blotting kann man mehrere Blots zugleich durchführen. Sie werden in Schichten aufeinandergelegt: "Trans Units".

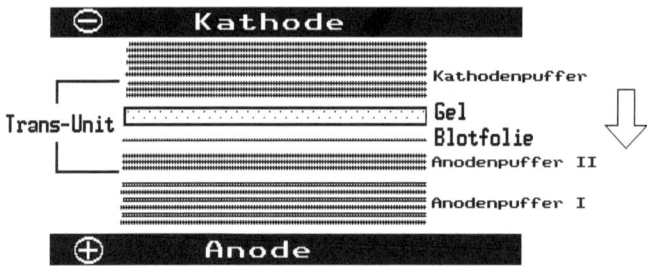

Abb. 35: Aufbau eines horizontalen Graphitblotters für Semidry-Blotting. Man kann bis zu sechs Trans Units auf einmal blotten [76].

Es ist auch möglich, elektrophoretische Transfers auf zwei Folien zugleich durchzuführen: *Double-Replica-Blotting* [78]. Dabei wird die Richtung des elektrischen Feld wiederholt, aber mit steigender Pulsdauer hin- und hergeschaltet, so daß man zwei spiegelgleiche Blots erhält.

[78] Johansson K-E. Electrophoresis. 8 (1987) 379-383.

Blotting von foliengestützten Gelen

Für Protein-Elektrophoresen und Elektrofokussierung werden vermehrt fertige oder auch selbsthergestellte Gele verwendet, die fest an Trägerfolien gebunden sind. Um elektrophoretische Transfers oder auch Kapillarblotting durchführen zu können, muß man diese strom- und pufferundurchlässigen Folien vom Gel abtrennen. Zur zerstörungsfreien und vollständigen Trennung von Gel und Folie gibt es ein Schneidegerät mit einem straff gespannten, dünnen Stahldraht, der zwischen Gel und Folie durchgezogen wird (s. Abb. 36).

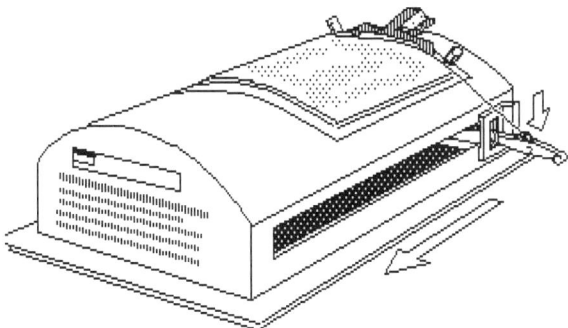

Abb. 36: Gerät zur zerstörungsfreien und vollständigen Abtrennung von foliengestützten Gelen für Blotting.

4.3 Blotmembranen

● Nitrocellulose ist die am häufigsten verwendete Membran. Es gibt sie mit Porengrößen von 0,05 µm bis 0,45 µm. Die Porengröße ist ein Maß für die spezifische Oberfläche: je kleiner die Poren, desto größer die Bindekapazität.

Nachteil:
Limitierte Bindekapazität und schlechte mechanische Stabilität

Auf Nitrocellulose adsorbierte Proteine kann man reversibel anfärben, um vor dem spezifischen Nachweis das Gesamt-Proteinmuster begutachten zu können [79].

[79] Salinovich O, Montelaro RC. Anal Biochem. 156 (1986) 341-347.

Außerdem ist es mit einer Einbettungstechnik möglich, die Blots vollständig transparent zu machen.

s. Arbeitsvorschriften im zweiten Teil.

Zuweilen setzt man Nitrocellulose auch für präparative Methoden ein, man kann Proteine auch wieder eluieren [80].

[80] Montelaro RC. Electrophoresis. 8 (1987) 432-438.

Durch Liganden-Vorbeschichtung von Nitrocellulose erhält man bessere Adsorption von Glykoproteinen, Lipiden, Kohlehydraten [81].

[81] Handmann E, Jarvis HM. J Immunol Methods. 83 (1985) 113-123.

● Polyvinylidendifluorid-Membranen (PVDF) auf Teflonbasis besitzen hohe Bindekapazität und haben, wie Nylonmembranen, hohe mechanische Stabilität.

Nachteil:
Färbungen nicht reversibel

PVDF-Membranen können auch für die direkte Proteinsequenzierung eingesetzt werden [82].

[82] Matsudaira P. J Biol Chem. 262 (1987) 10035-10038.

● *Diazobenzyloxymethyl-* und *Diazophenylthioether-Papiere* (DBM bzw. DPT), die vor Gebrauch chemisch aktiviert werden, ermöglichen eine Zwei-Stufen-Bindung mit den Molekülen: elektrostatisch und kovalent.

DBM und DPT werden immer mehr durch Nylonmembranen ersetzt.

● *Nylonmembranen* haben gute mechanische Stabilität und hohe Bindekapazitäten, meist durch elektrostatische Bindung. Dadurch ist aber auch die Anfärbung schwierig, weil auch kleine Moleküle stark gebunden werden.

Es gibt positiv und negativ geladene sowie neutrale Nylonmembranen.

Zur Erhöhung der Bindung von niedermolekularen Peptiden an Nylonmembranen wird eine Glutaraldehyd-Fixierung nach dem Transfer empfohlen [83].

[83] Karey KP, Sirbasku DA. Anal Biochem. 178 (1989) 255-259.

● *Ionenaustauschermembranen,* Diethylaminoethyl (DEAE) oder Carboxymethyl (CM), werden wegen der Umkehrbarkeit der Ionenbindung für präparative Zwecke eingesetzt.

Nachteil: Diese Membranen sind meist sehr brüchig.

● *Aktivierte Glasfasermembranen* werden dann verwendet, wenn geblottete Proteine direkt sequenziert werden. Es gibt mehrere Methoden zur Aktivierung der Oberfläche: z.B. Bromcyan-Behandlung, Derivatisierung mit positiv geladenen Silanen [84] oder Hydrophobisierung durch Silikonisieren [85].

[84] Aebersold RH, Teplow D, Hood LE, Kent SBH. J Biolog Chem. 261 (1986) 4229-4238. [85] Eckerskorn C, Mewes W, Goretzki H, Lottspeich F. Eur J Biochem. 176 (1988) 509-519.

Leider gibt es noch keine Blotfolie, die 100 % der Moleküle bindet. Beim elektrophoretischen Proteinblotting beispielsweise, tritt häufig das Problem auf, daß kleinmolekulare Proteine bereits durch die Folie durchwandern, während großmolekulare noch nicht vollständig das Gel verlassen haben. Man bemüht sich deshalb um möglichst gleichmäßige Transfers.

4.4 Puffer für elektrophoretische Transfers

A. Proteine

Tankblotting

Beim *Tankblotting* setzt man beim Blotten aus SDS-Gelen meistens einen Tris-Glycin-Puffer mit pH 8,3 ein [74]. Dieser gemäßigte pH-Wert soll die Proteine möglichst wenig schädigen. Meist wird 20 % Methanol in den Puffer gegeben, um die Bindefähigkeit der Blotfolie zu unterstützen und das Quellen des Geles zu verhindern. Bei diesem relativ niedrigen pH-Wert haben die Proteine niedrige Ladung, die Transfers sind deshalb zeitaufwendig, und mit der Zeit erwärmt sich der Puffer.

Manchmal setzt man dem Puffer zur Beschleunigung des Transfers, zum Blotten bereits gefärbter Proteine und zur Löslichhaltung hydrophober Proteine 0,02 % bis 0,1 % SDS zu, wobei es Probleme mit den Bindungseigenschaften der Folie geben kann.

Weil SDS, Methanol, Wärme und lange Transferzeiten die Proteine auch schädigen, ist es kein großer Fehler, wenn man Puffer mit höheren pH-Werten verwendet und damit erheblich Zeit spart: z.B. 50 mmol/L CAPS mit Natronlauge auf pH 9,9 titriert.

Dieser Transfer dauert ca. 50 min, der Puffer erwärmt sich nicht.

Saure Gele mit basischen Proteinen und isoelektrische Fokussierungen blottet man im Tank mit 0,7%iger Essigsäure [74].

Dann wandern die Proteine in Richtung Kathode.

10 mmol/L Natriumborat pH 9,2 [86] ist zu empfehlen bei Glykoproteinen, Polysacchariden und auch bei Lipopolysacchariden, weil die Borsäure an die Zuckerreste bindet und weil dadurch bei basischem pH-Wert die Moleküle negativ geladen werden.

[86] Reiser J, Stark GR. Methods Enzymol. 96 (1983) 205-215.

Semidry-Blotting

Für das Horizontal-Blotten (Semidry-, Graphitplatten-) wird bisweilen ein kontinuierlicher Tris,Glycin,SDS-Puffer vorgeschlagen. Die Praxis hat jedoch gezeigt, daß im allgemeinen das *diskontinuierliche Puffersystem* zu bevorzugen ist, weil man schärfere Banden, gleichmäßigere und effektivere Transfers erhält.

Um, wenn nötig, auch mit dem Semidry-Verfahren das Doppel-Replica-Elektroblotting durchführen zu können [78], muß selbstverständlich der kontinuierliche Puffer verwendet werden.

Kontinuierlicher Puffer:

48 mmol/L Tris, 39 mmol/L Glycin, 0,0375 % (g/v) SDS, 20 % Methanol.

Diskontinuierliches Puffersystem [nach 76]:

Anode I:	0,3 mol/L Tris, 20 % Methanol
Anode II:	25 mmol/L Tris, 20 % Methanol
Kathode:	40 mmol/L 6-Aminohexansäure
	(entspricht ε-Aminocapronsäure),
	20 % Methanol, 0,01 % SDS

Diesen Puffer kann man sowohl für SDS- als auch für native und IEF-Gele verwenden.

Sollte die Transfer-Effektivität von hochmolekularen Proteinen (> 80 kDa) nicht befriedigend sein, wird das Gel vor dem Blotten 5 bis 10 min in Kathodenpuffer äquilibriert.

Dies gilt hauptsächlich für SDS-Gele.

Für Enzymnachweise darf kein Methanol im Puffer enthalten sein, sonst geht die biologische Aktivität verloren. Der kurzzeitige Kontakt mit der geringen SDS-Menge denaturiert die Proteine nicht.

Bei Transfers aus Harnstoff-IEF-Gelen sollte man erst den Harnstoff durch Äquilibrieren des Gels in Kathodenpuffer herausdiffundieren lassen. Die nach der IEF ladungsneutralen Proteine können sonst kein SDS binden, das für einen elektrophoretischen Transfer benötigt wird.

Aber Vorsicht: Proteine können aus IEF-Gel schnell herausdiffundieren.

B. Nukleinsäuren

Tankblotting

Häufig wird für DNA-Blotting ein saurer Puffer verwendet: 19,6 mmol/L Natriumphosphat, 5,4 mmol/L Natriumcitrat pH 3,0 [87].

[87] Smith MR, Devine CS, Cohn SM, Lieberman MW. Anal Biochem. 137 (1984) 120-124.

Semidry-Blotting

Für das *Neutral-Blotting* wird 10 mmol/L Tris-HCl, 5 mmol/L Natriumacetat, 0,5 mmol/L EDTA, pH 7,8 verwendet, für *Alkaline-Blotting* 0,4 mol/L NaOH [88]. Beide Techniken sind auch im Tank – bei gleicher Effektivität – durchführbar. Das alkalische Blotten zerstört allerdings das Kunststoffmaterial der Tanks, Graphitplatten sind resistent gegenüber der Natronlauge.

[88] Fujimura RK, Valdivia, RP, Allison MA. DNA Prot Eng Technol. 1 (1988) 45-60

4.5 Allgemeine Anfärbung

Häufig will man das Elektrophorese- oder/und das Transfer-Ergebnis insgesamt begutachten können, bevor man die spezifischen Nachweise durchführt.

Nukleinsäuren werden im allgemeinen durch Ethidiumbromid, das häufig schon dem Elektrophorese-Gel vor der Trennung zugegeben wird, sichtbar gemacht. Die Nukleinsäurebanden sind dann unter UV-Belichtung sichtbar.

Für *Proteine* gibt es neben den Anfärbungen mit Amidoschwarz oder Coomassie-Brilliantblau auch schonende Färbemethoden, wie die hochempfindliche Indian-Ink-Methode [89] und reversible Färbungen mit Ponceau S [79] oder Fast Green FCF (s. Teil II, Methode 9). Durch Alkalibehandlung der Blotfolie kann die Indian-Ink-Färbung und die Antikörperreaktivität der Proteine erhöht werden [90].

[89] Hancock K, und Tsang VCW. Anal Biochem. 133 (1983) 157-162.
[90] Sutherland MW, und Skerritt JH. Electrophoresis. 7 (1986) 401-406.
[91] Kittler JM, Meisler NT, Viceps-Madore D. Anal Biochem. 137 (1984) 210-216.
[92] Moeremans M, Daneels G, De Mey J. Anal Biochem. 145 (1985) 315-321.

In manchen Fällen verwendet man auch:

● eine allgemeine Immunfärbung [91],

● kolloidales Gold [92],

● Autoradiographie,

● oder Fluorographie [75].

Nylonmembranen binden anionische Farbstoffe stark, so daß eine normale Färbung kaum möglich ist. Mit kolloidalem Eisen-Cacodylat (FerriDye) kann man auch Nylonmembranen färben [94].

[94] Moeremans M, De Raeymaeker M, Daneels G, De Mey J. Anal Biochem. 153 (1986) 18-22.

4.6 Blockieren

Zur Abdeckung der unbesetzten Bindungsstellen auf der Folie werden makromolekulare Substanzen verwendet, die an der Nachweisreaktion nicht beteiligt sein dürfen.

Für *Nukleinsäuren* wird *Denhardts Puffer* verwendet [95]: 0,02 % BSA, 0,02 % Ficoll, 0,02 % Polyvynilpyrollidene, 1 mmol/L EDTA, 50 mmol/L NaCl, 10 mmol/L Tris,HCl pH 7,0, 10 bis 50 µg heterologe DNA pro mL.

[95] Denhardt D. Biochem Biophys Res Commun. 20 (1966) 641-646.

Für *Proteine* gibt es eine Reihe von Möglichkeiten, die meisten verwenden 2 % bis 10 % Rinderserumalbumin [75]. Die preisgünstigsten und am wenigsten kreuzreagierenden Blockiersubstrate sind: Magermilch oder 5 % Magermilchpulver [96], 3 % Fischgelatine, 0,05 % Tween 20. Die Hintergrundblockierung ist am schnellsten und effektivsten bei 37 °C.

[96] Johnson DA, Gautsch JW, Sportsman JR, Elder JH. Gene Anal Technol. 1 (1984) 3-8.

4.7 Spezial-Detektion

Hybridisierung

● *Radioaktiv markierte Sonden*

Mit radioaktiv markierten DNA- oder RNA-Sonden, die an komplementäre DNA oder RNA auf der Blotfolie binden, kann man mit hoher Nachweisempfindlichkeit DNA-Fragmente analysieren [70,71].

Die radioaktive Markierung wird meist zur Auswertung der RFLP-Analyse eingesetzt.

● *Nichtradioaktive Markierungen*

Man tendiert immer mehr zur Vermeidung von Radioaktivität im Labor: Man kann die Sonden auch mit Biotin-Streptavidin oder Digoxigenin markieren.

wie bei Immunblotting

Diese Methode wird auch für das DNA-Fingerprinting angewandt.

Individualtypisierung in der Rechtsmedizin

Enzymblotting

Der Transfer von nativ getrennten Enzymen auf Blotmembranen hat den Vorteil, daß die Proteine ohne Denaturierung fixiert sind und somit auch bei langsamen Enzym-Substrat- und damit gekoppelten Farb-Reaktionen nicht diffundieren [72].

Immunblotting

Nach dem Blockieren wird mit spezifisch bindenden Immunglobulinen (IgG) oder monoklonalen Antikörpern nach einzelnen Proteinzonen sondiert. Zur Sichtbarmachung der Zonen bindet man anschließend ein weiteres, markiertes Protein daran. Hier gibt es wiederum mehrere Möglichkeiten:

● *Radioiodiertes Protein A*

Der Einsatz von radioaktiv markiertem Protein A, welches sich an die spezifisch bindenden Antikörper anlagert, ermöglicht hohe Nachweisempfindlichkeit [97]. ^{125}I-Protein A bindet aber nur an bestimmte IgG-Subklassen; außerdem versucht man radioaktive Isotope im Labor so weit wie möglich zu vermeiden.

[97] Renart J, Reiser J, Stark GR. Proc Natl Acad Sci USA. 76 (1979) 3116-3120.

● *Enzym-gekoppelte Sekundär-Antikörper*

Hier wird ein gegen den spezifisch bindenden Antikörper gerichteter, mit einem Enzym markierter Antikörper verwendet. Meist wird mit Peroxidase [98] oder alkalischer Phosphatase [99] markiert. Die angeschlossenen Enzym-Substrat-Reaktionen haben hohe Nachweisempfindlichkeiten. Bei der Peroxidase hat die Tetrazolium-Methode die höchste Empfindlichkeit [98]

[98] Taketa K. Electrophoresis. 8 (1987) 409-414.
[99] Blake MS, Johnston KH, Russell-Jones GJ. Anal Biochem. 136 (1984) 175-179.

● *Gold-gekoppelte Sekundär-Antikörper*

Sehr empfindlich sind Nachweise durch Kopplung der Antikörper mit *kolloidalem Gold* [100]; dabei kann die Nachweisempfindlichkeit anschließend noch *mit einer Silberverstärkung* erhöht werden: die untere Nachweisgrenze liegt bei ca. 100 pg [101].

[100] Brada D, Roth J. Anal Biochem. 142 (1984) 79-83.
[101] Moeremans M, Daneels G, Van Dijck A, Langanger G, De Mey J. J Immunol Methods 74 (1984) 353-360.

● *Avidin-Biotin-System*

Eine andere Möglichkeit ist die Verwendung eines amplifizierenden Enzym-Detektionssystems. Der Nachweis erfolgt über Enzyme, die Teil eines nicht-kovalenten Netzwerks von polyvalenten Agentien sind (Antikörper, Avidin): z.B. Biotin-Avidin-Peroxidase-Komplexe [102] oder Komplexe mit alkalischer Phosphatase.

[102] Hsu S-M, Raine L, Fanger H. J Histochem Cytochem. 29 (1981) 577-580.

Immunologische Nachweise auf Blots kann man auch automatisieren, zum Beispiel mit der Färbemaschine des PhastSystem® [103].

[103] Prieur B, Russo-Marie F. Anal Biochem. 172 (1988) 338-343.

Lectinblotting

Nachweise von Glykoproteinen und von spezifischen Kohlehydratanteilen werden mit Lectinen durchgeführt. Die Visualisierungsmethoden erfolgen über den Aldehyd-Nachweis oder analog zu denen des Immunoblotting, z.B. mit der Avidin-Biotin-Methode [104].

[104] Bayer EA, Ben-Hur H, Wilchek M. Anal Biochem. 161 (1987) 123-131.

4.8 Proteinsequenzierung

Einen weiten Schritt nach vorne hat die Proteinchemie und die Molekularbiologie durch die Verwendung des Blotting für die direkte Proteinsequenzierung gemacht [105]. Meist wird aus eindimensionalen SDS- oder aus 2D-Gelen geblottet [82,84,85,105, 106]. Sollen die zu sequenzierenden Proteine mit einer Isoelektrischen Fokussierung getrennt werden, muß man immobilisierte pH-Gradienten verwenden, weil Trägerampholyte die Signale bei der Sequenzierung verfälschen würden [107].

[105] Vandekerckhove J, Bauw G, Puype M, Van Damme J, Van Montegu M. Eur J Biochem. 152 (1985) 9-19.

[106] Eckerskorn C, Lottspeich F. Chromatographia. 28 (1989), 92-94

Eine Übersicht ist in Literatur [108] zu finden.

[107] Aebersold RH, Pipes G, Hood LH, Kent SBH. Electrophoresis. 9 (1988) 520-530.

[108] Simpson RJ, Moritz RL, Begg GS, Rubira MR, Nice EC. Anal Biochem. 177 (1989) 221-236.

4.9 Transfer-Probleme

● *Niedrige Löslichkeit*, vor allem von hydrophoben Proteinen, kann einen Transfer verhindern. In solchen Fällen muß der Blotpuffer Detergenzien, z.B. SDS, enthalten. Auch eine Zugabe von Harnstoff kann die Löslichkeit erhöhen.

Die Zugabe von 6 bis 8 mol/L Harnstoff-Lösung ist nur bei Semidry-Blotting vernünftig (geringes Puffervolumen).

● Beim *nativen Immunblotting* nach Bjerrum [109] enthält das Elektrophorese-Gel nichtionische Detergenzien. Bei direktem Kontakt mit der Blotfolie würde deren Bindefähigkeit blockiert werden. Eine 2 bis 3 mm dicke Agarose-Gelschicht mit Transferpuffer, aber ohne Detergenz, zwischen Gel und Blotfolie kann dies verhindern. Man kann auch aktivierte Nitrocellulose mit erhöhter Bindefähigkeit verwenden.

[109] Bjerrum OJ, Selmer JC, Lihme A. Electrophoresis. 8 (1987) 388-397.

● Hohes Molekulargewicht bewirkt eine langsame Wanderung aus dem Gel. Wenn man aber lange und/oder bei hohen Feldstärken blottet, lösen sich niedermolekulare Proteine wieder von der Membran und gehen verloren. Es gibt eine Reihe von Möglichkeiten, gleichmäßigere Transfers im weiten Molekulargewichtsspektrum zu erhalten:

● Verwendung von Porengradienten bei der SDS-PAGE,

Proteine befinden sich nach MW im klein- bzw. großporigen Bereich.

● diskontinuierliches Puffersystem bei Semidry-Blotting verwenden,

Isotachophorese-Effekt bewirkt gleichmäßige Geschwindigkeit.

● Protease-Behandlung der hochmolaren Proteine nach der Elektrophorese,

Limitierte Proteolyse schadet meist nicht der Antigenität.

● Puffer mit anderem pH-Wert benutzen,

Erhöhung der Mobilität

● Puffer benutzen, der kein Methanol enthält,

Wenn das Gel quillt, werden die Poren größer.

● SDS (0,01 bis 0,1 %) dem Puffer hinzufügen,

Vorsicht: zuviel SDS reduziert Bindungsvermögen.

● natives Immunblotting [109] anwenden,

Hier kann man großporigere Gele verwenden.

● länger blotten und zweite Blotfolie dahinterlegen.

um niedermolekulare Proteine abzufangen.

Anwendungen von Proteinblotting

Hierüber ist eine ganze Reihe von Übersichten erschienen:

[110] Gershoni JM, Palade GE. Anal Biochem. 112 (1983) 1-15.
[111] Beisiegel U. Electrophoresis. 7 (1986) 1-18.
[112] Bjerrum OJ. Hrsg. Paper symposium protein blotting. Electrophoresis.
 (1987) 377-464.
[113] Baldo BA, Tovey ER. Hrsg. Protein blotting. Methodology, research and diagnostic
applications. Karger, Basel (1989).

5 Apparatives

Die apparative Ausrüstung für die Kapillar-Elektrophorese und die automatisierte DNA-Sequenzierung ist bereits im Zusammenhang mit den Methoden beschrieben worden.

Bei den in den meisten Labors angewandten Elektrophoresen besteht die Ausrüstung prinzipiell aus drei Geräten:

Dies sind Gel-Elektrophoresen im weitesten Sinne.

a) Stromversorger,

b) Kühl- oder Heiz-Thermostat,

c) Trennkammer mit zugehörigem -Gelgießsystem.

Zu a):
Für Elektrophoresen benötigt man Gleichstromversorger, die, bei exakt einstellbaren Strom-, Spannungs- und Leistungswerten, hohe Spannungen liefern.

Zu b):
Viele selbsthergestellte Trennsysteme werden ohne Kühlung bzw. Heizung eingesetzt. Es hat sich jedoch gezeigt, daß mit gekühlten oder thermostatisierten Apparaturen bessere und reproduzierbarere Trennergebnisse erzielt werden.

Zu c):
Das Herzstück der Elektrophoreseausrüstung ist die Trennkammer. Hier gibt es wegen der Vielzahl unterschiedlicher Methoden und Modifikationen eine Reihe von Typen.

5.1 Strom- und Spannungsbedingungen

Für die Festlegung der Trennbedingungen bei Elektrophoresen sollte man sich noch einige physikalische Zusammenhänge vor Augen führen:

wichtig auch bei Arbeiten nach exakten Vorschriften

Die treibende Kraft bei der Elektrophorese ist das Produkt aus der Eigenladung $\Theta^{\pm}$ (Nettoladung) einer Substanz und der elektrischen Feldstärke E, die in V/cm gemessen wird. Das bedeutet für die Wanderungsgeschwindigkeit v einer Substanz in cm/s:

Die Nettoladung $\Theta^{\pm}$ kann als Summe der positiven und negativen Elementarladungen betrachtet werden, gemessen in A s.

$$v = \frac{\Theta^{\pm} \times E}{R}$$

Für eine elektrophoretische Wanderung benötigt man also eine bestimmte Feldstärke.

Die Reibungskonstante R ist abhängig vom Molekulradius r (Stokes-Radius) in cm und der Viskosität η des Trennmediums, welche in N s/cm^2 gemessen wird.

Zur Erreichung der Feldstärke muß die Spannung U anliegen: sie wird in Volt (V) gemessen, die Trenndistanz entsprechend in cm.

Spannung = Feldstärke × Trenndistanz.

Legt man an ein leitendes Medium (Puffer) ein elektrisches Feld an, so fließt ein Strom I; er wird in Ampere (A) gemessen, doch gibt man ihn in der Elektrophorese meist in mA an. Die Höhe des Stromflußes ist abhängig von der Ionenstärke des Puffers. Bei Elektrophoresen hat man relativ hohen Stromfluß, bei der Isoelektrischen Fokussierung ist er gering, weil pH-Gradienten relativ niedrige Leitfähigkeit haben.

Das Produkt aus Spannung und Strom ist die Leistung P, die in Watt (W) angegeben wird:

Spannung × Strom = Leistung.

Das Produkt aus (elektrischer) Leistung und Zeit ist Energie. In der Elektrophorese wird die elektrische Energie im wesentlichen in Wärme umgewandelt.

Joulesche Wärme

Deshalb werden Elektrophoresen meist gekühlt. Da die Kühleffektivität, die Wärmeabfuhr, nicht unendlich gesteigert werden kann, darf eine gewisse Leistung nicht überschritten werden.

Bei Nichtbeachtung dieser Fakten kann ein Gel ohne weiteres durchbrennen.

Abb. 37 zeigt die Zusammenhänge zwischen Spannung, Strom und Leistung mit den Dimensionen des Elektrophoresemediums. Je länger die Trenndistanz, umso höher muß die Spannung sein, um eine gewisse Feldstärke zu erreichen. Die Stromstärke ist, bei gegebener Ionenstärke, proportional zum Querschnitt: je dicker also das Gel ist, desto mehr Strom fließt. Die Leistung ist proportional zum Volumen.

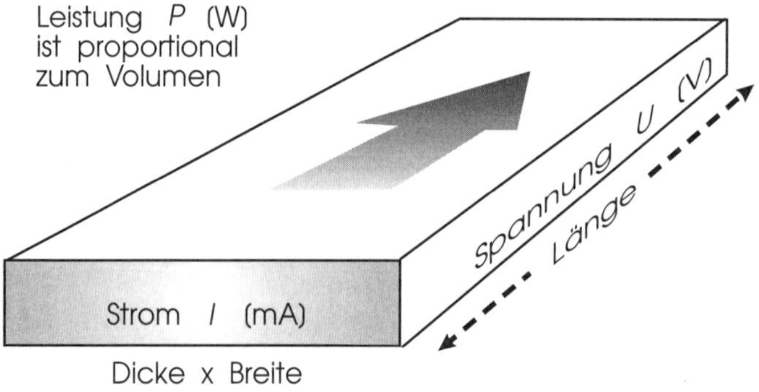

Richtwerte für gekühlte 0,5 mm dünne Horizontal-Gele: Elektrophoresen: ca. 2 W/mL bezogen auf das Gelvolumen. IEF: ca. 1 W/mL IPG: s. Anleitung

Abb. 37: Schematische Darstellung der Zusammenhänge zwischen den Dimensionen des Trennmediums und Strom-, Spannungs- und Leistungs-Bedingungen bei Elektrophoresen.

Dies hat auch zur Konsequenz, daß man Leistung und Stromstärke reduzieren muß, wenn man nur Teile eines ganzen Geles
laufen läßt, z.B.:

häufig angewandte Praxis bei
Horizontaltechniken

Halbes Gel:
halbe Stromstärke – *halbe* Leistung – *gleiche* Spannung.

bei gleicher Trenndistanz

5.2 Stromversorger

Es gibt verschiedene Ausführungs- und Spezifikationsstufen:

1. Einfache Stromversorger können nur über die Spannung ge-
   regelt werden.

   meist bis maximal 200 V

2. Typische Elektrophorese-Stromversorger kann man mit konstanter Stromstärke oder konstanter Spannung betreiben.

   meist bis 500 oder 1000 V,
   200 oder 400 mA

3. Stromversorger, die auch für die Isoelektrische Fokussierung
   geeignet sind, liefern hohe Spannungen und sind zusätzlich
   leistungsstabilisiert; d.h. man kann eine Maximalleistung
   einprogrammieren.

   meist bis :
   3000 oder 5000 V,
   150 oder 250 mA,
   100 oder 200 W

   Wenn sich bei der Isoelektrischen Fokussierung der pH-Gradient ausgebildet hat und Pufferionen aus dem Gel gewandert
   sind, fällt die Leitfähigkeit im Gel ab. Dann verhindert die
   Regelung über die Leistungsmaximierung eine Überladung
   des Geles mit Hochspannung. Zuweilen wird zur zusätzli-
   chen Kontrolle über die Fokussierungsbedingungen noch ein
   Volt/Stunden-Integrator angeschlossen.

4. Programmierbare Stromversorger haben zusätzlich einen Mi-
   kroprozessor, über den man verschiedene Trennbedingungen
   mit unterschiedlichen Stufen abrufen kann.

   Meist ist auch ein Volt/Stunden-
   und ein Ampere/Stunden-Inte-
   grator eingebaut.

   Zum Beispiel:
   Erste Phase: Niedrigspannung für sanften Probeneintritt in
   das Trennmedium.
   Zweite Phase: Hohe Spannung für schnelle Trennung und
   Vermeidung von Diffusion.
   Dritte Phase: Niedrigspannung für Vermeidung von Diffu-
   sion und Auswanderung der Zonen.

5.3 Trennkammern

5.3.1 Vertikal-Apparaturen

Die Elektrophorese erfolgt in vertikalen zylindrischen Gelstäben
in Glasröhrchen oder in Gelplatten, die in Glasküvetten eingegossen sind. Die Proben werden auf die Geloberfläche in die
Glasröhrchen bzw. die Geltaschen mit einer Spritze aufgegeben.
Die Stromzufuhr erfolgt über Platin-Elektroden, die in die Puffertanks eintauchen.

Ein Ausführungsbeispiel eines kühlbaren Vertikal-Systems, das sowohl für Flach-Gele als auch Rund-Gele verwendet werden kann, ist in Abb. 38 dargestellt. Zur Abführung der Jouleschen Wärme wird der untere Puffer durch einen Kühleinsatz gekühlt. Arbeitsvorschriften für Vertikal-Elektrophoresen sind in Literatur [1] und [114] zu finden.

[114] Pharmacia LKB Sonderdruck 008: SDS-Elektrophoresen in Vertikalsystemen (1989).

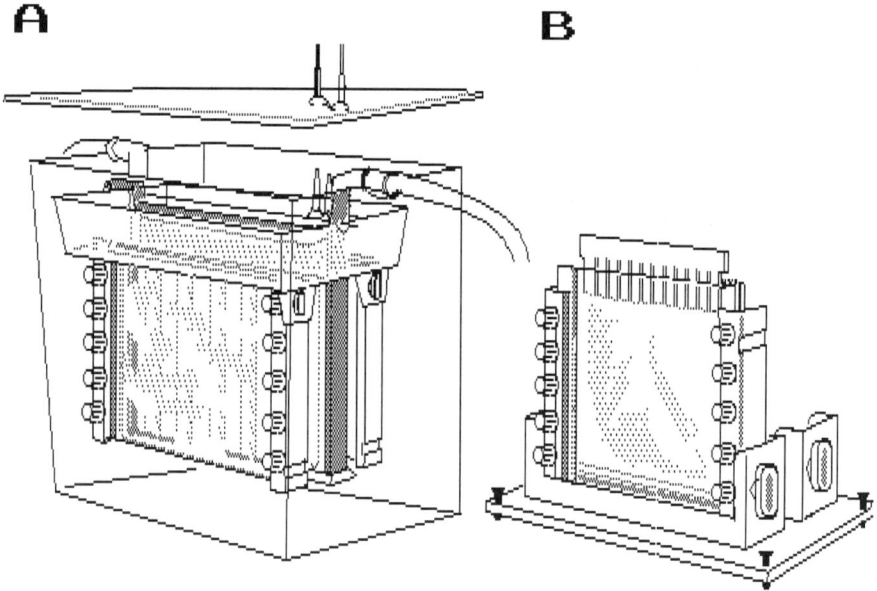

Abb. 38: Vertikal-Elektrophoresekammer. – (A) Trennkammer mit Kühleinsatz; (B) Gelgießstand mit Kamm zur Erzeugung von Geltaschen.

Da für die *manuelle DNA-Sequenzierung* lange Trennstrecken notwendig sind, verwendet man hierzu Spezialkammern, meist mit thermostatisierter Heizplatte (Abb. 39). Die ultradünnen großflächigen Gele werden mit der horizontalen Schiebetechnik nach Ansorge und De Maeyer hergestellt [115].

[115] Ansorge W, De Maeyer L. J Chromatogr. 202 (1980) 45-53.

5.3.2 Horizontal-Apparaturen

Zur analytischen und präparativen Auftrennung von DNA-Bruchstücken und RNA-Restriktionsfragmenten werden meistens *"Submarine"-Kammern* verwendet. Bei diesen Horizontalkammern liegt das Agarose-Trenn-Gel unter einer dünnen Pufferschicht zwischen den seitlich angeordneten Puffertanks.

Horizontalkammern gibt es in verschiedenen Größen.

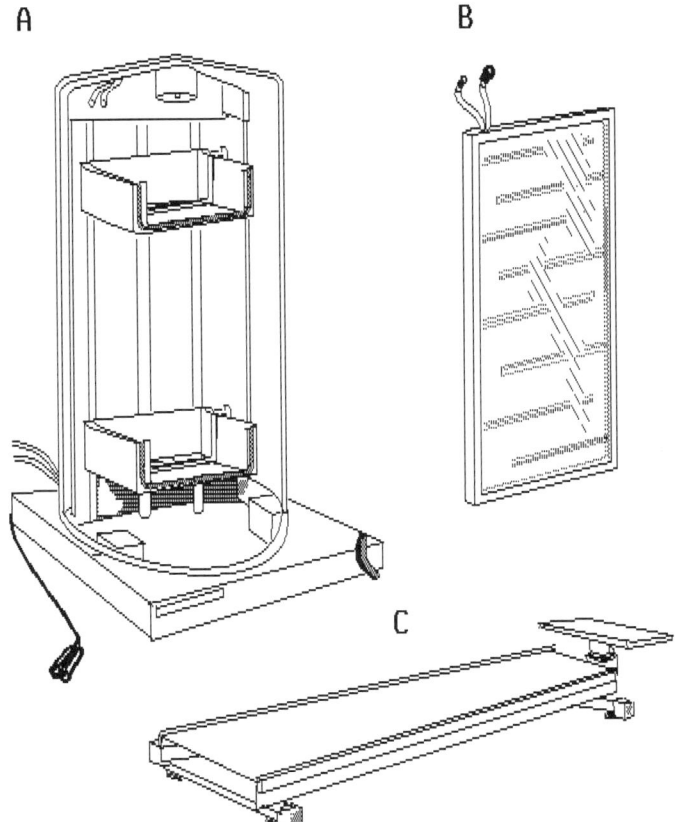

Abb. 39: DNA-Sequenzierkammer. – (A) Vertikalkammer mit Sicherheitsgehäuse; (B) Thermostatisierplatte;
(C) horizontale Gelgieß-Vorrichtung für die Schiebetechnik.

Zur Elektrophorese im *gepulsten elektrischen Feld* wird an den Stromversorger ein Steuergerät angeschlossen, das alternierend –mit einprogrammierten Zeittakten – die Elektroden in Nord/Süd- und Ost/West-Richtung ansteuert. In die Elektroden sind Dioden eingebaut, damit die nicht eingeschalteten Elektroden das Feld nicht beeinflussen können. Da solche Trennungen sehr lange dauern können – bis zu mehreren Tagen –, muß der Puffer gekühlt und umgewälzt werden (Abb. 40).

Für inhomogene Felder werden die Punktelektroden auf rechtwinklig angeordnete Elektrodenschienen aufgesetzt.

Sehr vielseitig sind *Horizontalkammern* mit Kühl-Thermostatisierplatte und seitlich angeordneten Puffertanks (s. Abb. 41). Sie sind ausgerüstet für die analytische und präparative Isoelektrische Fokussierung, für sämtliche Variationen der Immun- und Affinitäts-Elektrophoresen und aller Elektrophoresen in restriktiven und nichtrestriktiven Gelen, sowie Semidry-Blotting.

Die Arbeitsanleitungen in Teil II sind auf diesen Typ von Elektrophoresekammer zugeschnitten, weil man fast alle Methoden mit einer Ausrüstung durchführen kann.

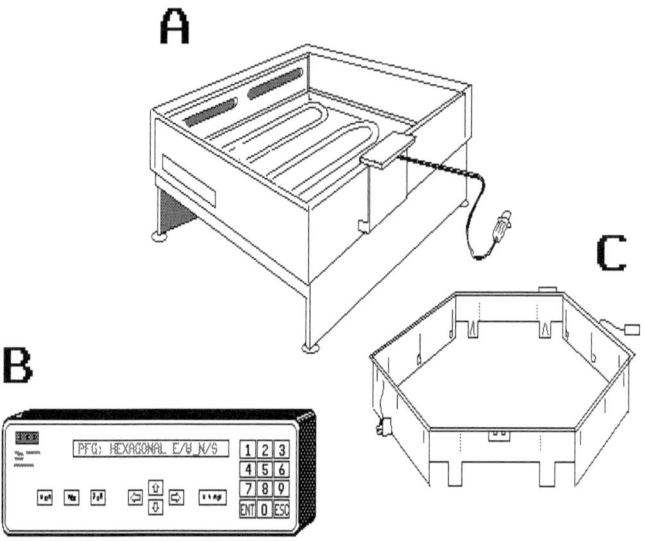

Abb. 40: System für die DNA-Gel-Elektrophorese im gepulsten Feld (PFG). – (A) PFG-Submarine-Kammer mit Kühlschlange und Pufferzirkulationspumpe (nicht sichtbar); – (B) programmierbares Puls-Steuergerät; – (C) Hexagonal-Elektrode zum Geradeauslauf der Trennspuren.

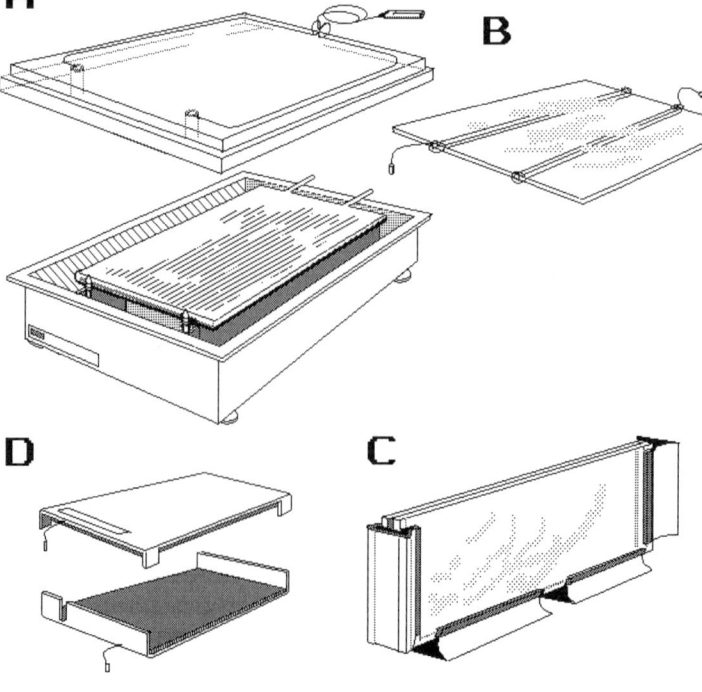

Abb. 41: Horizontal-Elektrophoresekammer. – (A) Trennkammer mit Kühlplatte und seitlichen Puffertanks; – (B) Elektrodenvorrichtung für die isoelektrische Fokussierung und Elektrophoresen mit Pufferstreifen; – (C) Gelgießkassette für ultradünne Gele; – (D) Graphitplatten-Einsatz für Semidry-Blotting.
(Werkszeichnung von Pharmacia LKB, Freiburg im Breisgau.)

5.4 Automatisierte Elektrophorese

Ein komplettes, automatisiertes Elektrophorese-System, das PhastSystem® besteht aus einer Horizontal-Elektrophoresekammer mit Peltier-Kühl-/Thermostatisierplatte mit eingebautem programmierbarem Stromversorger und Färbemaschine (s. Abb. 42). Stromwerte, Temperaturen für Trennungen und Färbungen sowie die verschiedenen Färbemethoden können programmiert und für die entsprechenden Elektrophorese- und Färbemethoden abgerufen werden. Für elektrophoretische Transfers gibt es einen Blotting-Einsatz mit Graphitelektroden.

Hier muß man nur noch die Gele in die Trennkammer legen, die Proben auftragen, und das Gel nach der Trennung in die Färbekammer überführen.

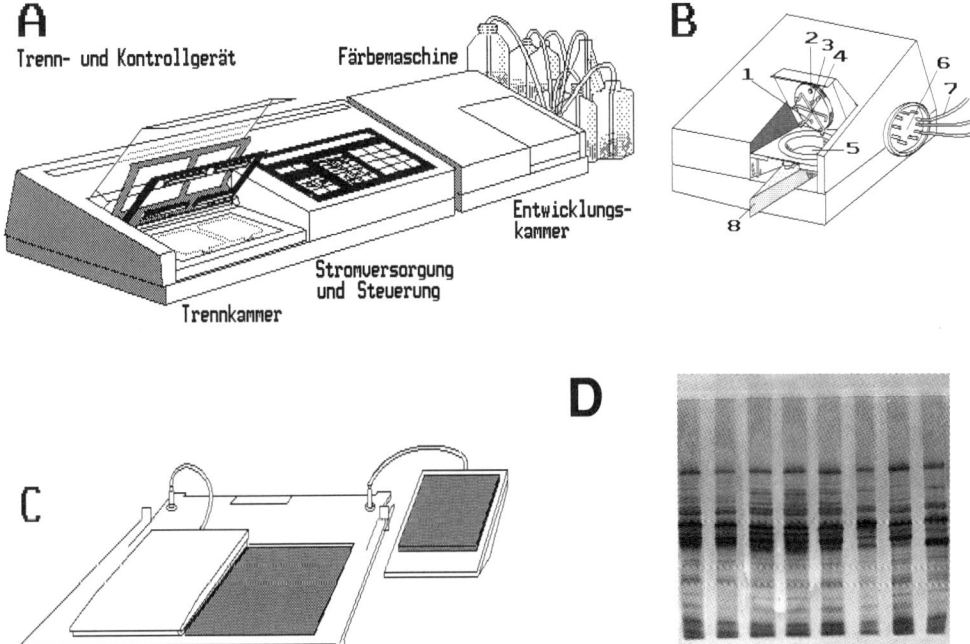

Abb. 42: System zur automatisierten Elektrophorese (PhastSystem®). – (A) Das gesamte Gerät; (B) die Färbemaschine: (1) Öffnung zur Membranpumpe, (2) Temperatursensor, (3) Füllstandsensor, (4) rotierender Gelhalter, (5) Entwicklungskammer, (6) 10-Wege-Ventil, (7) PVC-Schläuche mit Nummern-Markierungen, (8) Sperrvorrichtung; (C) Blotting-System zum Einsetzen in die Trennkammer. (D) PhastGel Medium: SDS-Elektrophorese nach automatischer Silberfärbung (Von Dr. A. Görg mit freundlicher Genehmigung).

Speziell abgestimmt auf dieses System gibt es fertige foliengestützte Fokussierungs-, Titrationskurven- und Elektrophorese-Gele, fertige native und SDS-Elektrophorese-Puffer, welche in Agarose eingegossen sind, sowie Farbstofftabletten und einen Silberfärbungs-Kit. Man kann sich die Gele und Pufferstreifen auch selbst herstellen [116].

[116] Pharmacia LKB Sonderdruck. Arbeitsanleitung: Herstellung von Gelen für das PhastSystem® (1988).

Die Proben werden automatisch – zum programmierten Zeitpunkt – mit multiplen Probenauftragskämmen aufgegeben. Die
Trennungen und Färbungen funktionieren sehr schnell, weil die
Gele nur 0,3 und 0,4 mm dünn und relativ klein, 4 cm × 5 cm,
sind.

*Diese Kämme entsprechen Pro-
beaufgabestempeln.*

So dauert eine SDS-Elektrophorese in einem Porengradien-
ten-Gel inklusive Silberfärbung 1,5 h. Deshalb erhält man auch
sehr scharfe Banden und trotz kurzer Trennstrecke hohe Auflösung.

Die Färbemaschine kann bis 50 °C temperiert werden, enthält
neun Eingänge und einen Ausgang für Färbelösungen, eine
Membranpumpe zur Erzeugung von Druck oder Vakuum in der
Färbekammer zum Entleeren bzw. Ansaugen von Lösungen
sowie eine Vorrichtung zum Rotieren der Gele in der Lösung.
Alle Funktionen können einprogrammiert werden. Timer, Tem-
peratur- und Füllstand-Sensoren regeln die genaue Einhaltung
der programmierten Parameter.

*Die Steuerung der Färbeeinheit
erfolgt vom Trenn- und Kon-
trollgerät aus.*

Die Vorteile eines solchen automatischen Elektrophorese- und
Färbesystems liegen auf der Hand:

● Schnelle und sehr reproduzierbare Trennergebnisse,

● Elektrophoresen können sofort und ohne Vorbereitung durchgeführt werden,

● durch "*menschliches Versagen*" verursachte Probleme werden auf ein Minimum reduziert,

● enorme Arbeitsersparnis (fertige Gele und Puffer, automatische Trennung und Färbung),

● multiple Probenaufgabe,

● kein Hantieren mit flüssigen Puffern,

● sauberes Arbeiten, kann im Wohnzimmer betrieben werden,

● einfaches und schnelles Umstellen von Trenn- und Färbeme-
thode auf eine andere,

● praktische Dokumentations- und Präsentations-Möglichkei-
ten durch Einsetzen der gefärbten Gele in Diarahmen.

5.5 Sicherheits-Hinweise

Bei den meisten Gel-Elektrophorese-Techniken müssen hohe
Spannungen >200 V angelegt werden, um die für die Trennung
notwendigen Feldstärken zu erreichen. Um die Sicherheit im
Labor nicht zu gefährden, sollen Elektrophoresen nur in geschlossenen Trennkammern durchgeführt werden. Bei offenen
Trennsystemen ist die Gefahr von Stromschlägen bei Berührung
der Apparatur gegeben. Außerdem sollen sich die Stromversorger bei Kurzschlüssen sofort selbständig ausschalten.

*Auch die Kabel und Stecker
müssen für Gleichstrom mit hohen Spannungen richtig dimensioniert und isoliert sein.*

Manche Trennkammern, z.B. die für Vertikal-Elektrophoresen oder Submarinetechniken, sind nur für Spannungen bis zu 500 V zugelassen. Stromversorger mit Spezifikationen für vielseitigen Einsatz sollten einen Sensor für codierte Stecker haben, welche für bestimmte Kammern nur die jeweils erlaubten Maximalspannungen zuläßt.

Die Stromanschlüsse der Trennkammern müssen so plaziert sein, daß bei versehentlichem Öffnen der Kammern automatisch der Stromkreis unterbrochen ist. Elektrophoresesysteme sollen so aufgestellt werden, daß der Stromversorger höher oder zumindest auf der gleichen Höhe wie die Trennkammer steht, um zu vermeiden, daß eventuell auslaufender Puffer in den Stromversorger gelangt.

*Vielseitiger Einsatz bedeutet: Entweder hohe Spannungen **oder** hohe Stromstärken. Die Leistung ist durch die Wärmeentwicklung ohnehin limitiert.*

Die Elektrophorese-Apparaturen müssen an einem trockenen Platz stehen.

6 Auswertung von Elektropherogrammen

6.1 Allgemeines

6.1.1 Reinheitskontrolle

Bei Reinheitskontrollen werden elektrophoretische Methoden meist in Kombination mit chromatographischen Techniken angewendet. Im allgemeinen sind die physikalisch-chemischen Eigenschaften der zu kontrollierenden Substanz bekannt.

Die am häufigsten eingesetzte Technik bei Proteinen ist die SDS-Elektrophorese. Bei der SDS-Elektrophorese werden unterschiedliche Konfigurationsformen und nichtrelevante Ladungsheterogenitäten eines Polypeptids oder Enzyms ausgeschaltet, so daß nur wirkliche Verunreinigungen als zusätzliche Banden mit unterschiedlichen Molekulargewichten erscheinen. Bei der Analyse von kleinmolekularen Peptiden muß man auf speziell für diese Fragestellungen abgestimmte Gele oder Puffersysteme zurückgreifen.

Sind unterschiedliche Glykosylierungsarten oder Ladungseigenschaften eines Proteins von Bedeutung, wird die Isoelektrische Fokussierung verwendet. Bei der Interpretation der Ergebnisse ist in manchen Fällen die Möglichkeit von Bandenheterogenitäten aufgrund von unterschiedlichen Konformationen eines Moleküls zu berücksichtigen.

Bei Nukleinsäuren werden meist Agarose-"Submarine"- Gele eingesetzt. Der Nachweis erfolgt mit Ethidiumbromid-Färbung, mittels Hybridisierung im Gel oder nach Blotting auf einer immobilisierenden Membran.

Gel-Elektrophoresen haben den Vorteil, daß man eine größere Anzahl von Proben auf einmal analysieren kann.

Je nach Art und Grad der Verunreinigungen verwendet man Färbetechniken mit hohen oder niedrigen Nachweisempfindlichkeiten, bei manchen Untersuchungen Blottingmethoden.

6.1.2 Gehaltsbestimmungen

Elektrophoretische Gehaltsbestimmungen werden entweder in Kapillarsystemen direkt über UV-Messung der Zonen, bei Verwendung von Trägermaterialen – wie Gelen und Folien – indirekt über Autoradiographie oder Anfärbung der Zonen und deren densitometrische Vermessung durchgeführt.

Meßkurven aus *Kapillar-Elektrophoresen* gleichen Chromatogrammen, die Peaks können wie bei der Standardchromatographie oder HPLC integriert werden.

Bei *Immun-Elektrophoresen* ist der Abstand der Präzipitatlinie vom Probenaufgabepunkt ein Maß für den Substanzgehalt einer Probe, unabhängig davon, ob es sich um eine elektrophoretische oder elektroosmotische Wanderung oder um Diffusion handelt. Wichtig ist allerdings die Kenntnis der eingesetzten Antikörpermenge und des Antigen-Antikörper-Titers. Die am besten reproduzier- und ablesbaren Quantifizierungsergebnisse erhält man mit der "Rocket"-Technik nach Laurell [16]. Die von den Präzipitatlinien eingeschlossenen Flächen sind proportional zu den Antigenmengen in den Proben. In vielen Fällen ist die einfache Vermessung der Höhen der Präzipitatbögen ausreichend genau.

Die Qualität des Ergebnisses ist abhängig von der Qualität der Antikörper: Verunreinigungen mit kreuzreagierenden Antikörpern müssen ausgeschlossen werden.

Der Erfolg einer Gehaltsbestimmung nach elektrophoretischen Trennungen in Gelen oder anderen Trägermaterialien ist von mehreren Dingen abhängig:

● Bei der Probenvorbereitung müssen der Verlust von zu bestimmenden Substanzen durch Adsorption an Membranen oder Säulenmaterial bei eventueller Entsalzung oder Aufkonzentrierung sowie die irreversible Präzipitation bei Extraktion oder Ausfällen vermieden werden. Auch müssen Komplex- und Chelatbildner aus der Probe entfernt, oder Komplexbildungen inhibiert werden.

Aus praktischen Gründen werden die Probenvorbereitungsmethoden im Zusammenhang mit der jeweiligen Trenntechnik beschrieben.

● Die Probenaufgabemethode muß so gewählt werden, daß alle Probensubstanzen vollständig in das Trennmedium einwandern. Dies ist besonders kritisch bei der Isoelektrischen Fokussierung heterogener Proteingemische: unterschiedliche Proteine sind bei unterschiedlichen pH-Werten instabil oder neigen zum Aggregieren. In solchen Fällen muß man davon ausgehen, daß niemals alle Arten von Proteinen an einer Stelle in das Gel einwandern. Wichtig bei der Probenaufgabe ist auch die volumetrische Exaktheit der Spritze oder Mikropipette.

● Die Qualität der Trennung ist ausschlaggebend für die densitometrische Auswertbarkeit. Krumme und verzerrte Zonen, die z.B. durch zu hohe Salzkonzentrationen in den Proben entstehen, ergeben fragwürdige Densitogramme. Außerdem kann eine Zone nur quantifiziert werden, wenn sie ausreichend von den danebenliegenden Banden abgetrennt ist.

Absolut reproduzierbare Elektrophoresen gibt es, auch bei exakter Beachtung der Vorschriften, noch nicht. Qualitative Trennungsunterschiede kompensiert man mit Markerproteinen.

● Voraussetzung für eine verläßliche Quantifizierung ist eine effektive Anfärbung der Zonen unter Vermeidung der Bandenentfärbung während des Hintergrundauswaschens.

Empfehlenswert sind Heiß- und Kolloidalfärbungen.

Trotzdem muß man aber immer von unterschiedlicher Färbeeffektivität ausgehen. Es sollte deshalb, vergleichbar mit der qualitativen Zuordnung der Elektrophoresebanden zu Molekulargewichten oder isoelektrischen Punkten, ein bekanntes und aus Reinsubstanzen bestehendes Proteingemisch in verschiedenen Konzentrationen (Verdünnungsreihe) mit aufgetrennt und angefärbt werden, z.B. Markerproteine.

So kann eine verläßliche Beziehung zwischen Färbung und Proteinmenge hergestellt werden.

Da jedes Protein eine spezifische, von anderen Proteinen *unterschiedliche Affinität* zu dem jeweiligen Farbstoff besitzt, muß auf jeden Fall beachtet werden, daß nur relative quantitative Werte bestimmbar sind.

Bestimmung beispielsweise relativ zu Albumin

Gradienten-Gele weisen nach der Färbeprozedur fast immer einen auf- oder absteigenden Hintergrund auf. Bei einer photometrischen Vermessung der Elektrophoresebanden und nachfolgender Integration der Flächenwerte muß dies berücksichtigt werden.

6.2 Densitometrie

6.2.0 Allgemeines

Densitometer sind bewegliche Photometer, die Elektrophorese- oder Dünnschichtchromatographie-Trennspuren abtasten. Gemessen werden der Rf-Wert (die relative Laufstrecke) und die Extinktion (Lichtabsorption) der einzelnen Zonen.

Das Abtasten der Trennspuren wird zunehmend als "Scannen" bezeichnet.

Das Ergebnis ist ein Kurvendiagramm (Densitogramm). Die Flächen unter den Kurven können zur Quantifizierung verwendet werden. Solche Densitometer werden in der Elektrophorese für die Auswertung von Celluloseacetatfolien und Agarose-Gelen in der klinischen Routine seit langem verwendet. Diese Geräte sind mit spezifischen Auswerteprogrammen zur Erleichterung der Diagnose ausgestattet.

Mit der Einführung hochauflösender Gel-Elektrophorese- und der Blottingmethoden werden an die densitometrischen Auswertungsverfahren hohe Anforderungen gestellt, die mit dem herkömmlichen Densitometer-Konzept, das weißes Licht verwendet, nur noch mit Einschränkungen erfüllbar sind [117]. In Abb. 43 ist eine apparative Anordnung zur Laserdensitometrie von hochauflösenden Gel-Elektrophoresen dargestellt.

[117] Westermeier R, Schickle HP, Theßeling G, Walter WW. GIT Labor-Medizin. 4 (1988) 194-202.

Bei den oben genannten Elektrophoresen ist die Auflösung relativ gering.

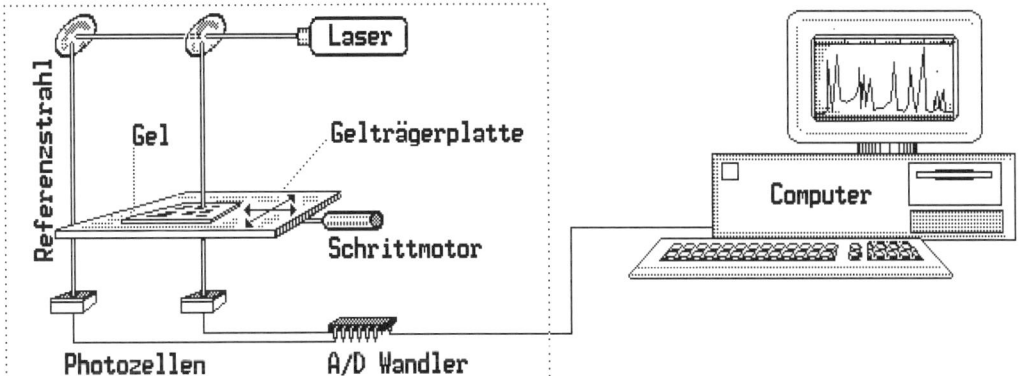

Abb. 43: Apparative Anordnung der Laserdensitometrie zur Auswertung hochauflösender Gel-Elektrophoresen.

6.2.1 Anwendung der Densitometrie

In vielen Fällen reicht es aus, die Banden- und Fleckenmuster mit dem Auge zu vergleichen, die Trennungen für die Dokumentation zu fotografieren oder die Original-Gele im getrockneten oder feuchten Zustand aufzubewahren. Es gibt jedoch eine Reihe von Aufgabestellungen, welche das Ausmessen der aufgetrennten Zonen erfordern:

z.B. bei der Identifizierung von Substanzen oder einfachem Vergleich von Elektrophoresemustern

● Es ist schwierig bzw. unmöglich, mit dem Auge Intensitätsabstufungen in einzelnen Fraktionen zu erkennen. Beispiele:

Bei genetischen Untersuchungen muß man zwischen homozygoten und heterozygoten Genotypen unterscheiden können. Mit dem Auge kann man vielfach nur Anwesenheit oder Fehlen einer Bande oder eines Spots erkennen.

Homozygot bedeutet: intensive Bande, heterozygot bedeutet: Teilintensität.

Bei Studien der Protein-Stoffwechselkinetik muß man die Zu- und Abnahme bestimmter Fraktionen erkennen können.

● Einzelfraktionen oder Fraktionengruppen sollen quantifiziert werden. Dies ist nur durch Scannen des Trennergebnisses und durch die Integration der Kurvenflächen des Densitogramms möglich. Hierzu ist eine möglichst vollständige Ausmessung der Zonen notwendig, da sie – abhängig von der Trennmethode – unterschiedliche Formen und Zonenbreiten haben können.

Bei der Quantifizierung sind eine ganze Reihe von Fakten zu berücksichtigen, auf die später näher eingegangen wird.

● Die Auswertung von 2D-Elektrophoresen mit mehreren hundert "Spots" ist kompliziert und zeitraubend, dazu setzt man Computer ein. Die Muster müssen mit Hilfe von Densitometern oder Videokameras aufgenommen und in digitale Signale übersetzt werden.

s. 2D-Elektrophorese, S. 31

● In manchen Anwendungsbereichen sind Densitogramme die übliche Darstellungsform von Elektrophoreseergebnissen, z.B. in der Klinischen Chemie.

● Mit Hilfe von Densitogrammen können Elektrophoresemuster auch bei der qualitativen Auswertung oft exakter miteinander verglichen werden als unmittelbar im Pherogramm.

● Bei der Fülle von Ergebnissen, die im modernen Labor anfallen, wird zunehmend die Datenverarbeitung eingesetzt. Für die Erfassung, Speicherung und die Verarbeitung von Elektrophoreseergebnissen mit Computern muß das Trennergebnis vorher mit einem Densitometer digitalisiert werden.

● Molekulargewichte oder isoelektrische Punkte der Probenfraktionen können mit einem Rechner zugeordnet werden, wenn die Trennspuren densitometrisch ausgemessen worden sind.

● Bei vielen Anwendungen, besonders in der Routine, werden immer kürzere Trenndistanzen eingesetzt, hier wird die Auswertung mit dem freien Auge immer schwieriger. Mit hochauflösen-

Lupeneffekt

den Densitometern können die eng nebeneinander liegenden Banden aufgezeichnet und mit Hilfe des Computers vergrößert dargestellt werden.

6.2.2 Die Optik eines Densitometers

Verläßliche Resultate beim Scannen hochauflösender ElektrophoresetTrennungen erhält man nur, wenn das Densitometer in der Lage ist, die Banden oder Flecken im Gel, in der Autoradio/Fluorographie oder auf der Blotfolie wirklichkeitsgetreu und ohne Verzerrungen aufzuzeichnen. Außerdem muß es Meßdaten liefern, welche proportional zur Absorption sind. Hierzu benötigt man einen möglichst intensiven Lichtstrahl, eine möglichst enge spektrale Bandbreite des Lichts, eine hohe Auflösung und eine hohe Tiefenschärfe, besonders bei ungetrockneten Gelen.

Als Lichtquelle gibt es zwei Alternativen: weißes Licht mit Filtern oder Laserlicht.

Um authentische Meßwerte bei der Densitometrie von gefärbten Zonen in Gelen, Blotfolien oder geschwärzter Zonen in Röntgenfilmen zu erhalten, muß man auf jeden Fall im Transmissionsmodus messen:

Im Gegensatz zur Reflexionsmessung, der bei der Dünnschichtchromatographie üblichen Methode, mißt man in Transmission.

● Bei Reflexionsmessungen treten Fehler durch Streulicht auf.

● Besonders bei Blotfolien würden bei Reflexionsmessung nur die an einer der Oberflächen haftenden Substanzen erfaßt werden, ein Teil befindet sich aber im Inneren und auf der Rückseite der Membran.

Wenn man Licht durch ein Medium sendet, wird ein Teil des Lichts absorbiert. Die Restintensität des Lichtstrahls kann man mit einer Photozelle messen. Wie man von der Spektralphotometrie weiß, hat jede Substanz ihr spezifisches Absorptionsspektrum, d.h. die Extinktion des Lichts ändert sich mit der Wellenlänge.

Das Absorptionsspektrum ist eine physikalische Konstante.

Die gemessene Restlichtmenge ist abhängig von der Art der Lichtquelle, dem verwendeten Filter und dem Absorptionsspektrum der Probe. Da die Beziehung zwischen diesen Parametern ziemlich komplex ist, mißt man am besten bei einer einzigen Wellenlänge.

Weißes Licht hat den Vorteil, daß man mit geeigneten Filtern den optimalen Wellenlängenbereich einstellen kann. Man kann eine Wellenlänge auswählen, die einem Absorptions-Maximum im Spektrum der Probe entspricht. Dort hat man die höchste Empfindlichkeit. Insbesondere ist der Meßwert am Peak-Maximum in einem engen Bereich unabhängig von der Wellenlänge. Wenn man die Messung an der Flanke eines Absorptions-Peaks durchführen will, muß die Bandbreite des Lichts sehr schmal sein.

Generell sollte die Bandbreite des verwendeten Lichts enger sein als die Breite des Absorptions-Peaks.

Der Laser hat eine fixierte Wellenlänge, man kann also keinen optimalen Bereich einstellen. Dafür hat er aber eine extrem schmale Bandbreite, nämlich nur eine Spektrallinie. Da die Wellenlänge des Lasers ebenso wie das Absorptionsspektrum der Substanz eine physikalische Konstante ist, erhält man eine optimale Reproduzierbarkeit und gute Linearität der Meßwerte an allen Stellen des Absorptionsspektrums. Allerdings darf die zu messende Substanz bei dieser Wellenlänge nicht eine Absorption von Null besitzen.

Wellenlänge des Helium-Neon-Lasers: 632,5 nm

In Abb. 44 ist schematisch ein Absorptionsspektrum einer Substanz mit den typischen Bandbreiten gefilterten konventionellen Lichts und eines Lasers dargestellt.

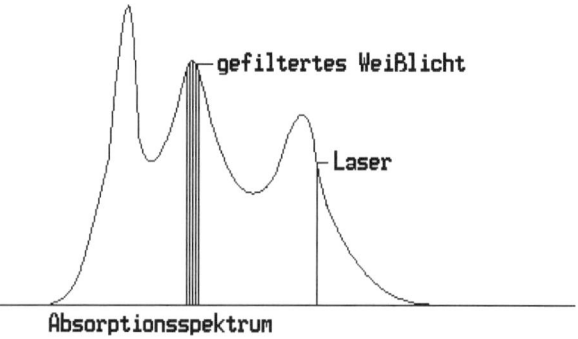

Abb. 44: Schematische Darstellung des Absorptionsspektrums einer Substanz und der Bandbreiten von weißem Licht mit Filter und des Lasers.

Eine weitere Voraussetzung für richtige und lineare Meßwerte ist eine ausreichende Intensität der Lichtquelle. Bei hochauflösenden Elektrophoresen erhält man Zonen mit optischen Dichten (O.D.) bis herauf zu 4 O.D.

Bei Blotfolien wird bereits im Hintergrund 2,5 O.D. erreicht.

Die Maßeinheit O.D. für die optische Dichte wird vorwiegend im biologischen und biochemischen Bereich verwendet und ist folgendermaßen definiert:

1 O.D. ist die Menge eines Stoffes, die in 1 mL gelöst in einer Küvette mit 1 cm Schichtdicke eine Extinktion von 1 ergibt.

Die Extinktion von Licht einer bestimmten Wellenlänge ist nach dem Lambert-Beerschen Gesetz proportional zur Konzentration einer gelösten Substanz in einer durchstrahlten Flüssigkeitsschicht.

Die Stärke der Licht-Absorption einer Substanz wird als Extinktion gemessen.

Quantifizierung von Trennergebnissen ist nur möglich, wenn man lineare Absorptions-Meßwerte erhält. Dies ist mit weißem Licht nur bis maximal 2,5 O.D. möglich, mit einem Laser bis zu 4 O.D.

Um richtige Meßwerte zu bekommen, müssen die Zonen wirklichkeitsgetreu aufgezeichnet werden, d.h. man benötigt eine hohe Auflösung. Das Auflösungsvermögen wird bei einem Densitometer durch drei Parameter bestimmt: die Breite des Lichtstrahls, die Schrittweite des Transportmotors und die Tiefenschärfe. Die Notwendigkeit eines möglichst schmalen Lichtstrahls ist in Abb. 45 schematisch dargestellt.

Mit einem breiten Lichtstrahl können benachbarte Zonen nicht bis zur Grundlinie aufgelöst und bei schmalen Banden die Maximalabsorptionen nicht erreicht werden.

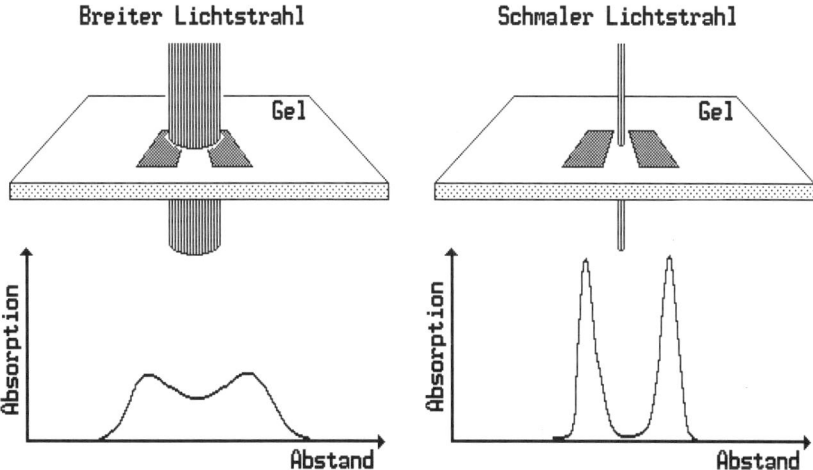

Abb. 45: Schematische Darstellung der Situation bei der Vermessung schmaler und eng benachbarter Banden mit einem breiten und einem schmalen Lichtstrahl. Je schmäler der Lichtstrahl, umso exakter wird das Ergebnis.

Die Reduzierung der Breite eines weißen Lichtstrahls durch Verkleinerung des Spalts ist nur bis zu einem bestimmten Wert (ca. 100 μm) möglich, da sonst die Intensität zu gering wird. Ein Laserstrahl hat auch bei einer Breite von 50 μm noch genügend Intensität, um bis zu 4,0 O.D. lineare Meßwerte zu erhalten.

Zweidimensionale Erfassung von Banden

Wichtig für eine exakte Vermessung ist auch die Beachtung der unterschiedlichen lateralen Ausdehnungen der einzelnen Proteinbanden.
Es gibt zwei Möglichkeiten:

Lateral heißt rechtwinklig zur elektrophoretischen Laufrichtung.

● Man kann beim Messen im eindimensionalen Modus die Bahnbreite der Elektrophoresespur eingeben (Abb. 46 A). Dann fährt der Lichtstrahl, jeweils um seine Breite versetzt, die Trennspur so oft ab, bis die Gesamtbreite erreicht ist ("X-Width");

Die einzelnen Meßergebnisse werden dabei gemittelt.

● oder man vermißt das gesamte Gel im zweidimensionalen Modus, um später im Computer die entsprechenden Bahnen zu definieren (Abb. 46 B).

Hier werden die Banden wie Flecke der 2D-Elektrophorese behandelt.

Wurde dies alles berücksichtigt, kann man sich der Integration des Densitogramms zuwenden.

A   B

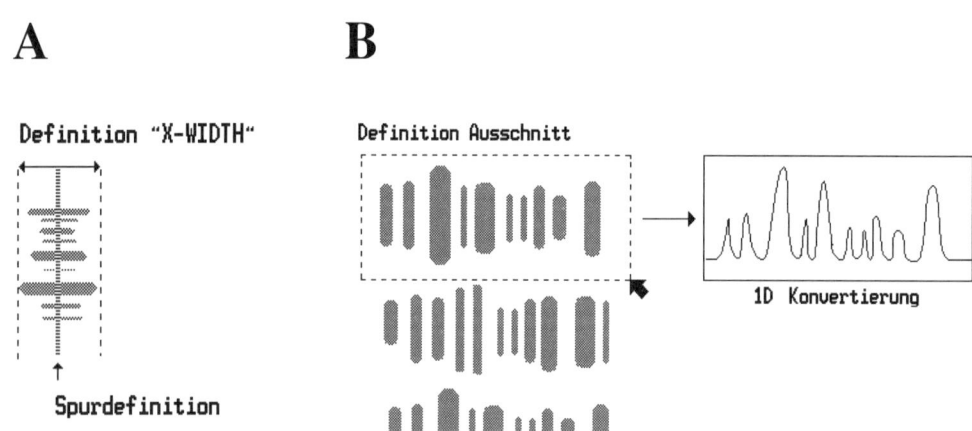

Abb. 46: Vollständige Vermessung von Banden. – (A) Mehrfachmessung im Eindimensionalmodus; (B) Zweidimensionalmodus mit 1D-Konvertierung.

6.2.3 Integration und Basislinie

Vor allem Gradienten-Gele haben einen nicht geradlinig verlaufenden Hintergrund. Diesen richtig zu bestimmen ist äußerst wichtig, denn die Fläche eines *Peaks*, in O.D. × mm, wird bis zur Basislinie heruntergerechnet. Wie Abb. 47 A zeigt, können Fehlerwerte bis 50% entstehen, wenn man eine einfache, doch oft verwendete horizontale Basislinie benutzt.

Ein Peak entspricht einer Proteinbande in der Absorptionskurve.

Eine geeignete Auswertungs-Software sollte diese Problem entweder automatisch oder manuell, besser mit beiden Optionen, lösen können (Abb. 47 B).

6.2.4 Auswertung der Densitogramme

Qualitative Ergebnisse

Man kann nach einer Eichung mit Hilfe der Markerproteinspuren den Rf-Werten automatisch Molekulargewichte bzw. isoelektrische Punkte zuordnen (s. Abb. 48).

Traditionell erfolgt z.B. die Molekulargewichts-Bestimmung mit Hilfe der Eintragung der Werte auf halblogarithmisches Millimeterpapier.

A

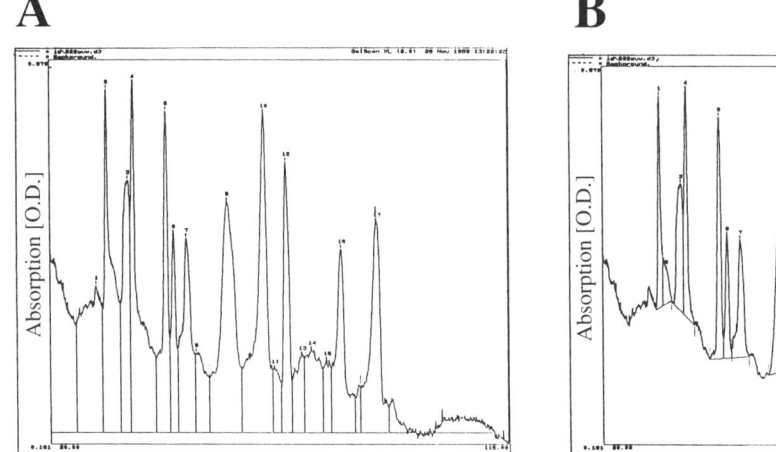

B

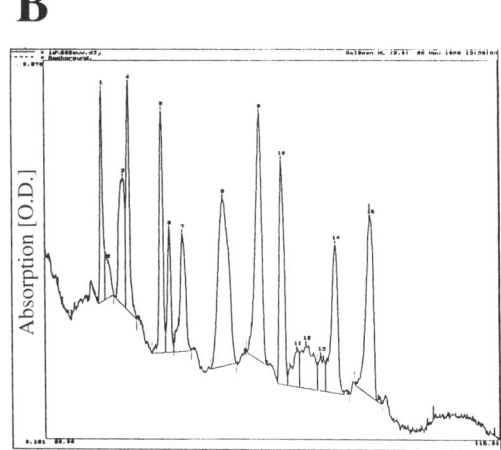

Abb. 47: Densitogramme einer Markerproteinspur in einem SDS-Porengradientengel. –
(A) Die *horizontale B*asislinie berücksichtigt nicht den aufsteigenden Hintergrund in der Färbung;
(B) mit einer *manuellen* Basislinie kommt man den wahren Peakflächenwerten erheblich näher.

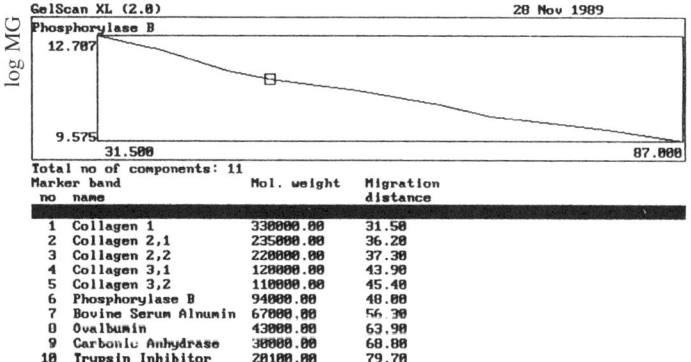

Marker band no	name	Mol. weight	Migration distance
1	Collagen 1	330000.00	31.50
2	Collagen 2,1	235000.00	36.20
3	Collagen 2,2	220000.00	37.30
4	Collagen 3,1	120000.00	43.90
5	Collagen 3,2	110000.00	45.40
6	Phosphorylase B	94000.00	48.00
7	Bovine Serum Alnumin	67000.00	56.30
8	Ovalbumin	43000.00	63.90
9	Carbonic Anhydrase	30000.00	68.00
10	Trypsin Inhibitor	20100.00	79.70

Abb. 48: Molekulargewichts-Eichkurve, ermittelt durch die Densitometrie einer Trennspur eines Markerge-misches, das mit hochmolekularen Collagenen versetzt wurde. Anfärbung mit Coomassieblau.

Quantifizierung

Verhältnis Absorption – Konzentration

Zuerst einmal muß man sich vor Augen führen, daß die Gesetze der konventionellen Photometrie nicht auf die Densitometrie übertragbar sind. Während man bei der Photometrie im UV-Bereich oder im Bereich sichtbaren Lichts verdünnte Lösungen (mmol-Konzentrationen) mißt, ist das absorbierende Medium bei der Gel Densitometrie ein hochkonzentriertes Präzipitat, meist eines Proteins, an welches ein Chromophor gebunden ist. Abb. 49 zeigt die typische Färbekurve eines Proteins.

Eine Konstante für ein Protein-Farbstoff-Aggregat zu berechnen ist sehr kompliziert, wenn nicht unmöglich.

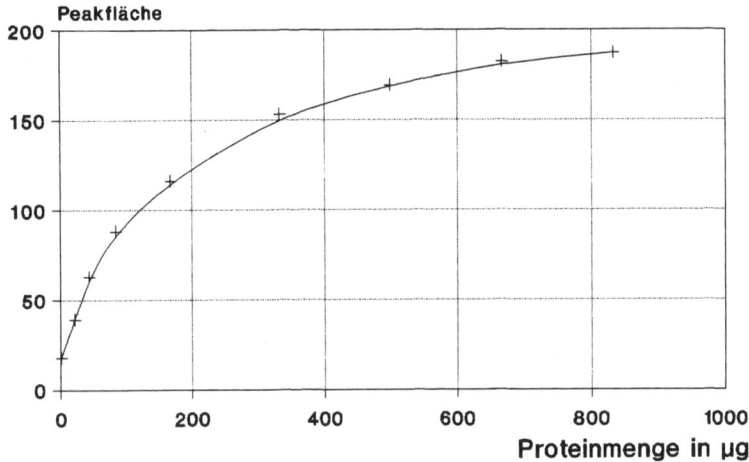

Abb. 49: Färbekurve von Carboanhydrase, getrennt mit SDS-PAGE bei Kolloidalfärbung mit Coomassie Brilliant G-250: Peakfläche/Proteinmenge

Ähnliche Probleme treten bei der Densitometrie von Röntgenfilmen auf. Auf keinen Fall kann man bei der Densitometrie unmittelbar auf das Lambert-Beersche Gesetz zurückgreifen, weil dieses nur für stark verdünnte, "ideale" Lösungen der Substanzen gültig ist.

Externer Standard

Für Versuchsreihen sollte mit einem externen Standard gearbeitet werden. Verwendet man Markerproteingemische, so ist bekannt, welche Menge von welchem Protein in die Trennung eingebracht wurde.

Will man die Menge eines speziellen Proteins in mg ausrechnen, so sollte man sich vergegenwärtigen, daß jedes Protein unterschiedliche Affinitäten zu einem Farbstoff wie z.B. Coomassie hat (Abb. 50). Das Diagramm basiert auf der Berechnung von Einwaage der Markerproteine im Gemisch pro gemessener und integrierter Peakfläche:

Lactalbumin	138 µg / Peakfläche
Trypsin-Inhibitor	133 µg / Peakfläche
Ovalbumin	122 µg / Peakfläche
Carboanhydrase	108 µg / Peakfläche
Phosphorylase B	60 µg / Peakfläche
BSA	57 µg / Peakfläche

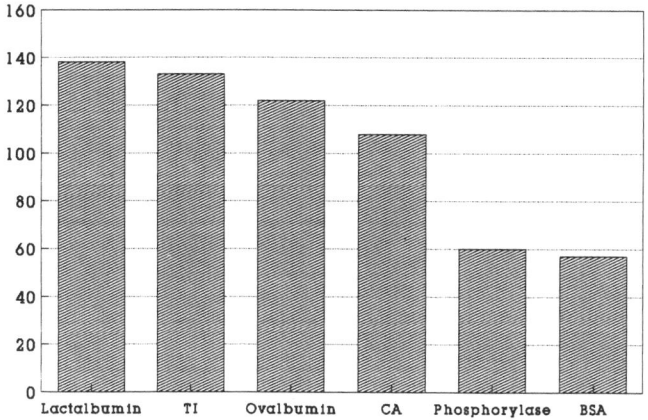

2400 GelScan XL Software

Abb. 50: Darstellung der Proteineinwaagen einzelner Marker pro integrierter Peakfläche. TI: Trypsin-Inhibitor aus Sojabohnen, CA: Carboanhydrase, BSA: Rinderserumalbumin. Anfärbung mit Coomassieblau.

Deshalb verbietet sich die Eichung mit z.B. Albumin mit gleichzeitiger Umrechnung auf ein unbekanntes Protein. Dazu muß dieses zum Einwiegen als Reinsubstanz zur Verfügung stehen. Liegen die gemessene Werte jedoch als Albumin-bezogene Werte vor, kann später rückgerechnet werden.

Rückgerechnet bedeutet: Wenn das zu bestimmende Protein irgendwann als Reinsubstanz vorliegt, kann man später eine Vergleichsmessung durchführen.

Der Weg zum Absolutwert führt z.B. über Identifizierung eines Proteins mit Immun- oder Lectinblotting und die oben beschriebene Vorgehensweise. Existiert kein Antikörper oder spezifischer Ligand, so ergibt sich ein Ansatz für ein Promotionsthema!

Arbeitsmaterial

Alle elf hier beschriebenen Elektrophorese-Methoden wurden im Horizontalsystem mit der gleichen apparativen Ausrüstung durchgeführt.

Kleinteile, Verbrauchsmaterialen, sowie die wichtigsten Stammlösungen sind fast für alle Methoden einsetzbar.

Die Reihenfolge der einzelnen Methoden entspricht nicht der Wichtigkeit und Häufigkeit ihrer Anwendung, sondern der Einfachheit der Durchführung und den Gesichtspunkten des Kosteneinsatzes.

zur Erleichterung der Vorgehensweise bei einem Elektrophorese-Kurs

Methoden:

1. PAGE von Farbstoffen
2. PAGE von Oligonukleotiden
3. Agarose- und Immun-Elektrophoresen
4. Titrationskurvenanalyse
5. Native PAGE in amphoteren Puffern
6. Agarose - IEF
7. PAGIEF in rehydratisierten Gelen
8. SDS Polyacrylamid-Gel-Elektrophorese
9. Semidry-Blotting von Proteinen
10. Fokussierung in IPG
11. Hochauflösende 2D -Elektrophorese

Apparative Ausrüstung

Multiphor II	horizontale Elektrophoresekammer;
Multidrive XL	programmierbarer Stromversorger 3500 V, 400 mA;
Macrodrive 5	Stromversorger 5000 V, 150 mA, vor allem bei IPGs;
Multitemp II	Laborkryostat;
Novablot	Graphitplatteneinsatz;
Film Remover	Gerät zum Abschneiden der Trägerfolie;
IPG-Streifen-Kit	für 2D-Elektrophoresen;
Ultroscan XL	Laser Densitometer;
IBM kompatibler PC mit mindestens:	640 kB RAM, 20 MB Festplatte, EGA Grafikkarte, Maus, Lineprinter, Arithmetikprozessor;
Gelscan XL	Evaluierungssoftware;
2D-EVA	2D-Evaluierungssoftware, VGA-Bildschirm notwendig;
Universal-Gelgießkit:	enthält Glasplatten, Glasplatten mit aufgeklebten Dichtungen, Klammern, Gradientenmischer, Multifunktionsstab, Schläuche, Schlauchklemmen, Skalpell, Klebeband;
Kit zum Gel-Rehydratisieren:	enthält Glasplatten, Glasplatten mit hochkant aufgeklebten Dichtungen, Klammern, Schläuche, Schlauchklemmen, 20-ml-Spritze;
Immun-Elektrophorese-Kit:	enthält Nivelliertisch, Libelle, Glasplatten, Elektrodenbrücken, Gelhalter, Spezialskalpell, Stanzschablonen, Stanzen mit Vakuumschlauch, Probenaufgabefolien;

Feldstärke-Abgreifgabel und Voltmeter.
Handroller, Wasserwaage,
Lochbänder aus Silikongummi zum Probenauftrag;
Feuchtekammer für Agarosetechniken, Färbe- und Entfärbe-schale aus rostfreiem Stahl, Glasschale für Silberfärbungen.

LABORAUSRÜSTUNG

Methode	1	2	3	4	5	6	7	8	9	10	11
Glasstab			○			○					
Glaswarensortiment: Bechergläser, Meßzylinder, Erlenmeyerkolben, Reagenzgläser in verschiedenen Größen	○	○	○	○	○	○	○	○	○	○	○
Heizblock für Reaktionsgefäße								□			
Heizrührer				■	■		■	■			
Laborplattform, höhenverstellbar ("Laborboy")								○		○	○
Laborschüttler								■	■		○■
Laborzentrifuge	□	□	□	□	□	□	□			□	□
Magnetkerne größensortiert				■	■		■	○■		○	○
Meßpipetten für 5 und 10 mL	○	○	○	○	○	○	○	○	○	○	○
Mikroliterpipetten, digital einstellbar in Bereichen von 5 bis 1000 µL	□○	□○	□○	□○	□○	□○	□○	□○	■	□○	□○
Mikrowellenherd			○			○					
Mini-Magnetrührmotor								○		○	○
Papierschneidemaschine "Roll und Schneid".											○
Peleusball oder Pipettenpumpe	○	○	○	○	○	○	○	○	○	○	○
Pinzetten, spitz, mit Biegung								○	○		○
Schere			○	○					○	○	
Spatel, verschiedene Größen	○	○	○	○	○	○	○	○	○	○	○
SpeedVac		□									
Trocken- oder Brutschrank			○			○		○	■	○	○
Uhrgläser			○			○					
UV-Lampe		■							■		
Ventilator				○	○		○			○	○
Wasserstrahlpumpe				○	○		○			○	○

□ für Probenvorbereitung, ○ für Methode, ■ für Nachweis

VERBRAUCHSMATERIAL

Methode	1	2	3	4	5	6	7	8	9	10	11
Blotfolie, Nitrocellulose									O		
Dauerelektrodenbrücken "Wettex"	O	O	O		O			O			O
Dymoband (Prägeband)		O	O	O	O			O			
Einweg Gummihandschuhe			O					O■	O■		O■
Eppendorf Reaktionsgefäße	❏	❏	❏	❏	❏	❏	❏	❏		❏	❏
Falcon-Röhrchen, 15mL, 50mL	O	O		O	O		O	O		O	O
Filterpapier	O	O	O		O	O		O	O	O	O
Fokussierungsstreifen						O				O	O
GelBond-Film für Agarose (12,5 × 26 cm)			O			O					
GelBond-Film für Agarose (8,4 × 9,4 cm)			O								
GelBond-PAG-Film (12,5 × 26 cm)	O	O		O	O		O	O		O	O
GelBond PAG Film (20,3 × 26 cm)											O
Papierhandtücher	O	O	O	O	O	O	O	O	O	O	O
Parafilm®	O				O						
Pipettenspitzen	❏O	❏O	❏O	❏O	❏O	❏O	❏O	❏O		❏O	❏O
Plastiktüten	O			O	O		O			O	O
Polyesterfolien, unbehandelt	O			O	O		O			O	O
Probenaufgabeplättchen							O	O			
PVC-Folien (Overhead)									■		
Tesafilm ("kristallklar")	O	O	O	O	O			O			

VERWENDETE CHEMIKALIEN

Methode	1	2	3	4	5	6	7	8	9	10	11
Acrylamid	○	○		○	○		○	○		○	○
Acrylamid,Bis-Fertiggemische: (29,1:0,9, 3%C) PrePAG	○			○	○		○	○		○	○
(19:1, 5%C) PrePAG		○									
Agarose L			○								
Agarose IEF						○					
Aktivkohle, gekörnt				■	■		■	■			
Amberlite MB 1 Mischbett-Ionenaustauscher	○		○	○		○	○			○	○
6-Aminohexansäure = ε-Aminocapronsäure					○				○		
Ammoniumnitrat			■	■	■	■	■			■	
Ammoniumpersulfat	○	○		○	○		○	○		○	○
Ammoniumsulfat								■			
Ampholine® Trägerampholyte, je nach pH-Bereich				○		○	○				□
Antikörper			○			■		■			
Atemkalk (Abfangen von CO_2)						○	○			○	○
Benzoinmethylether								■			
Bisacrylamid	○	○		○	○		○	○		○	○
Borsäure			○								
Calciumlactat			○								
Carbamylyte; Standards für Harnstoff-IEF u. 2D-Elektrophoresen							○			○	○
CelloSeal®	○				○		○			○	○
Coomassie Brilliantblau G-250			■	■			■	■		■	■
Dextrangel Sephadex IEF											○
Dithiothreitol								□			□
EDTA		○□					□	□		□	□
Essigsäure (96 %)			■	■	○■	○■	■	■		○	○
Ethanol								■			■
Ethidiumbromid		■									

VERWENDETE CHEMIKALIEN, FORTSETZUNG

Methode	1	2	3	4	5	6	7	8	9	10	11
Farbstoffe zur Frontmarkierung:											
Orange G, Bromphenolblau	□	□			□			□			○
Xylencyanol		□									
Pyronin *(kationisch)*					□○						
Fast Green FCF									■		
Formaldehydlösung 37%			■			■	■	■			■
Glutaraldehydlösung 25%								■	■	■	■
Glycerin	○								○	○	○
Glycin			■	■	■	■	■	○■		■	○■
Harnstoff							○□			○□	○□
HEPES					○						
Immobiline II Starterkit, *sortiert (6 × 10 mL)*										○	○
Indian Ink									■		
Jodacetamid								□			□
Kerosin oder DC-200 Silikonöl; *für Kühlzwecke*	○	○	○	○	○	○	○	○	○	○	○
Kochsalz									■		
Kupfersulfat				■			■			■	
Markerproteine für MG Eichkit (14 400 bis 94 000 Da)								○			○
Collagenlösung bis 300 kDa								○			
Peptidmarker								○			
Markerproteine für pI *je nach pH-Bereich*						○				○	
2-Mercaptoethanol								□		□○	□○
Methanol			■	■	■	■	■	■	○	■	■
NAP-Säulen; *zur DNA-Reinigung*	□										
zur Protein-Entsalzung	□			□	□	□	□	□		□	
Natriumacetat								■		■	■
Natriumazid *zur Puffer-Sterilisierung*			○		○			○	○		○
Natriumcarbonat			■			■	■	■		■	■

VERWENDETE CHEMIKALIEN, FORTSETZUNG

Methode	1	2	3	4	5	6	7	8	9	10	11
Natriumdihydrogenphosphat	○								■		
Natriumhydrogencarbonat								■			■
Natriumhydrogenphosphat	○								■		
Natriumthiosulfat								■			■
Natronlauge						○	○		■	○	○
Nichtionische Detergentien: Nonidet NP-40, Triton X-100							□○			□○	□○
Pharmalyte® Trägerampholyte *je nach pH-Bereich*			○		○						□
PhastGel-Blue R, *Färbetabletten Coomassie R-350*			■	■	■	■	■	■			
Phosphorsäure								■			
PMSF, *Protease Inhibitor*							□	□	□	□	□
Repel Silane	○	○	○	○	○	○	○	○		○	○
Salzsäure rauchend								○		○	○
Schwefelsäure konz.			■				■			■	
SDS								○	○		○
Silbernitrat			■			■	■	■		■	■
Sorbit			○			○	○				
Sulphosalicylsäure								■			
TEMED	○	○		○	○		○	○		○	○
TMPTMA									■		
Trichloressigsäure			■	■	■	■	■			■	
Tricin			○					○			○
TRIS		○	○				○	○	○	○	○
Tween 20									■		
Wolframatokieselsäure			■	■		■	■			■	

Alle Chemikalien müssen von p.A. Qualität sein.

□ für Probenvorbereitung, ○ für Methode, ■ für Nachweis

Methode 1: PAGE von Farbstoffen

In den allermeisten Labors werden Elektrophoresen für die Trennung von relativ hochmolekularen Substanzen, wie Proteinen und Nukleinsäureketten, angewendet. Niedermolekulare Substanzen, wie Polyphenole und Farbstoffe, werden chromatographisch in Säulen oder auf Dünnschichtplatten getrennt.

hochmolekular: ≥ 10 kDa
niedermolekular: < 1 kDa

Im folgenden wird eine einfache Elektrophoresemethode für niedermolekulare Substanzen am Beispiel von Farbstoffen beschrieben

Lebensmittel-, Autolack-,
Kosmetikfarben etc.

1 Probenvorbereitung

Je 10 mg Farbstoff werden in 5 mL H_2O_{Bidest} gelöst.
Hiervon werden 1,5 µL pro Trennspur aufgetragen.

2 Stammlösungen

Acrylamid,Bis (T = 30 %, C = 3 %):

29,1 g Acrylamid + 0,9 g Bis mit H_2O_{Bidest} auf 100 mL auffüllen.
oder
PrePAG Mix (29,1 : 0,9) mit 100 mL H_2O_{Bidest} rekonstituieren.
Achtung! *Acrylamid und Bis sind als Monomere toxisch.*
Hautkontakt vermeiden, nicht mit dem Mund pipettieren.

Reste umweltfreundlich beseitigen: mit APS-Überschuß auspolymerisieren.

Bei Lagerung im Dunkeln bei 4 °C (Kühlschrank) eine Woche haltbar (für die IEF).

kann aber bei dieser Methode mehrere Wochen verwendet werden

Ammoniumpersulfat-Lösung (APS) 40 % (g/v):

400 mg Ammoniumpersulfat in 1 mL H_2O_{Bidest} auflösen.

eine Woche im Kühlschrank (4 °C) haltbar

1,0 mol/L Phosphat-Puffer pH 7,0:

51,5 g Na_2HPO_4
11,0 g NaH_2PO_4
mit H_2O_{Bidest} auf 500 mL auffüllen

3 Vorbereitung der Gießkassette

Diese Methode funktioniert am besten in ultradünnen (0,25 mm) Gelen,

● weil man hohe Feldstärken anlegen kann,

schnelle Trennung → geringe Diffusion,

● weil man die getrennten Substanzen durch schnelles Trocknen fixieren kann,

chemische Fixierung nicht möglich,

Dichtung

Zwei Schichten Parafilm® (von der 50 cm breiten Rolle) werden aufeinandergelegt und mit einem Taschenmesser so ausgeschnitten, daß die Kontur der U-förmigen Dichtung entsteht, welche auf die Glasplatten im Gelgießkit aufgeklebt ist.

Skalpell ist zu scharf. Mit dem Messer werden die Kanten zusammengedrückt, dann bleiben die Schichten zusammen.

Slotformer

Die Probenaufgabe erfolgt in schmale Wannen, die in die Geloberfläche einpolymerisiert werden. Zur Erzeugung von Probenaufgabeslots im Gel müssen diese als Negativform auf eine Glasplatte aufgeklebt werden. Eine gereinigte und entfettete Glasplatte wird
– auf der Schablone ("Slotformer" - Schablone im Anhang) liegend
– auf die Arbeitsplatte fixiert.

An der gewünschten späteren Startstelle klebt man zwei Schichten *"Tesafilm"* (Qualität *"kristallklar"*, eine Schicht 50 µm) aufeinander und luftblasenfrei auf die Glasfläche. Der Slotformer wird mit dem Skalpell zurechtgeschnitten auf 1×7 mm (Abb. 1). Nach nochmaligem Andrücken der einzelnen Slotformerkanten auf die Glasplatte werden mit Methanol die Klebstoffreste entfernt.

Die Probenwannen befinden sich in der Mitte, da es anionische und kationische Farbstoffe gibt.

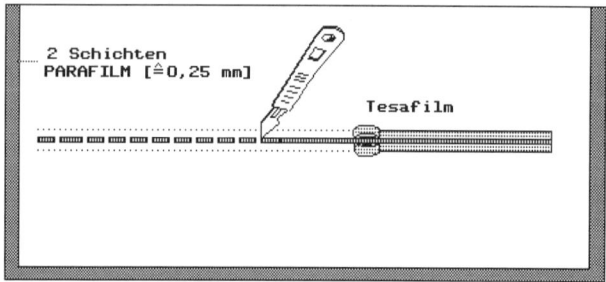

Abb. 1: Herstellung des Slotformers.

Wünscht man längere Trenndistanzen für erhöhte Auflösung, klebt man die Slotformer näher an den Kanten auf. Anionische Substanzen trägt man in Nähe der Kathode, kationische in Nähe der Anode auf.

Dann wird der Slotformer hydrophobisiert. Dazu verwendet man einige mL Repel-Silane, welche *unter dem Abzug* mit einem Kosmetiktuch über dem gesamten Slotformer verteilt werden. Nachdem das Lösungsmittel des Repel Silanes verdunstet ist, werden die bei der Beschichtung entstandenen Chlorid-Ionen mit Wasser von der Platte gespült.

Diese Behandlung muß nur einmal durchgeführt werden.

Auf diese Slotformer-Platte wird die Dichtung entlang den Kanten aufgelegt (Abb. 1).

Wenn man die Dichtung auf einer Seite mit etwas CelloSeal® beschichtet, bleibt sie an der Glasplatte kleben.

Zusammenbau der Gießkassette

Zur mechanischen Stützung und zur besseren Handhabung wird das Gel kovalent auf eine Trägerfolie polymerisiert. Dazu wird eine Glasplatte auf saugfähiges Laborpapier o.ä. gelegt und mit wenigen mL Wasser benetzt. Der GelBond-PAG-Film wird mit einem Roller, mit der unbehandelten, hydrophoben Seite nach unten, auf die Glasplatte gewalzt (Abb. 2). Dabei entsteht zwischen Glasplatte und Folie ein dünner Wasserfilm, der durch Adhäsion die Folie festhält. Das austretende überschüssige Wasser wird mit dem Laborpapier abgesaugt.

Um das Eingießen der Gellösungen zu erleichtern, läßt man die Folie an einer der Längsseiten der Glasplatte um ungefähr 1 mm überstehen.

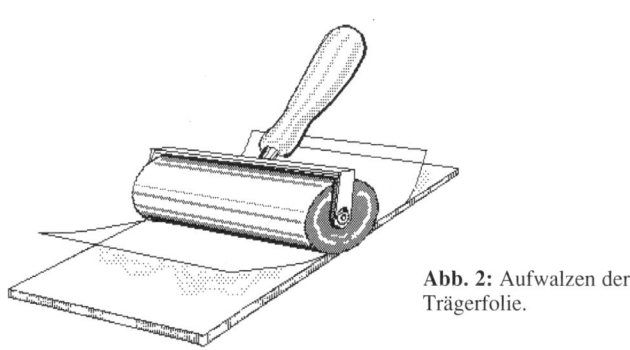

Abb. 2: Aufwalzen der Trägerfolie.

Deckungsgleich mit der Glasplatte wird nun der fertige Slotformer aufgelegt und die so entstandene Kassette zusammengeklammert (Abb. 3).

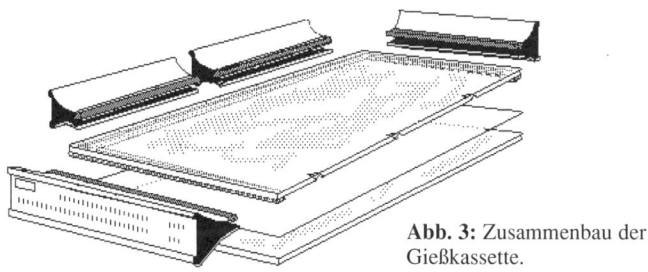

Abb. 3: Zusammenbau der Gießkassette.

Weil für diese Methode eine sehr dünne Gelschicht erzeugt werden muß, wird die Kassette zum Einpipettieren der Gellösung mit Büroklammern keilförmig aufgespreizt. Die Kassettenklammern werden nur im unteren Bereich auf die Glasplattenkanten geschoben (Abb. 4).

Damit verhindert man die Entstehung von Luftblasen in der Schicht.

4 Gießen der ultradünnen Gele

Gelrezeptur für 2 Gele

0,33 mol/L Phosphatpuffer, pH 7,0 (T = 8%, C = 3%):

in Falconröhrchen (15 mL) einpipettieren und mischen:
4,0 mL Acrylamid,Bis - Lösung
2,5 mL Glycerin (87 %)
3,0 mL Phosphatpuffer
mit H$_2$O$_{Bidest}$ →15 mL auffüllen
 7 µL TEMED (100 %)
 15 µL APS

Höheres T ergibt schlechtere Banden.

Das Glycerin hat zwei Funktionen:

● *verhindert Diffusion bei Probenaufgabe,*
● *hält Gel elastisch für Trocknung.*

Sofort nach dem Mischen 7,5 mL pro Gel mit Meßpipette oder 20-mL-Spritze einfüllen (Abb. 4).

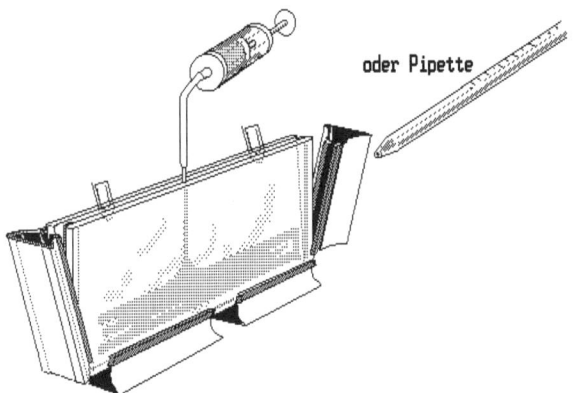

Abb. 4: Gießen eines ultradünnen Polyacrylamid-Geles:
Nachdem die vorberechnete Menge der Polymerisationslösung einpipettiert ist: Büroklammern herausziehen und Klammern ganz aufschieben.

Eine Stunde bei Raumtemperatur stehenlassen.

Polymerisatiom

5 Elektrophoretische Trennung

● Kühlung einschalten: + 10 ˚C.

● Kühlblock zur Seite, neben Multiphor legen.

mit MultiTemp verbunden

● Elektrophorese-Elektroden (orange Plastikplatten) in die inneren Abteilungen der Tanks einsetzen und Kabel einstecken,

● 200 mL Puffer-Stammlösung in Kathodentank gießen,

● 200 mL Puffer-Stammlösung in Anodentank gießen,

● beide Tanks mit H$_2$O$_{dest}$ bis zur eingeformten Niveaulinie auffüllen,

Ergibt je einen Liter 0,2 mol/L Laufpuffer

● Kühlblock wieder einsetzen.

Entnahme des Gels aus der Kassette

● Gießkassette entklammern und mit der Slotformer-Glasplatte nach unten auf die 10 °C kalte Kühlplatte der Multiphor legen.

Durch Kühlung erhält das Gel eine bessere Konsistenz und beginnt sich normalerweise bereits in der Kassette von dem Slotformer zu lösen.

● Kassette senkrecht aufrichten, um die Glasplatte hinter der GelBond-Folie mittels eines dünnen Spatels wegzuhebeln.

● Folie mit Gel vom Slotformer ziehen.

● Kühlblock mit 2 mL Kerosin oder DC-200 Silikonöl als *Kühlkontaktflüssigkeit* beschichten.

Wasser und andere Flüssigkeiten eignen sich nicht.

● Das Gel, mit der Folie nach unten auf den Kühlblock legen. Luftblasen müssen vermieden werden.

Als Elektrodenbrücken werden verwendet: je 7 Blatt Elektrodenbrückenpapier oder Wettex-Dauer-Elektrodenbrücken (je 1 Blatt). Elektrodenbrücken in Puffertanks tränken und auf die Gelkanten legen, daß sie das Gel jeweils ca. 1 cm überlappen (Abb. 5).

● Proben zügig in Probenwannen einpipettieren: je 1,5 µL.

Farben einzeln und verschiedenartige Gemische auftragen, aber nur *saure unter sich* und *basische unter sich*!

Saure und basische Farben zusammen präzipitieren!

● Sicherheitsdeckel schließen.

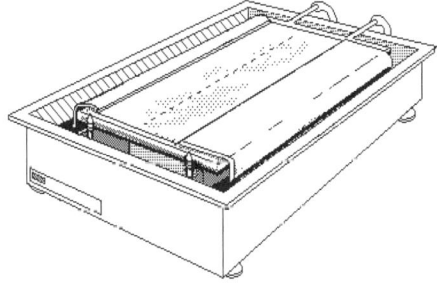

Abb. 5: Gel und Elektrodenbrücken bei der Trennung von Farbstoffen: Probenaufgabe in der Mitte.

Trennbedingungen:
Stromversorger: 400 V_{max}, 60 mA_{max}, 20 W_{max}, ca. 1 h.

Nach der Trennung

● Stromversorger abschalten,

● Sicherheitsdeckel öffnen,

● Elektrodenbrücken abnehmen und entweder am Rand des Kühlblocks auflegen oder in die Tanks gleiten lassen,

Der Puffer kann für bis zu 5 Trennungen hintereinander verwendet werden.

● Gel herausnehmen und sofort trocknen.

Am besten auf warmer Unterlage, z.B. Leuchttisch (eingeschaltet!) trocknen.

Wettex-Dauerelektrodenbrücken: *Nach fünfmaligem Gebrauch mehrmals in H_2O_{dest} auswaschen, gegebenenfalls in 0,5 % iger SDS-Lösung auskochen und dann in H_2O_{dest} waschen.*

Abb. 6 zeigt eine Trennung verschiedener Farbstoffe. Manche Lebensmittelfarben stellen sich als Gemisch heraus.

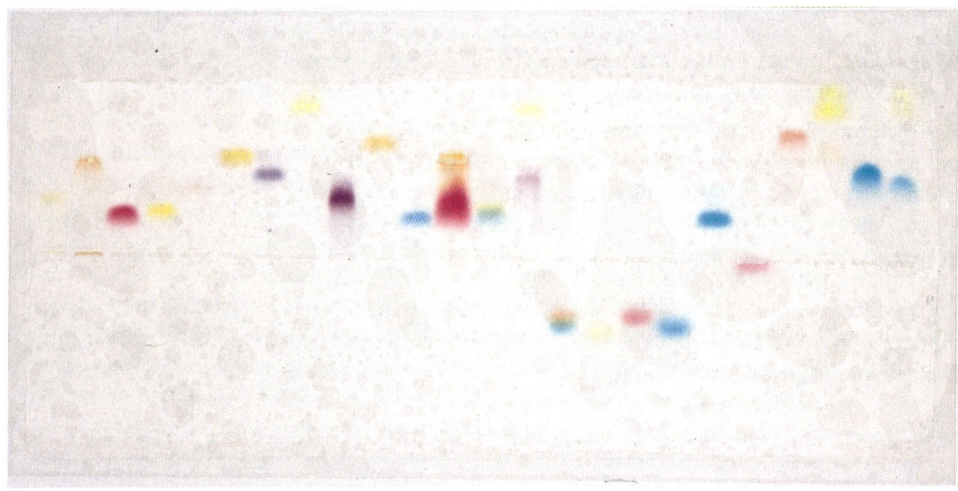

Abb. 6: Ultradünnschicht-Elektrophorese von Farbstoffen, Anode oben.

Methode 2: PAGE von Oligonukleotiden

Oligonukleotide können heute mit Hilfe kommerzieller Synthesegeräte problemlos hergestellt werden [118,119]. Je nach Verwendungszweck spielt dabei der Reinheitsgrad des Reaktionsprodukts eine mehr oder weniger große Rolle. Das ungereinigte Endprodukt enthält je nach Qualität der Synthese folgende Substanzen:

- gewünschtes Oligonukleotid,
- kürzerkettige Oligonukleotide,
- nicht umgesetzte Monomere,
- abgespaltene Schutzgruppen,
- sonstige Reaktions- oder Abbauprodukte (Depurinierungen).

Bei Verwendung moderner DNA-Synthesegeräte liegt die Kopplungseffektivität der jeweiligen Reaktion oft über 99 %, so daß in vielen Fällen nur eine minimale Reinigung notwendig ist. Eine elegante und schnelle Methode zur Abtrennung niedermolekularer Begleitsubstanzen ist die Gelfiltration.

In der Regel sind die so gereinigten Oligonukleotide z.B. als Sequenzierungsprimer nach entsprechender Verdünnung direkt einsetzbar.

Eine weitergehende Reinigung ist mit Hilfe der PAGE möglich. Hier werden nicht nur die niedermolekularen Begleitsubstanzen abgetrennt, sondern auch die höhermolekularen, unvollständigen Oligonukleotide.

Das Prinzip: DNA-Moleküle lassen sich elektrophoretisch in einem Polyacrylamid-Gel auf der Basis ihres Molekulargewichtes trennen. Bei der hier beschriebenen Methode polymerisiert man ein 1 mm dickes, trägerfoliengestütztes Gel ohne Puffer, das vor der Trennung im Laufpuffer äquilibriert wird [120]. Das hat den Vorteil, daß man sich eine Anzahl von Gelen mit frischen Reagenzien im Voraus herstellen kann, ohne Lagerstabilitätsprobleme zu haben.

Zur Visualisierung legt man das Gel nach der Trennung auf eine mit Haushaltsfolie bedeckte Dünnschichtchromatographie-Platte mit Fluoreszenz-Indikator. Belichtet man das Gel von oben mit UV-Licht, absorbieren die DNA-Banden dieses Licht (Abb. 6) und werfen "Schatten" auf den fluoreszierenden Hintergrund [121].

Die so sichtbar gemachten Banden werden mit einem Skalpell ausgeschnitten und können aus der Gelmatrix eluiert werden.

---

einsträngige DNA-Ketten bis zu 200 Basen, (bis 8 kDa)

[118] Itakura K, Rossi JJ, Wallace RB. Ann Rev Biochem. 53 (1984) 323.

[119] Narang SA, Brousseau R, Hsiung HM, Michniewicz JJ. Methods Enzymol. 65 (1980) 610.

s. S. 19 ff

[120] Westermeier R, Postel W, Görg A. Sci Tools. 32 (1985) 32-33.

[121] Wiesner P. Dissertation Universität Erlangen Nürnberg Naturwissenschaftliche Fakultät (1987).

Gel- oder Pufferreste können anschließend leicht durch Gelfiltration oder Ethanolfällung abgetrennt werden.

Einen Sonderfall stellen fluoreszenzmarkierte DNA-Primer für die automatisierte Sequenzierung dar [26]. Hier kann das gewünschte Reaktionsprodukt leicht an seiner Eigenfluoreszenz erkannt werden. Aufgrund des Farbstoffanteiles wandern fluoreszenzmarkierte Oligonukleotide etwas langsamer im Gel als die nicht markierte DNA gleicher Länge.

1 Probenvorbereitung

Die Reaktionsprodukte werden direkt nach der Synthese ohne Vorbehandlung auf das Gel aufgetragen.

2 Stammlösungen

Acrylamid,Bis (T = 20 %, C = 5 %):

19,0 g Acrylamid + 1,0 g Bis mit H_2O_{Bidest} auf 100 mL auffüllen. oder

PrePAG Mix (19:1) mit 500 mL H_2O_{Bidest} rekonstituieren.

Achtung! *Acrylamid und Bis sind als Monomere toxisch. Hautkontakt vermeiden, nicht mit dem Mund pipettieren.*

Bei Lagerung im Dunkeln bei 4 °C (Kühlschrank) eine Woche haltbar (für die IEF).

Reste umweltfreundlich beseitigen: mit APS-Überschuß auspolymerisieren.

kann aber bei dieser Methode mehrere Wochen verwendet werden

Ammoniumpersulfat-Lösung (APS) 40 % (g/v):

400 mg Ammoniumpersulfat in 1 mL H_2O_{Bidest} auflösen.

eine Woche im Kühlschrank (4 °C) haltbar

TBE-Stammpuffer:

1 mol/L Tris	121,1 g
0,83 mol/L Borsäure	51,3 g
10 mmol/L EDTA	3,72 g

mit H_2O_{Bidest} auf 1 L auffüllen.

3 Herstellung der leeren Gele

Für die präparative horizontale Elektrophorese werden Probenwannen in die Geloberfläche einpolymerisiert. Hierzu fertigt man sich einen "Slotformer":

Hier wird ein 1 mm dickes Gel hergestellt!

Herstellen des Slotformers

Zur Erzeugung von Probenaufgabeslots im Gel müssen diese als Negativform auf eine Glasplatte aufgeklebt werden. Eine gereinigte und entfettete Glasplatte mit 1 mm dickem, U-förmigem Abstandhalter wird auf der Schablone liegend auf die Arbeitsplatte fixiert ("Slotformer"-Schablone im Anhang). Man klebt drei Lagen *"Dymoband"* aufeinander (Prägeband, eine Schicht ist 250 μm dick). An die gewünschten späteren Startstellen klebt man davon abgeschnittene Stücke luftblasenfrei auf die Glasfläche: 5×10 mm (Abb. 1).

Man sollte darauf achten, daß man "Dymoband" mit glatter Klebefläche verwendet: Bei strukturierter (gewebeförmiger) Klebefläche können kleine Luftbläschen eingeschlossen werden, welche die Polymerisation inhibieren, so daß um die Slots herum Löcher entstehen.

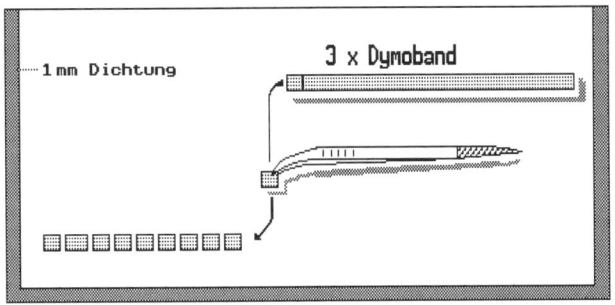

Abb. 1: Herstellung des Slotformers.

Der nächste Schritt ist die Hydrophobisierung des Slotformers. Dazu verwendet man einige mL Repel Silane, welche *unter dem Abzug* mit einem Kosmetiktuch über den gesamten Slotformer verteilt werden. Nachdem das Lösungsmittel des Repel Silanes verdunstet ist, werden die bei der Beschichtung entstandenen Chlorid-Ionen mit Wasser von der Platte gespült.

Diese Behandlung muß nur einmal durchgeführt werden.

Zusammenbau der Gießkassette

● GelBond-PAG-Film aus der Packung nehmen.

Die Gelträgerfolie wird mit der hydrophoben Seite nach unten mit etwas Wasser mittels eines Rollers auf die Glasplatte gewalzt (Abb. 2), und zwar so, daß die Folie an einer langen Glasplattenseite etwa einen Millimeter übersteht.

Hydrophile Seite mit Wassertropfen identifizieren.
Dies erleichtert das spätere Befüllen der Kassette.

Abb. 2: Aufwalzen der Trägerfolie.

Deckungsgleich mit der Glasplatte wird nun der fertige Slot-former aufgelegt und die so entstandene Kassette zusammenge-klammert (Abb. 3).

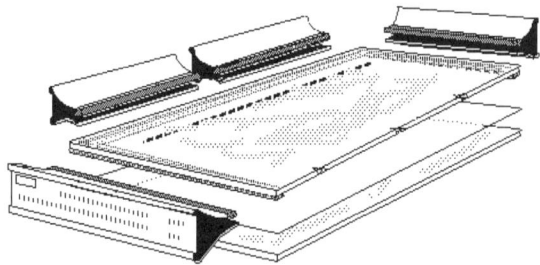

Abb. 3: Zusammenbau der Gießkassette.

● *Polymerisationslösung für ein präparatives Gel mit*
  $T = 20\%, C = 5\%$:

In ein 50 mL Falcon-Röhrchen pipettieren:
30 mL Acrylamid,Bis-Stammlösung
15 µL TEMED

Befüllen der Gelgießkassette

Erst wenn alles bereit steht, wird der Polymerisationslösung 30 µL APS zugefügt und gut gemischt.

Das Einfüllen wird mit einer Pipette oder einer 20-mL-Spritze ausgeführt (Abb. 4). Die Pipette wird mit einem Peleusball voll gezogen und dann an die Mitte der Kassettenöffnung gelegt. Vorsichtig den Ablaßknopf betätigen. Dank der oben herausra-genden Folie wird die Gellösung direkt in die Kassette gelenkt.

Ab jetzt läuft die Uhr: Nach 20 Minuten spätestens wird diese Lösung fest.
Niemals die toxische Monomerlösung mit dem Mund pipettieren!

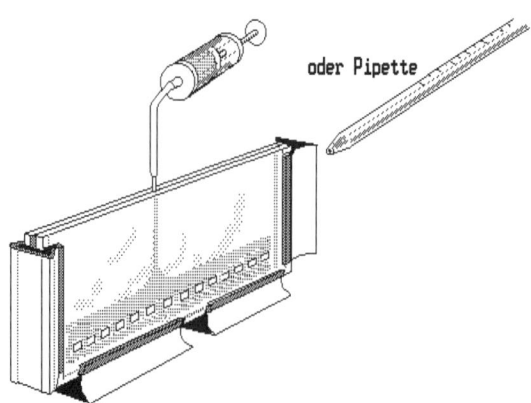

oder Pipette

Abb. 4: Einfüllen der Polymerisationslösung in die Kassette.

Danach wird an mehreren Stellen der Oberkante vorsichtig mit je 100 µL Isopropanol überschichtet. Dies verhindert das Eindiffundieren von polymerisationshemmendem Sauerstoff in das Gel. Das Gel dankt einem dies durch eine scharfe, ästhetische Oberkante.

Eine Stunde bei Raumtemperatur stehen lassen.

Luftblasen entfernt man mit einem länglich zugeschnittenen Stück Polyesterfolie.

Polymerisation

Entnahme des Gels aus der Gießkassette

Nach der einstündigen Polymerisation wird die Kassette entklammert und mit einem Spatel die Glasplatte vorsichtig hinter der Folie weggehebelt. Sodann faßt man an einer Ecke die Folie an und zieht damit das Gel langsam von dem Abstandhalter.

Zur Aufbewahrung legt man eine unbehandelte Polyesterfolie auf die Oberfläche und packt die Gele in verschließbare Plastiktüten.

Der "Abstandhalter" ist die Glasplatte mit der aufgeklebten, 1 mm dünnen, U-förmigen Silikongummidichtung.

Lagerung im Kühlschrank ist zu empfehlen.

4 Elektrophoretische Trennung

● TBE-Stammpuffer 1 : 16 verdünnen:
125 mL TBE-Stammpuffer mit $H_2O_{dest} \rightarrow$ 2 L auffüllen.

● Puffer in saubere Färbeschale gießen;

● Gel 1 h im Puffer äquilibrieren;

● Geloberfläche mit Filterpapier abtrocknen und Gel noch ca. 10 min an der Luft liegen lassen.

Nachtrocknung der Oberfläche

Vorbereitung der Trennkammer

● Kühlung einschalten: + 10 °C.

● Kühlplatte zur Seite, neben Multiphor legen;

mit MultiTemp verbunden

● Elektrophorese-Elektroden (orange Plastikplatten) in die inneren Abteilungen der Tanks einsetzen und Kabel einstecken;

● Inhalt der Färbeschale (Laufpuffer) in die beiden Puffertanks gießen: je 1 L.

● Kühlplatte wieder einsetzen.

● Kühlplatte mit 2 bis 3 mL Kerosin oder Silikonöl DC-200 als *Kühlkontaktflüssigkeit* beschichten.

Kerosin und DC 200 sind optimal, Wasser eignet sich nicht.

● Das Gel, mit der Folie nach unten und der Slot-Seite zur Kathode (−) hin orientiert, auf die Kühlplatte legen. Luftblasen müssen vermieden werden;

● Wettex-Dauerelektrodenbrücken im trockenen Zustand auf die Breite des Geles zuschneiden (*saubere Schere verwenden!*). Rotes Wettex für Anode (+), blaues Wettex für Kathode (−) verwenden;

oder man verwendet je 8 Lagen Filterpapier

● Elektrodenbrücken in Puffer tränken und so auf die Gelkanten legen, daß sie das Gel jeweils 1 cm überlappen (Abb. 5);

● Auftragen von je 100 µL Probe in die Wannen.

Bromphenolblau wird in einer separaten Bahn als Marker aufgetragen.

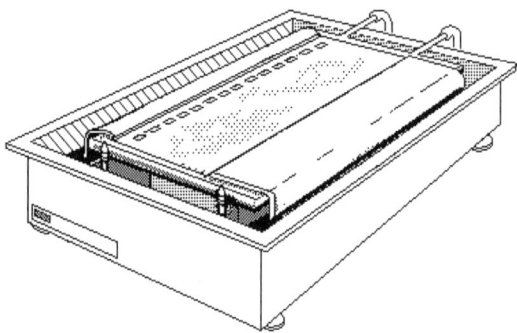

Abb. 5: PAGE von Oligonukleotiden

Trennbedingungen:

Maximal 500 V, 50 mA, 30 W, ca. 1 h.

Die Trennung wird beendet, wenn das Bromphenolblau ca. 2/3 der Trenndistanz zurückgelegt hat.

Elution der Oligonukleotide

● Zur Visualisierung Gel auf eine mit Haushaltsfolie bedeckte Dünnschichtchromatographie-Platte mit Fluoreszenz-Indikator legen.

● Gel von oben mit UV-Licht belichten: die DNA-Banden absorbieren dieses Licht und sind als "Schatten" auf den hell fluoreszierenden Hintergrund gut erkennbar (Abb. 6).

● Banden mit Skalpell ausschneiden und aus der Gelmatrix eluieren:

● Nach Ausschneiden der gewünschten Bande wird diese in ein 1,5 mL Reaktionsgefäß gegeben und mit 200 µL sterilem Wasser versetzt.

● Nach mehrstündiger Inkubation bei 80 °C (oder über Nacht) wird die Probe 5 min in der Mikrozentrifuge bei höchster Drehzahl vom Ungelösten befreit.

● Der Überstand wird mit sterilem H_2O_{Bidest} auf 300 µL aufgefüllt, mit 30 µL 3 mol/L Na-Acetat pH 4,8 und mit 750 µL Ethanol absolut versetzt.

● Nach 30 min bei − 70 °C, kann die präzipitierte DNA abzentrifugiert, mit 1 mL 70 % Ethanol/Wasser gewaschen, in der

SpeedVac getrocknet und im gewünschten Volumen sterilen
Puffers aufgenommen werden.

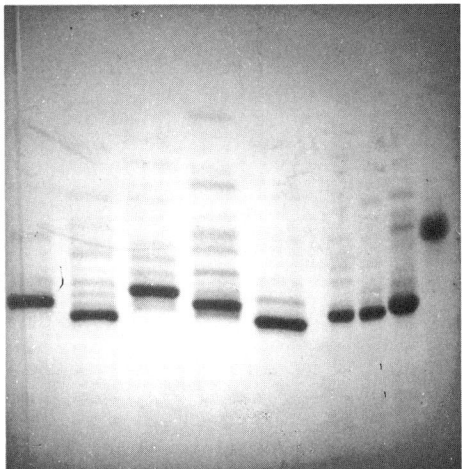

Abb. 6: Oligonukleotid-Trennung. Visualisierung mit UV-Schattentechnik Aus [121].

Methode 3: Agarose- und Immun-Elektrophoresen

Prinzip und Anwendungen von Agarose-Gel-, Immun- und Affinitäts-Elektrophoresen sind in Teil 1 beschrieben.

s. S. 13 ff

Wegen der großen Poren sind Agarose-Elektrophoresen zur Trennung von Lipoproteinen und Immunglobulinen, sowie zu spezifischen Nachweisen mit Immunfixation besonders geeignet.

Immun-Elektrophoresen nach Grabar-Williams [15] und Laurell [16] werden nicht nur in der klinischen Diagnostik und in der pharmazeutischen Produktion angewendet, sie sind auch offizielle Methoden zum Nachweis von Verfälschungen und Verwendungen unerlaubter Hilfsmittel in der Lebensmittelkontrolle.

Zusätzlich gibt es noch die Methode der Immundiffusion: [122] Ouchterlony Ö. Allergy. 6 (1958) 6.

Traditionell werden diese Techniken in einem Tris-Barbitursäure-Puffer (Veronal-Puffer) durchgeführt. Seit ein paar Jahren ist die Verwendung von Barbitursäure durch das Arzneimittelgesetz limitiert worden [123]. Die im folgenden beschriebenen Methoden werden deshalb mit einem Tris-Tricin-Puffer durchgeführt.

[123] Susann J. The Valley of the Dolls. Corgi Publ. London (1966).

1 Probenvorbereitung

● Markerproteine pI 5,5 bis 10,7 + 100 µL H_2O_{Bidest}.

Auftragung 6,5 µL

● Fleischsäfte von Schwein, Hase, Kalb, Rind portioniert tiefgefroren lagern. Vor Gebrauch verdünnen:
100 µL Fleischsaft + 300 µL H_2O_{Bidest}.
Auftragung 6,5 µL

● Andere Proben:

Proteinkonzentration auf ca. 1 bis 3 mg / mL einstellen, Verdünnung mit H_2O_{Bidest}, Salzkonzentration soll < 50 mmol/L sein.
Eventuelle Entsalzung mit NAP-10- Säule notwendig:
1 mL Probenlösung aufgeben → 1,5 mL Eluat verwendbar.

Auftragung 6,5 µL

2 Stammlösungen

Tris-Tricin-Lactat-Puffer pH 8,6:
117,6 g Tris
51,6 g Tricin
12,7 g Calciumlactat
2,5 g NaN_3
mit H_2O_{dest} auf 3 L auffüllen.

Für die Agarose-Elektrophorese kann man auch ein amphoteres Puffersystem, wie z.B. 0,6 mol/L HEPES nach Methode 5, einsetzen. Dabei wird die Agarose mit der Rehydratisierungslösung vermischt, aufgekocht und das Gel gegossen.

Physiologische Kochsalzlösung (0,15 mol/L):

9 g NaCl mit H_2O_{dest} auf 1 L auffüllen.

Bromphenolblau-Lösung:

10 mg mit H_2O_{dest} auf 10 mL auffüllen.

Agarose-Gel-Lösung:

1 g Agarose L
100 mL Tris-Tricin-Lactat-Puffer

● Die trockene Agarose auf die Oberfläche der Pufferlösung streuen (Verhinderung von Klumpenbildung) und im Mikrowellenherd bei niedrigster Stufe aufkochen bis Agarose geschmolzen ist.

● Lösung in Reagenzgläser portionieren (je 15 mL).

Diese Reagenzgläser können im Kühlschrank bei + 4 °C mehrere Monate lang aufbewahrt werden.

3 Herstellung der Gele

a) Agarose-Gel-Elektrophorese

Auch die Agarose-Gel-Elektrophorese funktioniert am besten, wenn man die Proben in schmale Wannen einpipettiert. Zur Erzeugung dieser Probenaufgabeslots im Gel müssen diese als Negativform auf eine Glasplatte (Abstandhalter) aufgeklebt werden.

Der "Abstandhalter" ist die Glasplatte mit der aufgeklebten, 0,5 mm dünnen, U-förmigen Silikongummidichtung.

Herstellung des Slotformers

Die gereinigte und entfettete Glasplatte mit 0,5 mm U-förmigem Abstandhalter wird auf der Schablone ("Slotformer" - Schablone im Anhang) liegend auf die Arbeitsplatte fixiert. An der gewünschten späteren Startstelle klebt man eine Lage *"Dymoband"* (Prägeband, 250 µm dick) luftblasenfrei auf die Glasfläche. Der Slotformer wird mit dem Skalpell zurechtgeschnitten (Abb. 1). Nach nochmaligem Andrücken der einzelnen Slotformerstücke auf die Glasplatte werden mit Methanol die Klebstoffreste entfernt.

Man sollte darauf achten, daß man "Dymoband" mit glatter Klebefläche verwendet: Bei strukturierter (gewebeförmiger) Klebefläche können kleine Luftbläschen eingeschlossen werden, so daß um die Slots herum Löcher entstehen.

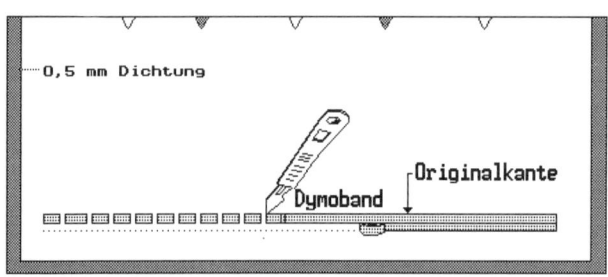

Abb. 1: Herstellung des Slotformers.

Als nächstes wird diese Gießform hydrophobisiert. Dazu verwendet man einige mL Repel Silane, welche *unter dem Abzug* mit einem Kosmetiktuch über dem gesamten Slotformer verteilt werden. Nachdem das Lösungsmittel des Repel Silanes verdunstet ist, werden die bei der Beschichtung entstandenen Chlorid-Ionen mit Wasser von der Platte gespült.

Diese Behandlung muß nur einmal durchgeführt werden.

Zusammenbau der Gießkassette

Zur mechanischen Stützung und zur besseren Handhabung wird das Gel auf eine Trägerfolie aufgegossen. Dazu wird eine Glasplatte auf saugfähiges Laborpapier o.ä. gelegt und mit wenigen mL Wasser benetzt. Der GelBond-Film wird mit einem Roller, mit der unbehandelten, hydrophoben Seite nach unten, auf die Glasplatte gewalzt (Abb. 2). Dabei entsteht zwischen Glasplatte und Folie ein dünner Wasserfilm, der durch Adhäsion die Folie festhält. Das austretende überschüssige Wasser wird mit dem Laborpapier abgesaugt. Um das Eingießen der Gellösungen zu erleichtern, läßt man die Folie an einer der Längsseiten der Glasplatte um ungefähr 1 mm überstehen.

Bei Agarose wird GelBond-Film verwendet: Polyesterfolie mit trockener Agarose beschichtet.

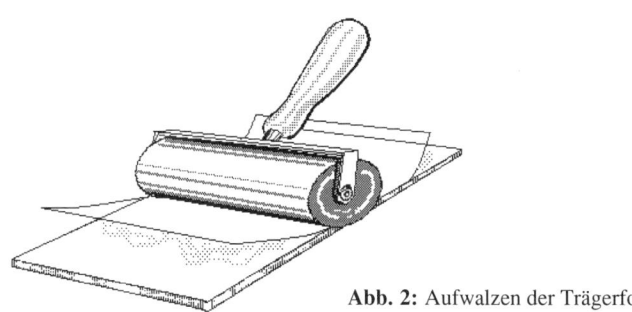

Abb. 2: Aufwalzen der Trägerfolie.

Deckungsgleich mit der Glasplatte wird nun der fertige Slotformer aufgelegt und die so entstandene Kassette zusammengeklammert (Abb. 3). Diese Kassette wird vor der Einfüllung der heißen Agaroselösung zusammen mit einer 10-mL-Meßpipette aus Glas im Trockenschrank auf 75 °C erwärmt.

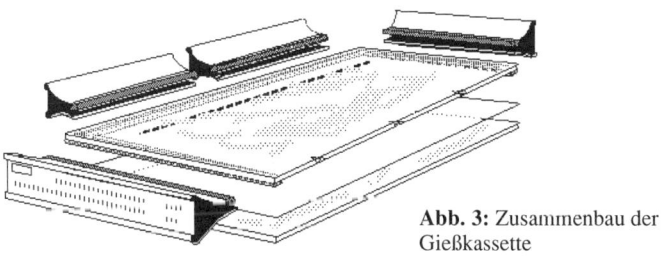

Abb. 3: Zusammenbau der Gießkassette

● Ein-15-mL-Reagenzglas aus dem Kühlschrank holen und den Inhalt im Mikrowellenherd verflüssigen.

● Jetzt sofort die Kassette aus dem Trockenschrank holen; die heiße Agaroselösung mit Peleusball in vorgewärmte Pipette aufziehen, zügig die Lösung in die Kassette fließen lassen (Abb. 4).

Luftblasen vermeiden; sollten trotzdem welche einge- schlossen sein, mit schmalem Folienstreifen herausziehen

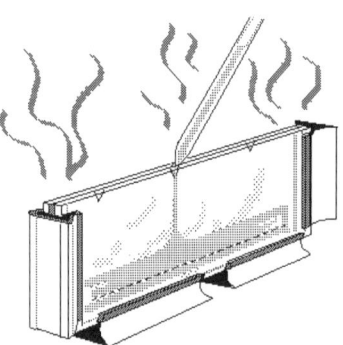

Abb. 4: Gießen der heißen Agaroselösung in die vorgewärmte Kassette.

● Kassette 1 bis 2 h bei Raumtemperatur stehen lassen.

Dabei geliert das Gel langsam.

● Kassette entklammern und Gel herausnehmen.

● Gel auf nasses Filterpapier legen und über Nacht in der Feuchtekammer (Abb. 5) im Kühlschrank lagern. Es kann bis zu einer Woche darin aufbewahrt bleiben.

Erst dabei bildet sich die end- gültige Agarose-Gelstruktur aus (s. S. 10).

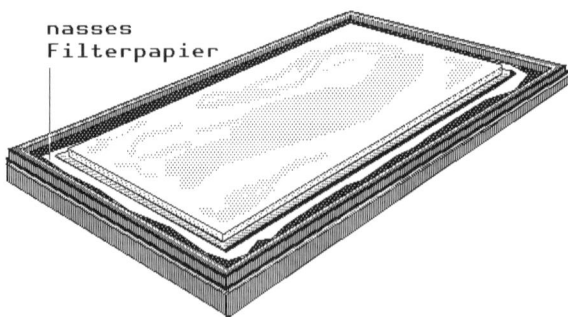

nasses
Filterpapier

Abb. 5: Lagerung des Agarosegels über Nacht in der Feuchtekammer.

b) Immun-Elektrophorese-Gele

Vor allem bei der *"Rocket"-Technik* werden die Gele meist in kleinen Größen hergestellt, um mit den teuren Antikörpern haus- halten zu können.

Hier werden die Antikörper in das Gel mit eingegossen.

Auch die *Grabar-Williams-Technik* wird hier mit kleinen Gelen beschrieben.

Abb. 11 zeigt ein Beispiel im großen Gel.

Für diese Techniken verwendet man praktischerweise den Immun-Elektrophorese-Kit, weil er Schablonen und Stanzen für die Löcher und Rinnen in den optimalen Größen und Abständen enthält.

● 8,4 cm breite Stücke vom GelBond-Film abschneiden.

Gibt es auch fertig in dieser Größe.

Um eine gleichmäßig dicke Gelschicht zu erhalten, wird die Lösung auf einem Nivelliertisch auf die Folie gegossen. Pro Platte werden 12 mL Gellösung verwendet.

● Nivelliertisch mit Libelle exakt horizontal einstellen.
● GelBond-Film mit hydrophiler Seite nach oben in die Mitte des Tisches legen.
● "Gellösung" (im Reagenzglas) durch Erwärmung verflüssigen.

Wenn Antikörper in das Gel gegeben werden müssen ("Rokket-Technik"): Gellösung auf 55 °C abkühlen, ca. 120 µL Antikörperlösung*) zugeben, vorsichtig Reagenzglas einigemale auf- und abschwenken (Vermeidung von Luftblasen).

* Richtwert, hängt vom Antigen-Antikörper-Titer ab

● Gellösung auf dem GelBond-Film ausgießen und gelieren lassen.

Die Gelplatten können in der Feuchtekammer im Kühlschrank aufbewahrt werden.

Ausstanzen der Probeneinfüllstellen und Rinnen

Die Gelstanzen werden mit einem dünnen Vakuumschlauch an eine Wasserstrahlpumpe angeschlossen, so daß die ausgestanzten Gelstückchen sofort abgesaugt werden.

Je nach Probenkonzentration und Antikörpertiter Stanze mit geeignetem Durchmesser wählen.

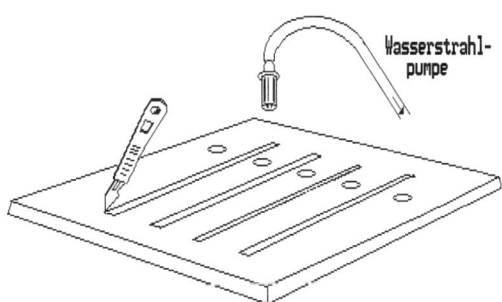

Abb. 6: Ausstanzen und Schneiden der Probenlöcher bzw. der Rinnen.

Grabar-Williams-Gel (Abb. 6):

● Gel (ohne Antikörper) in Gelhalter einsetzen.

● Grabar-Williams Lochschablone einsetzen.

● 5 Probenlöcher an den Stellen ausstanzen, welche der späteren Kathodenseite am nächsten sind (Die anderen Löcher werden bei Agar-Gelen verwendet).

● Die Rinnen mit dem Skalpell ausschneiden; die Gelstreifen verbleiben während der Elektrophorese noch in der Gelplatte.

"Rocket"-Gel (Abb. 7):

● Gel (mit Antikörper) in Gelhalter einsetzen.

● Laurell Lochschablone einsetzen.

● 8 Probenlöcher ausstanzen: jedes zweite Loch verwenden.

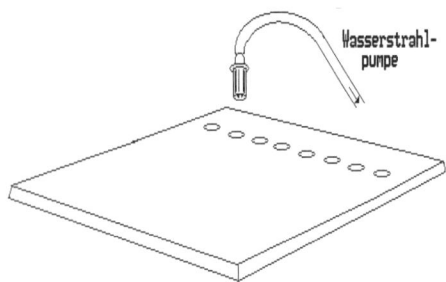

Abb. 7: Ausstanzen der Probenlöcher für "Rocket"-Technik.

4 Elektrophoresen

● Kühlgerät einschalten (10 °C).

● Kühlplatte zur Seite, neben Multiphor legen.   *mit MultiTemp verbunden.*

● Elektrophorese-Elektroden (orange Plastikplatten) in die inneren Abteilungen der Tanks einsetzen und Kabel einstekken.

● Tris-Tricin-Lactat-Puffer einfüllen, je 1 L pro Tank; Kühlplatte wieder einsetzen.

● Kühlplatte mit 1 mL Kerosin oder Silikonöl DC-200 als   *kein Wasser verwenden* Kühlkontaktflüssigkeit beschichten.

● Gel mit der Folie nach unten auf die Kühlplatte legen (Abb. 6).

● Mit Filterpapier die Oberfläche abtrocknen (Abb. 8), weil   *Das gilt auch für die Immun-* Agarose-Gele Flüssigkeitsfilm auf der Oberfläche haben.   *Elektrophorese-Gele.*

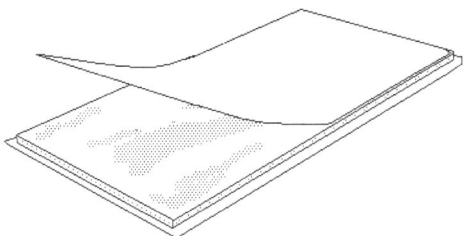

Abb. 8: Abtrocknen der Geloberfläche mit Filterpapier.

● Gel auf Kühlplatte legen, Probenwannen bzw. Einfüllöcher auf Kathodenseite (Abb. 9).

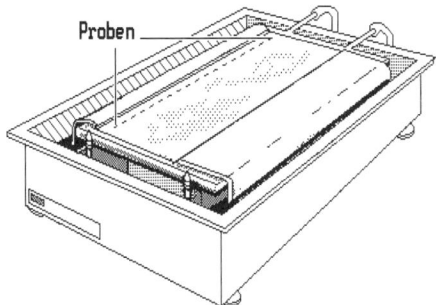

Abb. 9: Agarosegel-Elektrophorese

● Je 8 Lagen Elektrodenbrückenpapier oder je 1 Schicht *Wettex-Dauer-Elektrodenbrücken* in Puffer tränken und Verbindung zwischen Gel und Puffer herstellen.

So auf Geloberfläche legen, daß sich Gel und Elektrodenbrücken ca. 1 cm überlappen.

● Je 5 µL Probe möglichst zügig in die Wannen pipettieren.

Proben sollen möglichst nicht diffundieren.

● Sicherheitsdeckel schließen.

● Stromversorger starten. Trennbedingungen:

Maximal, 400 V, 30 mA, 30 W.

● Nach der Trennung wird gleich fixiert und gefärbt s. u.

Grabar-Williams-Technik

Im allgemeinen erfolgt der Probenauftrag nach dem Muster:
Probe – positive Kontrolle – Probe – positive Kontrolle – Probe

● Proben und Kontrolle in die Löcher einpipettieren (5 bis 20 µL).

● Jeweils einen Tropfen Bromphenolblau-Lösung dazu pipettieren und Elektrophorese starten.

Laufbedingungen:

Feldstärke 10 V/cm (Kontrolle mit Voltmeter/Abgreifgabel),
Temperatur 10 °C,
Zeit ca. 45 min (bis Bromphenolblau Rand erreicht hat).

● Gel in Gelhalter einsetzen und mit der "Schaufel" an der Rückseite des Skalpells die Gelstreifen aus den Rinnen entfernen.

● Das Gel in die Feuchtekammer legen.

● Je 100 µL Antikörper-Lösung in die Rinnen einpipettieren.

● Bei Raumtemperatur ca. 15 h diffundieren lassen.   *Dabei bilden sich die Präzipitat-bögen aus.*

● Die Anfärbung erfolgt erst nach Auswaschen der nicht präzi-pitierten Antigene und Antikörper (s. u.).   *Die Präzipitate bleiben im Gel.*

Laurell-Technik

● Proben in die Einfüllöcher des antikörperhaltigen Geles mög-lichst zügig einpipettieren, um Diffusion einzuschränken.

Meist läßt man eine Verdünnungsreihe (4 Proben) einer Anti-gen- Standardlösung mitlaufen, damit man eine Konzentrations-Eichkurve aufstellen kann.

● Sofort nach Probenauftrag Elektrophorese starten.

Laufbedingungen:

Feldstärke   10 V/cm (Kontrolle mit Voltmeter/Abgreifgabel),
Temperatur   10 °C,
Zeit   3 h.

● Die Anfärbung erfolgt erst nach Auswaschen der nicht präzi-pitierten Antigene und Antikörper (s. u.).

Der Puffer ist auf pH 8,6 eingestellt, damit die spezifischen Antikörper im Gel minimale Nettoladung haben und somit nicht elektrophoretisch wandern (Vorsicht! je nach Herkunft der An-tikörper kann der optimale pH-Wert unterschiedlich sein; bei Kaninchen-Antikörpern verwendet man meist pH 7,8).   *Die Probenproteine (Antigene) sind bei pH 8,6 geladen und wandern im Gel.*

Ein Problem ist die Bestimmung von Antigenen, wenn diese bei pH 8,6 ebenfalls keine oder niedrige Nettoladung haben (Extrembeispiel: IgG). Man kann jedoch den isoelektrischen Punkt dieser Proteine durch Acetylierung oder Carbamylierung herabsetzen und damit die elektrophoretische Mobilität erhöhen.

Zu Beginn existiert ein Antigenüberschuß, dabei sind die Antigen-Antikörper-Komplexe löslich und wandern in Richtung Anode. An den beiden Rändern der wandernden Antigen-Spur wird die Äquivalenz-Konzentration erreicht: Es bildet sich, kon-tinuierlich von unten beginnend, eine raketenförmige Präzipitat-linie aus. Die "Rocket"- Fläche ist direkt proportional zur Anti-   *Wichtig ist eine gute Qualität der Antikörper, sonst gibt es un-scharfe Linien oder mehrere "Rockets" ineinander.*

gen-Konzentration. Die exakte Konzentrationsbestimmung würde über die Flächenberechnung der "Rockets" erfolgen. In vielen Fällen ist die Messung der "Rocket"-Länge ausreichend.

5 Proteinnachweis

Coomassie-Färbung (Agarose-Elektrophorese)

Lösungen in H_2O_{dest}

- *Fixieren:* 30 min in 20 % (g/v) TCA;
- *Waschen:* 2 × 15 min in jeweils frischen 200 mL Lösung: 10 % Eisessig, 25 % Methanol;
- *Trocknen:* 3 Lagen Filterpapier auf Gel und darauf Glasplatte legen, mit Gewicht (1 bis 2 kg) beschweren (Abb. 7). Nach 10 min dies alles abnehmen und im Trockenschrank zu Ende trocknen;

  Das direkt auf der Agarose liegende Filterpapier vorher anfeuchten.

- *Färben:* 10 min in 0,5 % (g/v) Coomassie R-350 in 10 % Eisessig, 25 % Methanol:
  3 Tabletten PhastGel-Blue R (je 0,4 g Farbstoff) in 250 mL auflösen;
- *Entfärben:* in 10 % Eisessig, 25 % Methanol bis Hintergrund klar ist;
- *Trocknen:* im Trockenschrank.

Immunfixation der Agarose-Elektrophorese

Bei dieser Fixiermethode werden am Ende nur die Proteinbanden angefärbt, die mit dem Antikörper ein unlösliches Immunpräzipitat gebildet haben.

Alle anderen Proteine und überschüssige Antikörper werden mit NaCl-Lösung aus dem Gel gewaschen.

    Antikörperlösung: 1 : 2 (oder 1 : 3, je nach Antikörpertiter) mit H_2O_{Bidest} verdünnen und mit Glasstab oder Meßpipette auf der Geloberfläche ausstreichen: ca. 400 bis 600 µL;

- *Inkubieren:* 90 min in Feuchtekammer im Brut- oder Trockenschrank bei 37 °C;
- *Pressen:* 20 min mit 3 Lagen Filterpapier, Glasplatte und Gewicht (s. Abb. 10);

  Das direkt auf der Agarose liegende Filterpapier vorher anfeuchten.

- *Waschen: in physiologischer Kochsalzlösung (0,9 % NaCl g/v) über Nacht;*
- *Trocknen:* s. Coomassie-Färbung;
- *Färben* und Entfärben wie bei Coomassie-Färbung.

    Wichtig ist, daß man den Antikörpertiter kennt, da z.B. bei zu hoch konzentrierter Antikörperlösung hohle Banden entstehen können: in der Mitte bindet jeweils ein Antigen einen Antikörper; es entsteht kein Präzipitat.

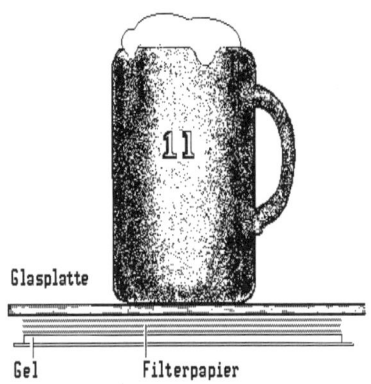

Glasplatte

Gel   Filterpapier

Abb. 10: Pressen des Agarosegels.

Coomassie-Färbung (Immun-Elektrophoresen)

Sowohl bei der *"Rocket"*- als auch bei der *Grabar-Williams-Technik* enthält das Gel Antikörper, die erst ausgewaschen werden müssen, bevor gefärbt wird.

● *Pressen:* 20 min mit 3 Lagen Filterpapier, Glasplatte und Gewicht (s. Abb. 10);

Das direkt auf der Agarose liegende Filterpapier vorher anfeuchten.

● *Waschen:* in physiologischer Kochsalzlösung (0,9 % NaCl g/v) über Nacht;

● *Trocknen:* s. Coomassie-Färbung;

● *Färben* und Entfärben wie bei Coomassie-Färbung.

Silberfärbung

Sollte die Nachweisempfindlichkeit der Coomassie Färbung nicht ausreichen, kann man noch eine Silberfärbung des getrockneten Gels anschließen [124]:

[124] Willoughby EW, Lambert A. Anal Biochem. 130 (1983) 353-358.

Lösung A: 25 g Na_2CO_3, 500 mL H_2O_{Bidest};

Lösung B: 1,0 g NH_4NO_3, 1,0 g $AgNO_3$, 5,0 g Wolframatokieselsäure / 7,0 mL Formaldehydlösung (37 %) mit H_2O_{Bidest} auf 500 mL auffüllen.

Färbung: Zum *Gebrauch* 35 mL Lösung A mit 65 mL Lösung B mischen, Gel sofort in die entstandene weißliche Suspension eintauchen und unter Schütteln inkubieren bis gewünschte Intensität erreicht ist. Kurz mit H_2O_{dest} spülen;

Stoppen mit 0,05 mol/L Glycin. Gel und Trägerfolienrückseite mit Wattebausch von metallischem Silber reinigen;

Trocknen an der Luft.

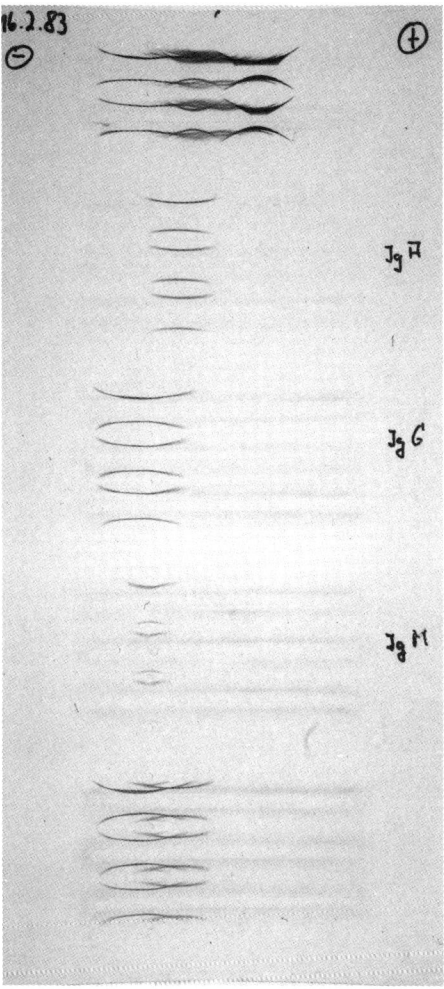

Abb. 11: Großes Immunelektrophoresegel mit Grabar-Williams-Technik.

Methode 4: Titrationskurvenanalyse

Das Prinzip der Titrationskurvenanalyse ist in Teil 1 beschrieben.

Im folgenden wird ihre technische Durchführung mit gewaschenen und rehydratisierten Polyacrylamid-Gelen beschrieben. Durch diese Variante werden die Einflüsse ionischer Katalysatoren, die sich nach der Polymerisation im Gel befinden, ausgeschlossen.

Wenn es nicht so sehr auf absolut exakte Ergebnisse ankommen sollte, kann man aber auch die Trägerampholyte gleich ins Gel mit einpolymerisieren.

s. S. 50

APS und TEMED können den Verlauf des pH-Gradienten beeinflussen.

Dann spart man sich das Waschen, Trocknen und Rehydratisieren.

1 Probenvorbereitung

● Markerproteine pI 4,7 bis 10,6 oder

● Markerproteine pI 5,5 bis 10,7 + 100 μL H_2O_{Bidest}.

Auftragung 50 μL

● Fleischsäfte von Schwein, Hase, Kalb, Rind, portioniert tiefgefroren lagern. Vor Gebrauch verdünnen:
100 μL Fleischsaft + 300 μL H_2O_{Bidest}.
Auftragung 50 μL

Andere Proben:
Proteinkonzentration auf ca. 1 bis 3 mg / mL einstellen.
Verdünnung mit H_2O_{Bidest}. Salzkonzentration soll < 50 mmol/L sein.
Eventuelle Entsalzung mit NAP-10-Säule notwendig:
1 mL Probenlösung aufgeben → 1,5 mL Eluat verwendbar.

Auftragung 50 μL

2 Stammlösungen

Acrylamid,Bis (T = 30 %, C = 3 %):

29,1 g Acrylamid + 0,9 g Bis mit H_2O_{Bidest} auf 100 mL auffüllen.
oder
PrePAG Mix (29,1 : 0,9) mit 100 mL H_2O_{Bidest} rekonstituieren.

Achtung! *Acrylamid und Bis sind als Monomere toxisch. Hautkontakt vermeiden, nicht mit dem Mund pipettieren.*

Bei Lagerung im Dunkeln bei 4 °C (Kühlschrank) eine Woche haltbar.

Ammoniumpersulfat-Lösung (APS) 40 % (g/v):

400 mg Ammoniumpersulfat in 1 mL H_2O_{Bidest} auflösen.

Reste umweltfreundlich beseitigen: mit APS-Überschuß auspolymerisieren.

Kann dann noch für mehrere Wochen für SDS-Gele verwendet werden.

eine Woche im Kühlschrank (4 °C) haltbar

0,25 mol/L Tris-HCl-Puffer:

3,03 g Tris + 80 mL H_2O_{Bidest}, mit 4 mol/L HCl auf pH 8,4 titrieren, mit H_2O_{Bidest} auf 100 mL auffüllen.

Dieser Puffer entspricht dem Anodenpuffer der Horizontal-Elektrophorese nach Methode 8. Er dient zur pH-Wert Einstellung der Polymerisationslösung, da diese im leicht basischen optimal abläuft.

Puffer wird beim Waschvorgang wieder entfernt.

Glycerin 87 % (g/v):

Das Glycerin erfüllt mehrere verschiedene Funktionen: In der Polymerisationslösung verbessert es die Einfließfähigkeit und beschwert diese Lösung gleichzeitig, damit der abschließende Überschichtungsvorgang erleichtert wird. In der letzten Waschlösung sorgt Glycerin dafür, daß das Gel beim Trocknen sich nicht aufrollt.

3 Herstellung der leeren Gele

Vorbereitung der Gießform

Bei der Titrationskurvenanalyse wird die Probe in eine lange, schmale Gelrinne einpipettiert, welche sich über den gesamten, vorher elektrophoretisch erzeugten pH-Gradienten erstreckt. Zur Erzeugung dieser Probenrinne im Gel muß diese als Negativform auf eine Glasplatte aufgeklebt werden. Weil bei dieser Methode quadratische Gele verwendet werden, werden mit den Glasplatten des Gießkits zwei Titrations-Gele in einem Stück gegossen und später rehydratisiert.

Man schneidet das Gel später in zwei Hälften und kann zwei Analysen parallel durchführen. Wenn man nur ein Gel benötigt, lagert man die zweite Hälfte in der Feuchtekammer im Kühlschrank (maximal 2 Wochen).

Man schneidet sich von einem *"Dymoband"* (Prägeband, 250 µm dick) zwei 10 cm lange Streifen ab und klebt sie auf die gereinigte und entfettete Glasplatte mit der 0,5 mm dicken, U-förmigen Dichtung. Wie in Abb. 1 gezeigt, schneidet man mit dem Skalpell jeweils einen Streifen ab, so daß 1 bis 2 mm Dymoband übrigbleiben. Nach nochmaligem Andrücken der Klebebandkanten auf die Glasplatte werden mit Methanol die Klebstoffreste entfernt.

Man sollte darauf achten, daß man "Dymoband" mit glatter Klebefläche verwendet: Bei strukturierter (gewebeförmiger) Klebefläche können kleine Luftbläschen eingeschlossen werden, welche die Polymerisation inhibieren.

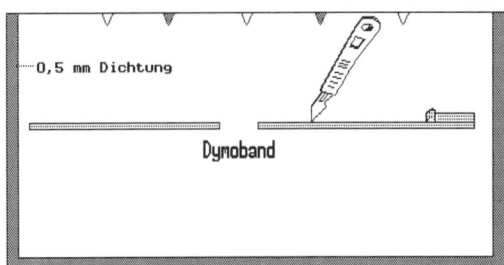

Abb. 1: Schneiden der schmalen Klebebandstreifen zur Erzeugung von Probenrinnen im Gel.

Wenn man wirklich nur *ein* Gel herstellen und rehydratisieren will, kann man als Gießform die Rehydratisierungskassette verwenden. Hierzu wird ein Klebestreifen auf die untere Hälfte der Glasplatte mit der Dichtung geklebt.

s. hierzu Methoden 7, 10 und 11

Als nächstes wird diese Gießform hydrophobisiert. Dazu verwendet man einige mL Repel Silane, welche *unter dem Abzug* mit einem Kosmetiktuch über dem gesamten Slotformer verteilt werden. Nachdem das Lösungsmittel des Repel Silanes verdunstet ist, werden die bei der Beschichtung entstandenen Chlorid-Ionen mit Wasser von der Platte gespült.

Diese Behandlung muß nur einmal durchgeführt werden.

Zusammenbau der Gelkassette

● GelBond-PAG-Film aus der Packung nehmen.

Hydrophile PAG-Filmseite durch Test mit Wassertropfen identifizieren.

Die Gelträgerfolie wird mit der hydrophoben Seite nach unten mit etwas Wasser mittels eines Rollers auf die Glasplatte gewalzt (Abb. 2), und zwar so, daß die Folie an einer langen Glasplattenseite etwa einen Millimeter übersteht.

Dies erleichtert das spätere Befüllen der Kassette.

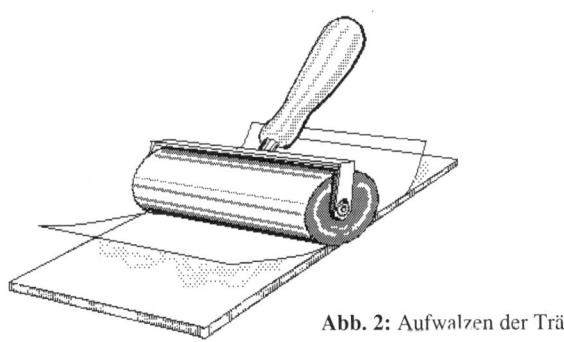

Abb. 2: Aufwalzen der Trägerfolie

Danach wird der Abstandhalter, kongruent zur Glasplatte, mit der Gummidichtung nach unten, auf die Folie gelegt und mit den Klammern zugeklammert (Abb. 3).

Der "Abstandhalter" ist die Glasplatte mit der aufgeklebten, 0,5 mm dünnen, U-förmigen Silikongummidichtung.

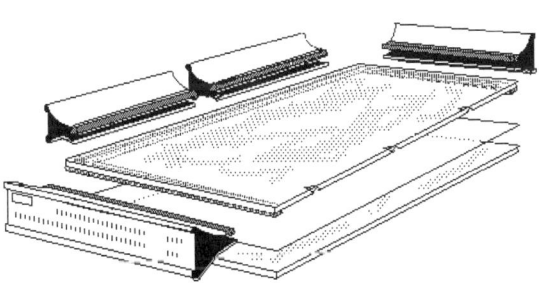

Abb. 3: Zusammenbau der Gießkassette.

● *Zusammensetzung der Polymerisationslösung für ein Gel mit*
  T = 4,2 %:

2,7 mL Acrylamid/Bis
0,5 mL Tris-HCl
1 mL Glycerin
10 μL TEMED
auf → *20 mL* mit H_2O_{Bidest}

Sollte das Gel sofort verwendet werden (ohne Waschen), gibt man anstelle von Glycerin und Tris-HCl 2 g Sorbit und 1,3 mL Ampholine oder Pharmalyte zu.

Befüllen der Gelgießkassette

Erst wenn alles bereit steht, werden der Polymerisationslösung 20 μL APS zugefügt.

Das Einfüllen wird mit einer 10-mL-Meßpipette oder einer 20-mL-Spritze ausgeführt (Abb. 4). Die Pipette wird mit einem Peleusball ganz vollständig gefüllt (10-mL-Skala enschließlich Kopfraum ergeben 18 mL) und dann an die mittlere Einfüllkerbe des Abstandhalters gelegt. Vorsichtig den Ablaßknopf betätigen. Dank der oben herausragenden Folie wird die Gellösung direkt in die Kassette gelenkt.

Danach werden an den 3 Einfüllkerben je 100 μL Isopropanol überschichtet. Isopropanol verhindert das Eindiffundieren von polymerisationshemmendem Sauerstoff in das Gel. Das Gel erhält dadurch eine scharfe, ästhetische Oberkante.

Eine Stunde bei Raumtemperatur stehen lassen.

Bei komplett gegossenen Gelen (ohne Waschen) 40 μL APS zugeben! Niemals die toxische Monomerlösung mit dem Mund pipettieren! Wenn die Rehydratisierungskassette verwendet wird, Lösung mit Spritze von unten hineindrücken.

Eventuell eingeflossene Luftblasen entfernt man mit einem länglich zugeschnittenen Stück Polyesterfolie, mit welchem man die Blasen aus der Kassette ziehen kann.

Polymerisation

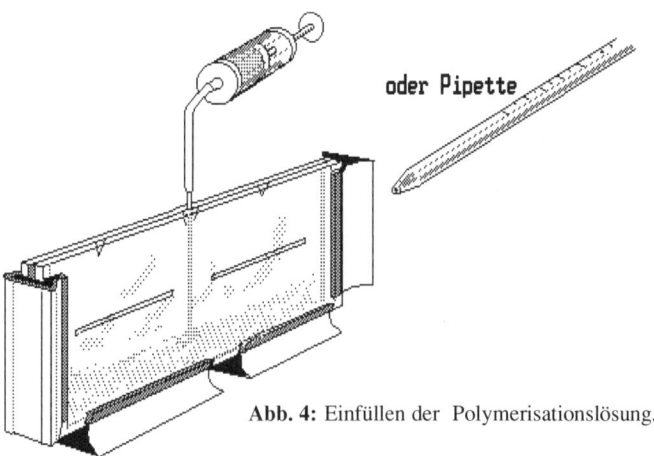
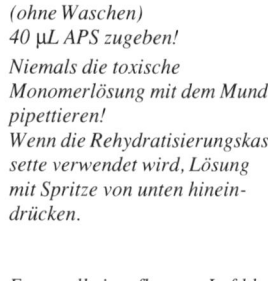

oder Pipette

Abb. 4: Einfüllen der Polymerisationslösung.

Entnahme des Gels aus der Gießkassette

Nach der einstündigen Polymerisation wird die Kassette entklammert und mit einem Spatel die Glasplatte vorsichtig hinter der Folie weggehebelt. Sodann faßt man an einer Ecke die Folie und zieht damit das Gel langsam von dem Abstandhalter.

Waschen des Gels

Dreimal 20 min wird das Gel unter Schütteln in H_2O_{Bidest} gewaschen. Der letzte Waschgang muß 2 % Glycerin enthalten. Sofern man Besitzer eines "MultiWash"-Apparates ist: ca. 30 min bei Umpumpen von H_2O_{Bidest} durch die Mischbettionenaustauscher-Kartusche entionisieren (s. Abb. 5).

Dabei werden Reste von Monomeren, APS und TEMED aus dem Gel entfernt.

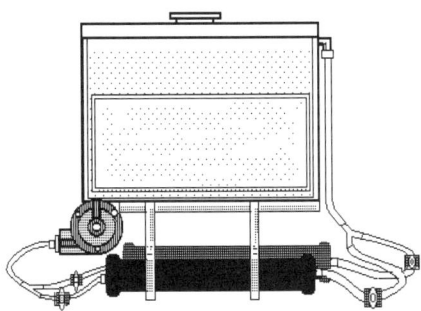

Abb. 5: Multiwash. Gelwasch- und Entfärbeapparatur.

Trocknen des Gels

Das Gel wird über Nacht bei Raumtemperatur getrocknet. Die Gele werden mit je einer Schutzfolie versehen und in einer geschlossenen Plastiktüte tiefgekühlt ($< -20°C$) aufbewahrt.

Heißtrocknung schadet dem Quellvermögen, deshalb auch Lagerung bei Tiefkühltemperatur.

4 Titrationskurven-Elektrophorese

Quellen des Gels

Das getrocknete Gel wird mit der Folie nach unten mit etwas Wasser auf die Glasplatte gelegt. Wiederum läßt man die Folie etwa 1 mm an der oberen langen Glasplattenseite überstehen. Wenn das getrocknete Gel leicht klebrig ist rollt man nicht mit dem Roller das Wasser aus dem Glas-Folien-Zwischenraum, sondern man stellt die Glasplatte mit der Folie senkrecht auf einige Lagen Papierhandtücher. Nach etwa 5 min liegt die Folie plan auf der Glasplatte. Jetzt kann der Abstandhalter wieder aufgelegt und verklammert werden.

Alternativ kann auch die speziell hierfür entwickelte Rehydratisierungs-Kassette benutzt werden (Abb. 6). Hier wird die Rehydratisierungslösung von unten mit einer Spritze eingedrückt.

*Rehydratisierungslösung
(Ampholine, Pharmalyte):*

2 g Sorbit (= 10%)
1,3 mL Ampholine
oder Pharmalyte (= 2,5 % g/v)
auffüllen $\rightarrow$ *20 mL* mit H_2O_{Bidest}.

Sorbit erhöht die Viskosität im Gel, dadurch werden die Kurven glatter.

● Lösung an der Wasserstrahlpumpe entlüften und in die Kas-   *Entfernung von CO_2*
sette pipettieren bzw. in die Rehydratisierungskassette
drücken.

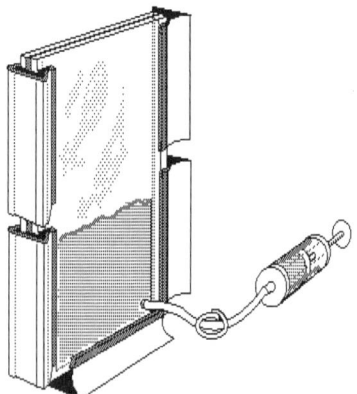

Abb. 6: Rehydratisierungskassette.

Nach ca. 2 h (ohne Sorbit 1 h) kann das rehydratisierte   *Bei Additiven wie Harnstoff und*
Titrations-Gel aus der Kassette entnommen werden.   *Triton dauert das Quellen länger.*

Das Gel wird in zwei Hälften geschnitten. Eine Hälfte wird in
einer Feuchtekammer im Kühlschrank aufbewahrt.

Mit einem Filterpapierstreifen wird die Gelrinne abgesaugt.

a) Erzeugung des pH-Gradienten   *Lauf ohne Probe*

● Kühlung einschalten: + 10 °C

● 1 mL Kerosin oder Silikonöl DC-200 als Kühlkontaktflüssig-   *Kein Wasser verwenden!*
keit auf die Mitte der Kühlplatte pipettieren.

Das Gel wird, mit der Folie nach unten, auf die Mitte der   *Die Methode muß bei definier-*
Kühlplatte gelegt. Es wird dabei so orientiert, daß die Gelrinne   *ter Temperatur erfolgen, weil*
senkrecht zu den Elektroden verläuft (Abb. 7).   *der pH-Gradient und die Netto-*
     ladungen temperaturabhängig
     sind.

● Am Stromversorger werden folgende Grenzwerte eingestellt: *Läßt man zwei Gele parallel*
1500 V, 7 mA, 7 W.   *laufen, müssen die Strom- und*
     Leistungswerte verdoppelt wer-
     den.

Die Elektroden werden direkt auf die Gelkanten gelegt (Abb. 7).   *Bei gewaschenen Gelen kann*
     man auf Elektrodenstreifen ver-
     zichten.

● Kabel einstecken. Darauf achten, daß das lange Anodenverbindungskabel an der Vorderseite angeklemmt ist.

● Sicherheitsdeckel schließen.

● Stromversorger starten.

Nach 60 min hat sich ein kontinuierlicher pH-Gradient von 3,5 bis 9,5 ausgebildet.   *s. Kap. 3.*

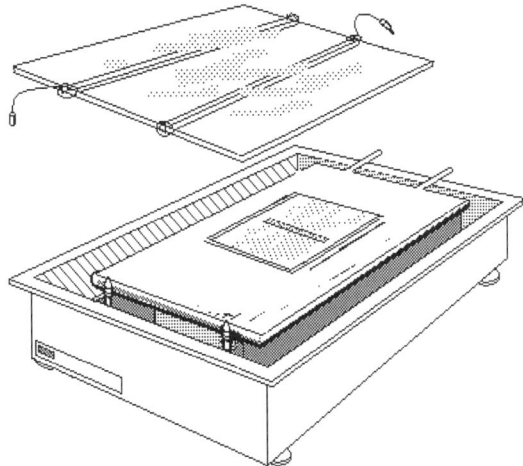

Abb. 7: Plazierung des Titrations-geles auf die Kühlplatte zur Erzeugung des pH-Gradienten.

b) Nativ-Elektrophorese im pH-Spektrum

● Nachdem der Strom abgeschaltet, der Sicherheitsdeckel geöffnet und die Elektroden abgenommen wurden, dreht man das Gel im Uhrzeigersinn um 90°: die basische Seite des Geles muß sich auf der Seite der Kühlschläuche befinden!

Es wird zur Erleichterung der Auswertung und Vergleichbarkeit von Ergebnissen empfohlen, bei der Orientierung des Geles – auch bei der Darstellung der Ergebnisse – diesen Standard einzuhalten!

Das bedeutet, daß die Proteine links im Gel positiv geladen und zur Kathode – nach oben – wandern werden, rechts im Gel negativ geladen und sich zur Anode bewegen werden (Abb. 8 und 29 B, Kap. 3.8).

● 50 µL Probenlösung (1 mg / mL) gleichmäßig in die Rinne einpipettieren.

Möglichst zügig vorgehen, damit die einsetzende Diffusion nicht den Gradienten auflöst.

● Sofort die Elektrophorese starten:
600 V, 10 mA, 5 W.

Jetzt wandern die Proteine mit unterschiedlichen Mobilitäten in Abhängigkeit des jeweiligen pH-Milieus unterschiedlich schnell in Richtung Kathode bzw. Anode.

Sie bilden dabei Titrationskurven aus.

● Nach 20 min stoppen und Gel färben.

5 Coomassie- und Silberfärbung

Kolloidale Coomassie-Färbung

Bei dieser Methode ist das Ergebnis relativ schnell sichtbar. Man benötigt wenig Arbeitsschritte, die Färbelösung ist stabil, es gibt keine Hintergrundfärbung, Oligopeptide (> 10 bis 15 Aminosäuren) werden erfaßt, welche bei anderen Färbungen ungenügend fixiert werden. Außerdem ist die Lösung fast geruchlos [125,126].

[125] Diezel W, Kopperschläger G, Hofmann E. Anal Biochem. 48 (1972) 617-620.
[126] Blakesley RW, Boezi JA. Anal Biochem. 82 (1977) 580-582.

Herstellung der Färbelösung:

2 g Coomassie G-250 in 1 L H_2O_{dest} lösen und unter Rühren mit 1 L Schwefelsäure (1 mol/L oder 55,5 mL konz. H_2SO_4 pro L) versetzen. Nach dreistündigem Rühren abfiltrieren (Faltenfilter), das braune Filtrat mit 220 mL Natronlauge (10 mol/L oder 88 g auf 220 mL) versetzen. Zuletzt 310 mL einer 100 %igen (g/v) TCA hinzufügen und gut vermischen, Lösung wird grün.

Fixierung, Färbung: 3 Stunden bei 50 °C oder bei Zimmertemperatur über Nacht in der kolloidalen Lösung;

Auswaschen der Säure: 1 bis 2 Stunden in Wasser einlegen, dabei werden die grünen Kurven blau und intensiver.

Schnelle Coomassie-Färbung

Stammlösungen:

TCA: 100 % TCA (g/v) 1 L
A: 0,2 % (g/v) $CuSO_4$ + 20 % Eisessig
B: 60 % Methanol
C: 1 Tablette Phast Blue R
         in 400 mL H_2O_{Bidest} lösen,
         600 mL Methanol zugeben
         5 bis 10 min rühren.

alle Lösungen in H_2O_{dest}

1 Tablette = 0,4 g Coomassie Brilliantblau R-350

Färbung:

● *Fixieren:*   10 min in 300 mL 20 % TCA;
● *Waschen:*   2 min in 200 mL Waschlösung
                 (*A* und *B* 1 + 1 mischen);
● *Färben:*   15 min in 200 mL
                 einer 0,02 % (g/v) R-350-Lösung
                 (*A* und *C* 1 + 1 mischen) bei 50°C
                 unter Rühren (Abb. 8);
● *Entfärben:*   15 bis 20 min in Waschlösung
                 bei 50 °C unter Rühren;
● *Konservieren:* 10 min in 200 mL 5 % Glycerin,
                 10 % Eisessig;
● *Trocknen:*   an der Luft.

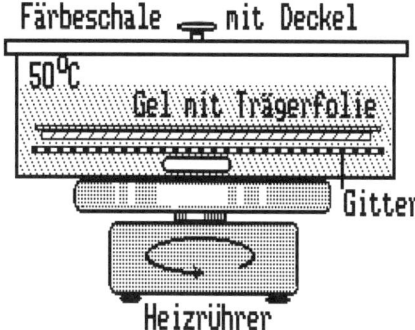

Abb. 8: Vorrichtung zum Heißfärben.

5-Minuten Silberfärbung getrockneter Gele

Diese Methode ist einsetzbar als Nachfärbung von getrockneten Coomassie-gefärbten Gelen (Hintergrund muß vollständig klar sein) zur Erhöhung der Nachweisempfindlichkeit oder als Direktfärbung eines nicht gefärbten Geles nach Vorbehandlung [127]. Ein besonderer Vorteil der Methode liegt auch darin, daß man keine Proteine und Peptide verliert. Bei anderen Silberfärbungsmethoden diffundieren sie häufig aus dem Gel, weil sie in Fokussierungs-Gelen nicht irreversibel fixiert werden können.

[127] Krause I, Elbertzhagen H. In: Radola BJ, Hrsg. Elektrophorese-Forum' 87. Eigenverlag. (1987) 382-384.

nach der Silberfärbemethode für Agarose-Gele [124].

Vorbehandlung von nicht gefärbten Gelen:

● 30 min fixieren in 20 % TCA,

● 2×5 min waschen in 45 % Methanol, 10 % Eisessig,

● 4×2 min waschen in H_2O_{dest},

● 2 min imprägnieren in 0,75 % Glycerin,

● trocknen an der Luft.

Lösung A: 25 g Na_2CO_3, 500 mL H_2O_{Bidest};
Lösung B: 1,0 g NH_4NO_3, 1,0 g $AgNO_3$, 5,0 g Wolframatokieselsäure, 7,0 mL Formaldehydlösung (37 %) mit H_2O_{Bidest} auf 500 mL auffüllen.

Silberfärbung:

Zum *Gebrauch* 35 mL Lösung A mit 65 mL Lösung B mischen, Gel sofort in die entstandene weißliche Suspension eintauchen und unter Schütteln inkubieren bis gewünschte Intensität erreicht ist. Kurz mit H_2O_{dest} spülen.

Stoppen mit 0,05 mol/L Glycin. Gel und Trägerfolienrückseite mit Wattebausch von metallischem Silber reinigen.

Trocknen an der Luft.

6 Interpretation der Kurven

In Abb. 8 sind schematisch die Kurven von drei Proteinen A, B und C dargestellt.

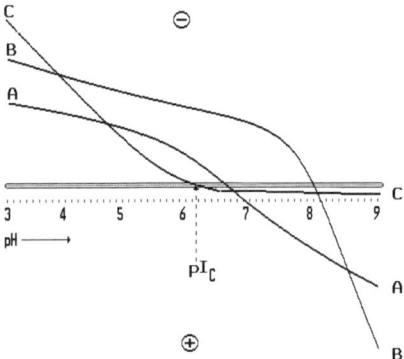

Abb. 8: Schematische Darstellung eines Titrationskurven-Ergebnisses

Ein solches Ergebnis kann man folgendermaßen interpretieren für:

Ionenaustausch-Chromatographie

● Flache Kurven weisen auf schlechte Trennbarkeit in Ionen-austauschern hin, weil sich eine pH-Verschiebung im Puffer nur in geringem Maße auf die Höhe der Nettoladungen auswirkt.

● Die Trennleistung ist am besten, wenn man bei einem pH-Wert eluiert, an dem die Kurven in der *y*-Achse möglichst weit auseinander liegen; in diesem Beispiel bei pH 5,3 aus einem Kationentauscher. Verwendet man einen Anionentauscher und eluiert bei pH 7,7, wird Protein B nicht gebunden und kommt gleich mit dem Ausschlußvolumen.

Dort unterscheiden sich die Höhen der Nettoladungen – und damit die Bindungen an das Trennmmedium – am stärksten.

● Sind die Schnittpunkte mit der *x*-Achse (pI) weit voneinander abgesetzt, kann man erfolgreich die Chromatofokussierung einsetzen.

Hier wird mit einem Gemisch von amphoteren Puffern eluiert und man erhält eine Fraktionierung in der Reihenfolge der pIs.

Zonen-Elektrophorese

● Wählt man einen Puffer mit einem pH-Wert, an dem sich Kurven kreuzen, können die zugehörigen Proteine nur aufgrund ihrer unterschiedlichen Reibungswiderstände in einem restriktiven Medium getrennt werden.

Besser einen anderen Puffer-pH-Wert wählen.

● l Bei der trägerfreien Elektrophorese und bei Trennungen in nichtrestriktiven Medien wählt man einen Puffer-pH-Wert, an dem sich die Kurven in der *y*-Achse deutlich voneinander absetzen: pH 5,3 oder 7,7 in diesem Beispiel.

Dort hat man deutlich unterschiedliche Mobilitäten.

Isoelektrische Fokussierung

● Die Proteine A und C schneiden die *x*-Achse in flachen Winkeln, d.h. die Mobilitätssteigungen an den pIs sind niedrig. Für A und C benötigt man zur Fokussierung hohe Feldstärken.

Außerdem muß die Fokussierzeit verlängert werden.

● Die Kurve von Protein C verläuft oberhalb des pI entlang der *x*-Achse. Bei der IEF muß die Probe bei einem pH < pI_C aufgetragen werden, sonst würde C sehr langsam bzw. nicht wandern.

Das Protein ist hier nur sehr gering geladen.

● Sollten ein oder mehrere Proteine in einem bestimmten Bereich nicht aus der Rinne wandern oder eine breite verschmierte Zone produzieren, ist das Protein bei diesem pH-Bereich instabil oder einige Proteine aggregieren bei diesen pH-Werten (nicht gezeigt).

Dann darf die Probe nicht in diesem Bereich aufgegeben werden.

Methode 5: Native PAGE in amphoteren Puffern

Polyacrylamid-Gel-Elektrophoresen von Proteinen unter nativen Bedingungen sind in Teil 1 an mehreren Stellen beschrieben.

s. S. 23 ff, 30 und 50

Für die Nativtrennung von Proteinen ist eine Reihe von Puffersystemen entwickelt worden [20,30,31,32], das am meisten verwendete ist das Disk-Elektrophorese-System im basischen Puffer nach [30] und [31]. Zur Auftrennung basischer Proteine wird ein homogener Glycin-Essigsäure-Puffer pH 3,1 eingesetzt, die Gelherstellung ist relativ kompliziert.

Bei der Polymerisation von Acrylamid benötigt man Katalysatoren wie Ammoniumpersulfat und TEMED. Diese Substanzen dissoziieren im Gel und bilden Ionen, welche ein im voraus berechnetes Puffersystem stark beeinträchtigen können.

Wenn man Gele auf Trägerfolien polymerisiert und die Katalysatoren auswäscht, kann man die Gele im gewünschten Puffer äquilibrieren und umgeht damit diese Probleme [128].

Viele Puffersysteme konnten deshalb bisher nur in Agarose-Gelen verwendet werden, wobei man aber gegen die Elektroosmose kämpfen muß.
[128] Schickle HP, Gronau-Czybulka S, Westermeier R. zur Publikation eingesandt.

Analog zur Titrationskurven-Technik kann man eine amphotere Puffersubstanz verwenden, welche einen konstanten pH-Wert in der Nähe seines pI im Gel erzeugt ("steady-state" pH-Wert). Wenn die Puffersubstanz von anderen Ionen oder Elektroosmose nicht beeinflußt wird, hat sie keine Eigenladung und kann nicht wandern.

s. auch Prinzip der "Rocket"-Immun-Elektrophorese S. 14

Zur Trennung niedermolekularer, nichtamphoterer Substanzen, wie z.B. Farbstoffen, wird ein gewaschenes homogenes Gel einfach in der Pufferlösung äquilibriert, die Elektroden werden direkt an das Gel angeschlossen.

Man benötigt keine Pufferreservoirs.

Bei der Auftrennung von Proteinen erhöht eine Diskontinuität im Puffersystem und in der Gelporosität deutlich die Bandenschärfe und das Auflösungsvermögen. Der amphotere Puffer wird nur im Gel benötigt.

Die Puffertanks enthalten Leit- bzw. Folgeionen und eine Säure bzw. Base zur Erhöhung der Leitfähigkeit und Ionisierung der Substanzen.

Abb. 1: Elektrophorese von kationischen Farbstoffen in 0,5 mol/L HEPES, Methode a.

Für die folgende Anleitung sind zwei Systeme ausgewählt worden:

a) Eine Trennmethode für kationische Farbstoffe.
b) Eine kationische Elektrophorese für Proteine.

1 Probenvorbereitung

Methode a (Farbstoffe)

● Je 10 mg kationischer Farbstoff werden in 5 mL H_2O_{Bidest} gelöst.

Auftragung 1,5 μL

Methode b (Proteine)

● Markerproteine pI 5,5 bis 10,7 + 100 μL H_2O_{Bidest}.

Auftragung 6,5 μL

● Fleischsäfte von Schwein, Hase, Kalb, Rind portioniert tiefgefroren lagern. Vor Gebrauch verdünnen:
100 μL Fleischsaft + 300 μL H_2O_{Bidest}.

Auftragung 6,5 μL

● *Andere Proben:*
Proteinkonzentration auf ca. 1 bis 3 mg / mL einstellen. Verdünnung mit H_2O_{Bidest}. Salzkonzentration soll < 50 mmol/L sein.

Auftragung 6,5 μL

Eventuelle Entsalzung mit NAP-10-Säule notwendig:
1 mL Probenlösung aufgeben → 1,5 mL Eluat verwendbar.

2 Stammlösungen

Acrylamid,Bis (T = 30 %, C = 3 %):
29,1 g Acrylamid + 0,9 g Bis mit H_2O_{Bidest} auf 100 mL auffüllen.
oder
PrePAG Mix (29,1 : 0,9) mit 100 mL H_2O_{Bidest} rekonstituieren.

Reste umweltfreundlich beseitigen: mit APS-Überschuß auspolymerisieren.

Achtung! *Acrylamid und Bis sind als Monomere toxisch.*
Hautkontakt vermeiden, nicht mit dem Mund pipettieren.

Bei Lagerung im Dunkeln bei 4 ℃ (Kühlschrank) eine Woche haltbar.

Kann dann noch für mehrere Wochen für SDS-Gele verwendet werden.

Ammoniumpersulfat-Lösung (APS) 40 % (g/v):
400 mg Ammoniumpersulfat in 1 mL H_2O_{Bidest} auflösen.

eine Woche im Kühlschrank (4 ℃) haltbar

0,25 mol/L Tris-HCl-Puffer:
3,03 g Tris + 80 mL H_2O_{Bidest}, mit 4 mol/L HCl auf pH 8,4 titrieren, mit H_2O_{Bidest} auf 100 mL auffüllen.

Dieser Puffer entspricht dem Anodenpuffer der Horizontal-Elektrophorese nach Methode 8. Er dient zur pH-Wert Einstellung der Polymerisationslösung, da diese im leicht basischen optimal abläuft.

Puffer wird beim Waschvorgang wieder entfernt.

100 mmol/L Arginin-Lösung:
174 mg Arginin mit H_2O_{Bidest} auf 10 mL auffüllen.   *Lagerung bei + 4 °C*

300 mmol/L Essigsäure:
1,8 mL Essigsäure (96 %) mit H_2O_{Bidest} auf 100 mL auffüllen.

300 mmol/L ε-Aminocapronsäure
18 g ε-Aminocapronsäure mit H_2O_{Bidest} auf 500 mL auffüllen.   *Lagerung bei + 4 °C*

Pyronin-Lösung (kationischer Farbmarker) 1 % (g/v):
1 g Pyronin mit H_2O_{Bidest} *auf 100 mL auffüllen*

Glycerin 87 % (g/v):
Das Glycerin erfüllt mehrere verschiedene Funktionen: In der Polymerisationslösung verbessert es die Einfließfähigkeit und beschwert diese Lösung gleichzeitig, damit der abschließende Überschichtungsvorgang erleichtert wird. In der letzten Waschlösung sorgt Glycerin dafür, daß das Gel beim Trocknen sich nicht aufrollt.

3 Herstellung der leeren Gele

Slotformer

Die Probenaufgabe erfolgt in schmale Wannen, die in die Geloberfläche einpolymerisiert werden. Zur Erzeugung von Probenaufgabeslots im Gel müssen diese als Negativform auf eine Glasplatte (Abstandhalter) aufgeklebt werden.

Der "Abstandhalter" ist die Glasplatte mit der aufgeklebten, 0,5 mm dünnen, U-förmigen Silikongummidichtung.

● *Methode a:*

Hier wird die Gießform für ultradünne Gele (0,25 mm) aus Methode 1 verwendet.

● *Methode b:*

Die gereinigte und entfettete Glasplatte mit 0,5 mm U-förmigem Abstandhalter wird auf der Schablone ("Slotformer" - Schablone im Anhang) liegend auf die Arbeitsplatte fixiert. An der gewünschten späteren Startstelle klebt man eine Lage "Dymoband" (Prägeband, 250 mm dick) luftblasenfrei auf die Glasfläche. Man kann stattdessen auch mehrere Schichten "Tesafilm" (Qualität "kristallklar", eine Schicht 50 mm) aufeinanderkleben (Abb. 2). Der Slotformer wird mit dem Skalpell zurechtgeschnitten. Nach nochmaligem Andrücken der einzelnen Slotformerstücke auf die Glasplatte werden mit Methanol die Klebstoffreste entfernt.

Man sollte darauf achten, daß man "Dymoband" mit glatter Klebefläche verwendet: Bei strukturierter (gewebeförmiger) Klebefläche können kleine Luftbläschen eingeschlossen werden, welche die Polymerisation inhibieren, so daß um die Slots herum Löcher entstehen.

Als nächstes wird diese Gießform hydrophobisiert. Dazu verwendet man einige mL Repel Silane, welche *unter dem Abzug* mit einem Kosmetiktuch über den gesamten Slotformer verteilt werden. Nachdem das Lösungsmittel des Repel Silanes verdunstet ist, werden die bei der Beschichtung entstandenen Chlorid-Ionen mit Wasser von der Platte gespült.

Diese Behandlung muß nur einmal durchgeführt werden.

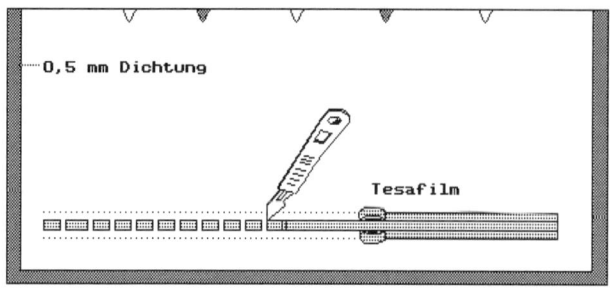

Abb. 2:
Herstellung des Slotformers.

Zusammenbau der Gießkassette

Zur mechanischen Stützung und zur besseren Handhabung wird das Gel auf eine Trägerfolie kovalent aufpolymerisiert. Dazu wird eine Glasplatte auf saugfähiges Laborpapier o.ä. gelegt und mit wenigen mL Wasser benetzt. Der GelBond-PAG-Film wird mit einem Roller, mit der unbehandelten, hydrophoben Seite nach unten, auf die Glasplatte gewalzt (Abbildung 3). Dabei entsteht zwischen Glasplatte und Folie ein dünner Wasserfilm, der durch Adhäsion die Folie festhält. Das austretende überschüssige Wasser wird mit dem Laborpapier abgesaugt. Um das Eingießen der Gellösungen zu erleichtern, läßt man die Folie an einer der Längsseiten der Glasplatte um ungefähr 1 mm überstehen.

Abb. 3: Aufwalzen der Trägerfolie.

Deckungsgleich mit der Glasplatte wird nun der fertige Slotformer aufgelegt und die so entstandene Kassette zusammengeklammert (Abb. 4).

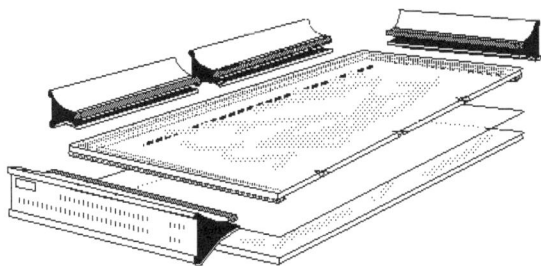

Abb. 4: Zusammenbau der Gießkassette.

Polymerisationslösungen

● *Methode a: Gelrezeptur für 2 Gele (T = 8 %, C = 3 %):*

in Falconröhrchen (15 mL) einpipettieren und mischen:
4,0 mL Acrylamid, Bis - Lösung
0,5 mL Tris-HCl
mit $H_2O_{Bidest} \rightarrow$ 15 mL auffüllen
7 µL TEMED (100 %)
15 µL APS

Erhöhung des T-Gehaltes ergibt schlechtere Banden.

zur Gießtechnik s. Methode 1
Auch diese Gele werden gewaschen und getrocknet.

● *Methode b: Diskontinuierliches Gel*

Die Gießkassette wird im Kühlschrank bei 4 °C etwa 10 min vorgekühlt; dies verzögert den Start der Polymerisation. Letzterer Vorgang ist erforderlich, weil das großporige Sammel-Gel und das kleinporige Trenn-Gel in einem Stück polymerisiert werden. Die Polymerisationslösungen mit unterschiedlicher Dichte benötigen etwa 5 bis 10 min, um sich horizontal zu nivellieren.

Bringen Sie in einem warmen "Sommerlabor" auch die Gelgießlösungen auf 4 °C.

Zusammensetzung der Polymerisationslösungen:

Sammel-Gel (T = 4%, C = 3%)	*Trenn Gel (T = 10 %, C = 3%)*
1,3 mL Acrylamid, Bis	5,0 mL Acrylamid/Bis
0,2 mL Tris-HCl	0,3 mL Tris-HCl
2 mL Glycerin	0,3 mL Glycerin
5 µL TEMED	7 µL TEMED
auf → *10 mL* mit H_2O_{Bidest}	auf → *15 mL* mit H_2O_{Bidest}
+ 10 µL APS	+ 15 µL APS

APS wird erst unmittelbar vor dem Befüllen der Kassette zugegeben.

In die Kassette pipettieren:	auf die Lösung pipettieren:
3 mL	*13 mL*

Befüllen der gekühlten Gelgießkassette

Das Einfüllen wird mit einer 10-mL-Meßpipette oder einer 20-mL-Spritze ausgeführt (Abb. 5). Die Pipette wird mit Hilfe eines Peleusballs befüllt. Erst wird das Sammel-Gelplateau einpipet-

Niemals die toxische Monomerlösung mit dem Mund pipettieren!

tiert, direkt darauf die mit weniger Glycerin beschwerte Trenn-
Gellösung. Vorsichtig den Ablaßknopf betätigen. Dank der oben
herausragenden Folie wird die Gellösung direkt in die Kassette
gelenkt.

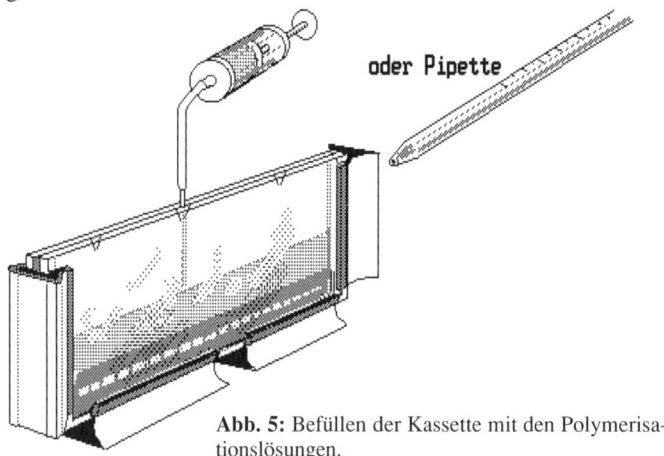

Abb. 5: Befüllen der Kassette mit den Polymerisationslösungen.

Danach werden an allen 3 Einfüllkerben je 100 μL Isopropanol überschichtet. Isopropanol verhindert das Eindiffundieren von
polymerisationshemmendem Sauerstoff in das Gel. Das Gel
erhält dadurch eine scharfe, ästhetische Oberkante.

Eine Stunde bei Raumtemperatur stehen lassen.

*Eventuell eingeflossene Luftbla-
sen entfernt man mit einem länglich zugeschnittenen Stück Polyesterfolie, mit welchem man die
Blasen aus der Kassette ziehen
kann.*

Polymerisation

Entnahme des Gels aus der Gießkassette

Nach der einstündigen Polymerisation wird die Kassette entklammert und mit einem Spatel die Glasplatte vorsichtig hinter
der Folie weggehebelt. Sodann faßt man an einer Ecke die Folie
und zieht damit das Gel langsam von dem Abstandhalter.

Waschen der Gele

Die Gele (0,25 mm Gel für Farbstoffe und 0,5 mm Gel für
Proteine) werden dreimal 20 min unter Schütteln in H_2O_{Bidest}
gewaschen. Der letzte Waschgang muß 2 % Glycerin enthalten.
Sofern man Besitzer eines "MultiWash"-Apparates ist ca. 30 min
bei Umpumpen von H_2O_{Bidest} durch die Mischbettionenaustauscher-Kartusche entionisieren (s. Abb. 6).

*Dabei werden Reste von Mono-
meren, APS und TEMED aus
dem Gel entfernt.*

● Vor dem Trocknen Gele 15 min in eine 10 %ige Glycerin-Lö-
  sung legen.

● Trocknen an der Luft über Nacht. Danach Aufbewahrung in
  Folie eingeschweißt im Kühlschrank.

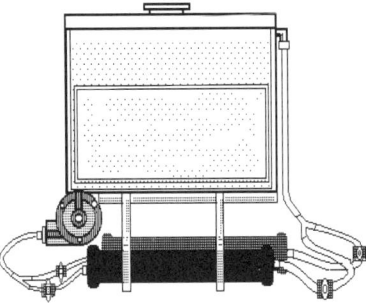

Abb. 6: Multiwash. Gelwasch- und Entfärbeapparatur

4 Elektrophorese

Rehydratisierung im amphoteren Puffer

Das getrocknete Gel wird mit der Folie nach unten mit etwas Wasser auf die Glasplatte gelegt. Wiederum läßt man die Folie etwa 1 mm an der oberen langen Glasplattenseite überstehen. Da das getrocknete Gel leicht klebrig ist rollt man nicht mit dem Roller das Wasser aus dem Glas-Folien-Zwischenraum, sondern man stellt die Glasplatte mit der Folie senkrecht auf einige Lagen Papierhandtücher. Nach etwa 5 min liegt die Folie plan auf der Glasplatte. Jetzt kann der Abstandhalter wieder aufgelegt und verklammert werden.

Alternativ kann auch die speziell hierfür entwickelte Rehydratisierungs-Kassette benutzt werden (Abb. 7). Hier wird die Rehydratisierungslösung von unten mit einer Spritze eingedrückt.

Methode a (Farbstoffe):

Auch die ultradünnen Gele werden in der 0,5 mm-Kassette oder Rehydratisierungskassette äquilibriert.

Rehydratisierungslösung (0,5 mol/L HEPES)

● 2,3 g HEPES mit H_2O_{Bidest} auf 20 mL auffüllen,

● Rehydratisierungszeit: ca. 1 h.

● mit Filterpapierstreifen Puffer aus den Probenwannen absaugen,

● Kühlblock mit 2 mL Kerosin oder DC-200 Silikonöl als *Kühlkontaktflüssigkeit* beschichten.

Wasser und andere Flüssigkeiten eignen sich nicht.

● Das Gel, mit der Folie nach unten auf den Kühlblock legen.

Luftblasen müssen vermieden werden.
s. Methode 7

Bei dieser Methode werden die Elektroden direkt auf die Gelkanten gelegt; man benötigt keine Puffertanks.

● Proben zügig in Probenwannen einpipettieren: je 1,5 µL,

● Stromversorger: 400 V_{max}, 60 mA_{max}, 20 W_{max}, ca. 1 h.

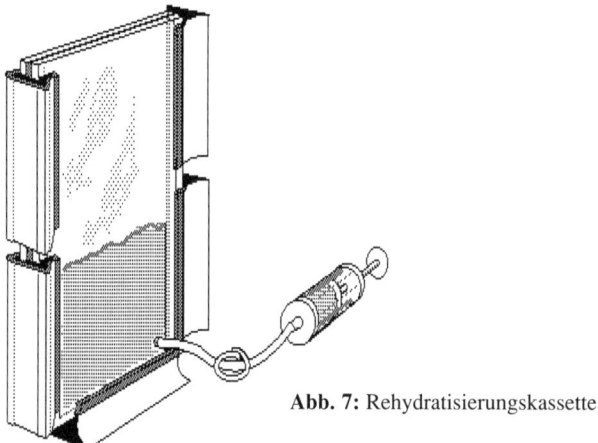

Abb. 7: Rehydratisierungskassette

Nach der Trennung

● Stromversorger abschalten.

● Sicherheitsdeckel öffnen.

Farb-Gele sofort auf warmen Untergrund, z.B. eingeschalteten Leuchttisch, legen und trocknen. In Abb. 1 ist ein Ergebnis gezeigt.

Sofortige Trocknung ist wichtig für mechanische Fixierung der Zonen.

Methode b (kationische Protein-PAGE)

Rehydratisierungslösung (0,6 mol/L HEPES):

2,8 g HEPES (= 0,6 mol/L)
66 µL Essigsäure (0,3 mol/L) (= 1 mmol/L)
1,0 mL Arginin-Lösung (= 5 mmol/L)
60 µL Pyronin-Lösung

Mit Hilfe des Farbstoffs Pyronin kann man die Front beobachten.

mit H_2O_{Bidest} auf 20 mL auffüllen.

● Rehydratisierungszeit: ca. 1 h.

● Mit Filterpapierstreifen Puffer aus Probenwannen absaugen.

● Kühlblock zur Seite, neben Multiphor legen.

mit MultiTemp verbunden

● Elektrophorese-Elektroden (orange Plastikplatten) in die inneren Abteilungen der Tanks einsetzen und Kabel einstecken.

Elektrodenpuffer

Kathode:	*Anode:*
3,3 mL Essigsäure 0,3 mol/L (= 1 mmol/L)	150 mL ε-Aminocapronsäure (= 45 mmol/L)
	6,6 mL Essigsäure 0,3 mol/L (= 2 mmol/L)
mit H_2O_{dest} auf 1 L auffüllen, in kathodischen Puffertank einfüllen.	mit H_2O_{dest} auf 1 L auffüllen, in anodischen Puffertank einfüllen.

● Kühlblock wieder einsetzen.

● Kühlblock mit 2 mL Kerosin oder DC-200 Silikonöl als *Kühlkontaktflüssigkeit* beschichten. *Wasser und andere Flüssigkeiten eignen sich nicht.*

● Das Gel, mit der Folie nach unten auf den Kühlblock legen und dabei so orientieren, daß die Probenwannen auf der *anodischen* Seite liegen. *Luftblasen müssen vermieden werden.*

Als Elektrodenbrücken werden verwendet: je 7 Blatt Elektrodenbrückenpapier oder Wettex-Dauer-Elektrodenbrücken (je 1 Blatt).

● Elektrodenbrücken in Puffertanks tränken und auf die Gelkanten legen, daß sie das Gel jeweils ca. 1 cm überlappen (Abb. 8).

● Proben zügig in Probenwannen einpipettieren: je 6,5 µL.

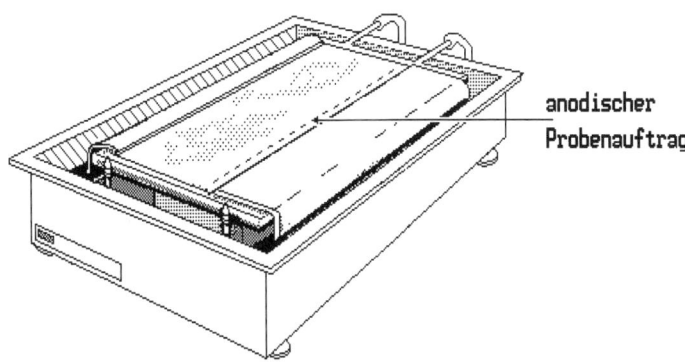

anodischer
Probenauftrag

Abb. 8: Kationische Nativ-Elektrophorese.: Probenaufgabe an der Anode.

Trennbedingungen:

Tab. 1: *MultiDrive XL Programmierung*

Phase	U (V)	I (mA)	P (W)	t (h:min)
1	400	2,5	1	0:05
2	700	5	3	0:05
3	1300	10	8	0:05
4	2000	12	20	0:50

Phasen 1 bis 3 sind für sanften Probeneintritt und effektives "Stacking".

Durch niedrige Leitfähigkeit kann man hohe Feldstärken verwenden; → schnelle Trennung für Nativsystem.

Wenn man zusammengesetzte Proteine, z.B. Chloroplastenproteine, auftrennen will, dürfen 300 V nicht überschritten werden. Die Trennung dauert dann entsprechend länger.

Nach der Trennung

● Stromversorger abschalten.

● Sicherheitsdeckel öffnen.

● Elektrodenbrücken abnehmen und entweder am Rand des
Kühlblocks auflegen oder in die Tanks gleiten lassen.

*Der Puffer kann bis zu 5 Tren-
nungen hintereinander verwendet werden.*

Wettex-Dauerelektrodenbrücken: *Nach fünfmaligem Gebrauch mehrmals in H2O_{dest} auswaschen, gegebenenfalls in
0,5 % iger SDS-Lösung auskochen und dann in H2O_{dest} waschen.*

● Protein-Gele werden gefärbt oder geblottet.

*zu Blotting
s. Methode 9.*

5 Coomassie- und Silberfärbung

Kolloidale Coomassie-Färbung

Bei dieser Methode ist das Ergebnis relativ schnell sichtbar. Man
benötigt wenig Arbeitsschritte, die Färbelösung ist stabil, es gibt
keine Hintergrundfärbung, Oligopeptide (> 10 bis 15 Aminosäuren) werden erfaßt, welche bei anderen Färbungen ungenügend
fixiert werden. Außerdem ist die Lösung fast geruchlos
[125,126].

Herstellung der Färbelösung:

2 g Coomassie G-250 in 1 L H2O_{dest} lösen und unter Rühren mit
1 L Schwefelsäure (1 mol/L oder 55,5 mL konz. H_2SO_4 pro L)
versetzen. Nach dreistündigem Rühren abfiltrieren (Faltenfilter), das braune Filtrat mit 220 mL Natronlauge (10 mol/L oder
88 g auf 220 mL) versetzen. Zuletzt 310 mL einer 100 %igen
(g/v) TCA hinzufügen und gut vermischen, Lösung wird grün.

Fixierung, Färbung: 3 Stunden bei 50 °C oder bei Zimmertemperatur über Nacht in der kolloidalen Lösung;

Auswaschen der Säure: 1 bis 2 Stunden in Wasser einlegen, dabei
werden die grünen Kurven blau und intensiver.

Schnelle Coomassie-Färbung

Färben: Heißfärbung unter Rühren des Magnetkernes in Edelstahl-Färbewanne: 0,02 % Coomassie R-350:
1 PhastGel-Blue-Tablette gelöst in 2 L 10 % Essigsäure; 8 min,
50 °C (s. Abb. 9);

*Dabei liegt das Gel mit der
Oberfläche nach unten auf dem
Gittereinsatz.*

Entfärben: Im Multiwash in 10 % Essigsäure 2 h bei Raumtemperatur (s. Abb. 10);

*Das Multiwash besteht aus Ent-
färbebehälter, Pumpe, Aktivkoh-
le- und Mischbett-Ionenaustau-
scher-Kartusche.*

Präservieren: In einer Lösung aus 25 mL Glycerin (87% g/v) + 225 mL H_2O_{dest} 30 min;

Trocknen: Luft (Raumtemperatur).

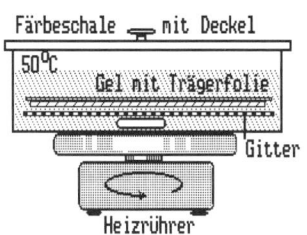

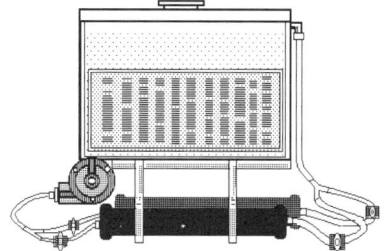

Abb. 9: Vorrichtung zur Heißfärbung von Gelen.   **Abb. 10:** Entfärben in Multiwash.

5-Minuten Silberfärbung getrockneter Gele

Diese Methode ist einsetzbar als Nachfärbung von getrockneten Coomassie-gefärbten Gelen (Hintergrund muß vollständig klar sein) zur Erhöhung der Nachweisempfindlichkeit oder als Direktfärbung eines nicht gefärbten Geles nach Vorbehandlung [127]. Ein besonderer Vorteil der Methode liegt auch darin, daß man keine Proteine und Peptide verliert. Bei anderen Silberfärbungsmethoden diffundieren sie häufig aus dem Gel, weil sie in Fokussierungs- und Nativ-Gelen nicht irreversibel fixiert werden können wie bei der SDS-Elektrophorese.

Vorbehandlung von nicht gefärbten Gelen:

● 30 min fixieren in 20 % TCA,

● 2 × 5 min waschen in 45 % Methanol, 10 % Eisessig,

● 4 × 2 min waschen in H_2O_{dest},

● 2 min imprägnieren in 0,75 % Glycerin,

● trocknen an der Luft.

Lösung A: 25 g Na_2CO_3, 500 mL H_2O_{Bidest};
Lösung B: 1,0 g NH_4NO_3, 1,0 g $AgNO_3$, 5,0 g Wolframatokieselsäure, 7,0 mL Formaldehydlösung (37 %) mit H_2O_{Bidest} auf 500 mL auffüllen.

Silberfärbung:

Zum *Gebrauch* 35 mL Lösung A mit 65 mL Lösung B mischen, Gel sofort in die entstandene weißliche Suspension eintauchen und unter Schütteln inkubieren bis gewünschte Intensität erreicht ist. Kurz mit H_2O_{dest} spülen.

Stoppen mit 0,05 mol/L Glycin. Gel und Trägerfolienrückseite mit Wattebausch von metallischem Silber reinigen.

Trocknen an der Luft.

Abb. 11 zeigt eine Elektrophorese diverser Proteinproben, die nach der hier beschriebenen Anleitung durchgeführt wurde.

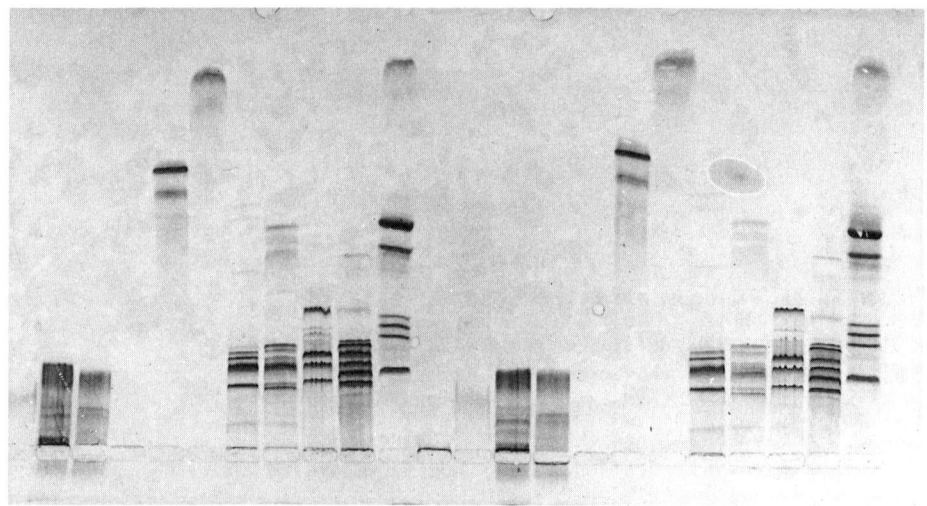

Abb. 11: Kationische Nativelektrophorese in 0,6 mol/L HEPES von Markerproteinen und Fleischsäften Anfärbung mit PhastGel Blau R-350. (Kathode oben.)

Methode 6: Agarose-IEF

Das Prinzip der Isoelektrischen Fokussierung in Trägerampho- *s. S. 39 ff*
lyten pH-Gradienten ist in Teil 1 beschrieben. Es gibt eine Reihe
von Gründen für die Verwendung von Agarose als Trennmedium:

● Man benötigt keine toxische Monomerlösung; *kein Acrylamid, Bis*

● es gibt keine Katalysatoren, die die Trennung stören können; *kein TEMED, APS*

● man muß keine Polymerisationslösungen ansetzen und la- *weniger Arbeit*
  gern;

● die Matrix ist großporig; *hochmolekulare Proteine kein Problem*

● deshalb ergeben sich kürzere Trennzeiten *geringerer Reibungswiderstand;*

● die Färbezeiten sind kürzer; *man färbt das getrocknete Gel*

  man kann im Gel die Immunfixation durchführen. *s. S. 12*

Bei Agarose gibt es allerdings auch einige Probleme:

● Die Gele sind nicht absolut elektroosmosefrei, weil beim *Dies führt zu Kathodendrift des Gradienten und Wassertrans-*
  Reinigen nicht alle Carboxyl- und Sulfatgruppen entfernen *port im Gel.*
  werden.

● Aus diesem Grund kann man auch keine extremen pH-Berei- *Agarose-IEF funktioniert am be-*
  che (saure oder basische) in Agarose-Gelen verwenden. *sten im mittleren pH-Bereich.*

● Harnstoff-Gele sind schwierig herzustellen, weil der Harn- *Einsatz von rehydratisierbaren*
  stoff die Agarosestruktur unterbricht. *Agarose-Gelen [61].*

1 Probenvorbereitung

● Markerproteine pI 4,7 bis 10,6 oder

● Markerproteine pI 5,5 bis 10,7 + 100 µL $H_2O_{Bidest.}$ *Auftragung 10 µL*

● Fleischsäfte von Schwein, Hase, Kalb, Rind portioniert tief- *Auftragung 10 µL*
  gefroren lagern.
  Vor Gebrauch verdünnen:
  100 µL Fleischsaft + 300 µL $H_2O_{Bidest.}$

● *Andere Proben:* *Auftragung 10 µL*
  Proteinkonzentration auf ca. 1 bis 3 mg / mL einstellen.
  Verdünnung mit $H_2O_{Bidest.}$ Salzkonzentration soll < 50
  mmol/L sein.

Eventuelle Entsalzung mit NAP-10-Säule notwendig:
1 mL Probenlösung aufgeben → 1,5 mL Eluat verwendbar.

2 Herstellung des Agarose-Gels

Agarose-Gele werden auf GelBond-Film gegossen: ein mit einer getrockneten Agaroseschicht überzogener Polyesterfilm.

darf nicht mit GelBond-PAG-Film verwechselt werden

Agarose-Gele kann man auf verschiedene Arten gießen; das Gelieren der Lösung wird durch Luftsauerstoff nicht inhibiert.

im Gegensatz zur Polymerisation von Acrylamid

In dieser Anleitung wird das Gel in einer vorgewärmten, senkrecht aufgestellten Kassette hergestellt, weil man damit eine gleichmäßige Gelschicht erzeugen kann. Die im folgenden beschriebene Vorgehensweise stützt sich im wesentlichen auf die Erfahrungen von Dr. Hans-Jürgen Leifheit, München [129], dem wir hiermit für seine hilfreichen Auskünfte danken.

[129] Leifheit H-J, Gathof AG, Cleve H. Ärztl Lab. 33 (1987) 10-12.

Hydrophobiserung des Abstandhalters

Einige mL Repel Silane werden *unter dem Abzug* mit einem Kleenextuch über die Innenfläche des Abstandhalters verteilt. Nachdem das Lösungsmittel des Repel Silanes verdunstet ist, werden die bei der Beschichtung entstandenen Chlorid-Ionen mit Wasser von der Platte gespült.

Der "Abstandhalter" ist die Glasplatte mit der aufgeklebten, 0,5 mm dünnen, U-förmigen Silikongummidichtung.
Diese Behandlung muß nur einmal durchgeführt werden.

Zusammenbau der Gelkassette:

● GelBond-Film aus der Packung nehmen.

hydrophile Seite mit Wassertropfen identifizieren.
Dies erleichtert das spätere Befüllen der Kassette.

Die Gelträgerfolie wird mit der hydrophoben Seite nach unten mit etwas Wasser mittels eines Rollers auf die Glasplatte gewalzt (Abb. 1), und zwar so, daß die Folie an einer langen Glasplattenseite etwa einen Millimeter übersteht.

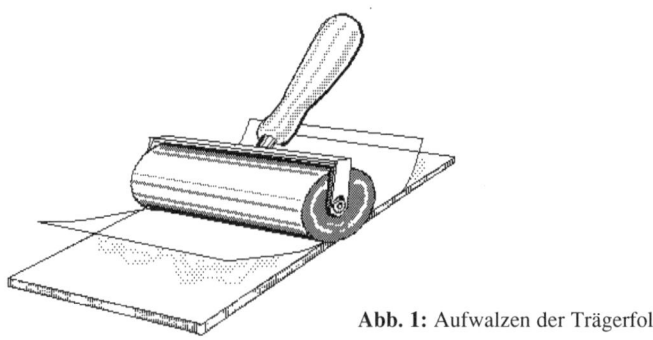

Abb. 1: Aufwalzen der Trägerfolie.

Danach wird der Abstandhalter, deckungsgleich zur Glasplatte, mit der Gummidichtung nach unten, auf die Folie gelegt und mit den Klammern zugeklammert (Abb. 2).

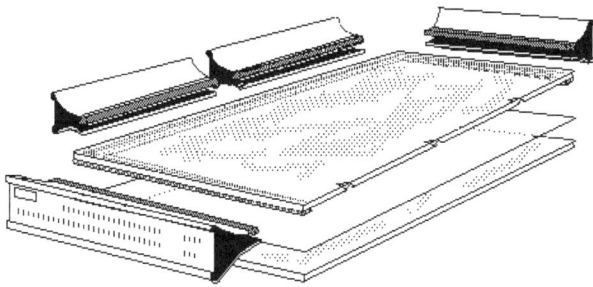

Abb. 2:
Zusammenbau der Gießkassette.

Diese Kassette wird vor der Einfüllung der heißen Agarose-lösung zusammen mit einer 10-mL-Meßpipette aus Glas im Trockenschrank auf 75 °C erwärmt.

damit die Lösung nicht sofort am Glas geliert.

Herstellung der Agaroselösung (0,8 % Agarose)

Wichtig ist, daß die Agarose absolut trocken gelagert wird. Agarose ist hygroskopisch.

Es könnte bei feuchter Agarose zu wenig eingewogen werden.

● In 100 mL Becherglas:

2 g Sorbit
19 mL H_2O_{Bidest}
0,16 g Agarose IEF

Sorbit verbessert mechanische Eigenschaft des Geles und wirkt, da es hygroskopisch ist, elektroosmotischem Wasserfluß entgegen.

● vermischen und – mit Uhrglas bedeckt – im Mikrowellenherd auf niedrigster Stufe oder auf dem Heizrührer bei langsamen Rühren des Magnetkerns aufkochen, bis sich die Agarose vollständig gelöst hat.

Schnelles Rühren schadet den mechanischen Eigenschaften der Agarose. Deshalb ist der Mikrowellenherd zu bevorzugen.

● An der Wasserstrahlpumpe entgasen, damit CO_2 entfernt wird.

● Becherglas für ein paar Minuten in den Trockenschrank stellen, damit sich die Lösung auf ca. 75 °C abkühlt.

sollte für die Trägerampholyte nicht zu heiß sein

● 1,3 mL Ampholine pH 3,5 bis 9,5 oder Pharmalyte pH 3 bis 10 zugeben und mit Glasstab verrühren.

● Jetzt sofort die Kassette aus dem Trockenschrank holen; die heiße Agaroselösung mit Peleusball in vorgewärmte Pipette aufziehen, zügig die Lösung in die Kassette fließen lassen (Abb. 3).

Luftblasen vermeiden. Sollten trotzdem welche eingeschlossen sein, mit schmalem Folienstreifen herausziehen.

● Kassette 1 bis 2 h bei Raumtemperatur stehen lassen.

Dabei geliert das Gel langsam.

● Kassette entklammern und Gel herausnehmen.

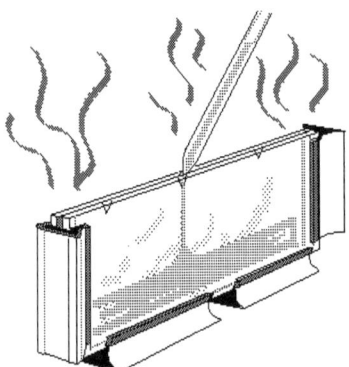

Abb. 3: Gießen der heißen Agaroselösung in vorgewärmte Kassette.

● Gel auf nasses Filterpapier legen und über Nacht in der Feuchtekammer (Abb. 4) im Kühlschrank lagern, kann bis zu einer Woche darin aufbewahrt bleiben.

Erst dabei bildet sich die endgültige Agarose-Gelstruktur aus (s. S. 8).

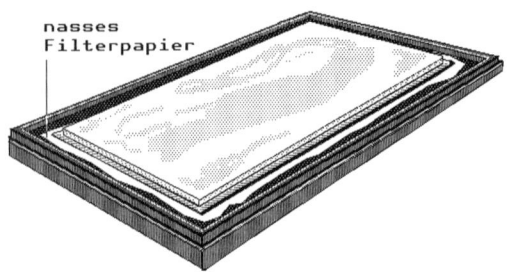

nasses
Filterpapier

Abb. 4: Agarosegel in der Feuchtekammer.

3 Isoelektrische Fokussierung

● Mit ca. 1 mL Kerosin oder Silikonöl DC-200 wird das Gel mit der Folie nach unten auf die 10 °C kalte Kühlplatte gelegt (Abb. 6).

Die IEF muß bei definierter, konstanter Temperatur erfolgen, weil der pH-Gradient und die pIs temperaturabhängig sind.

● Mit Filterpapier die Oberfläche abtrocknen (Abb. 5), weil Agarose-Gele einen Flüssigkeitsfilm auf der Oberfläche haben.

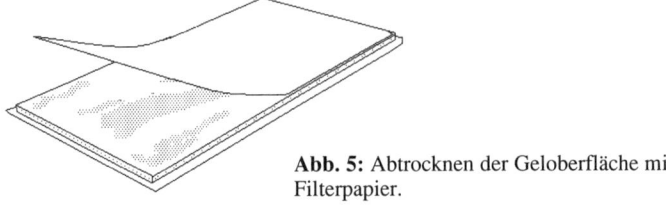

Abb. 5: Abtrocknen der Geloberfläche mit Filterpapier.

Elektrodenlösungen:

Zur Verminderung der Kathodendrift benötigt man Filterkarton-streifen zwischen den Elektroden und den beiden Gelkanten, welche in Elektrodenlösungen getränkt werden. Das sind für einen pH-Gradienten 3,5 bis 9,5:

Anode:	*Kathode:*
0,25 mol/L Essigsäure	0,25 mol/L NaOH

wird auch bei pH 4,0 bis 6,5 verwendet.

Bei einem Gradienten pH 5,0 bis 8,0 verwendet man an der Anode 0,04 mol/L Glutaminsäure, an der Kathode 0,25 mol/L NaOH.

● Fokussierstreifen kürzer zuschneiden als Gelbreite (< 25 cm);

Sie dürfen nicht über die seitlichen Kanten hängen.

● Streifen vollständig in der jeweiligen Lösung tränken;

● 1 min auf trockenes Filterpapier legen, damit überschüssige Lösung abgesaugt wird;

● Elektrodenstreifen entlang der langen Gelkanten auflegen;

● die Elektroden so auf der Halterplatte verschieben, daß sie auf den Elektrodenstreifen aufliegen (s. Abb. 6);

Darauf achten, daß saurer Streifen auf Anodenseite, basischer Streifen auf Kathodenseite liegt.

● Kabel einstecken, darauf achten, daß das lange Anodenverbindungskabel an der Vorderseite angeklemmt ist.

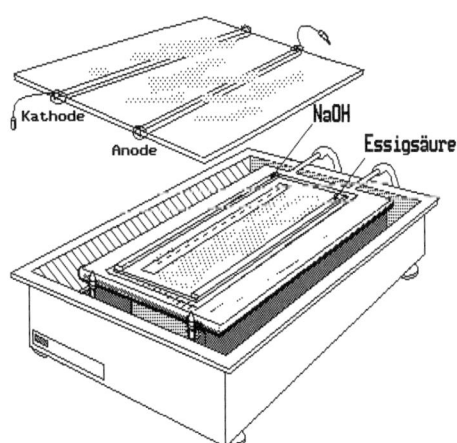

Abb. 6: Agarose-IEF mit Elektrodenstreifen. und Probenaufgabeband.

Trennbedingungen

Die Strom- und Leistungswerte gelten für ein ganzes Gel. Bei der IEF eines halben Geles gelten die halben Werte für mA und W.

● *Vorfokussierung:* 30 min bei max. 1400 V, 30 mA, 8 W,

Dabei wird der pH-Gradient aufgebaut.

● *Probenaufgabe:* je 10 μL in Lochband 2 cm von der Anode entfernt.

*Bei Agarose-IEF **keine** Filterpapier- oder Celluloseplättchen verwenden!*
u.U. muß Stufentest durchgeführt werden.

Die optimale Probenaufgabestelle hängt auch bei der Agarose-IEF von den Eigenschaften der Probe ab (siehe Methode 7). Aber die meisten Proteine gehen bei der hier angegebenen Stelle ins Gel.

● *Salzentfernung:* 30 min bei max. 150 V; die anderen Werte bleiben eingestellt.

Dies hilft auch hochmolekularen Proteinen, z.B. IgM, einzuwandern.

● Trennung: 60 min bei max. 1500 V, 30 mA, 8 W.

Dies gilt für Gradienten von ca. pH 3 bis 10.

Zwischendurch muß man u.U. die Trennung unterbrechen und die Fokussierstreifen mit Filterpapier entwässern:

bei engeren Gradienten, z.B. pH 5 bis 8, IEF ca. 2 h, da Proteine mit niedrigerer Ladung weite Strecken zurücklegen müssen

● Stromversorger abschalten, Sicherheitsdeckel öffnen, Elektroden abnehmen, überschüssiges Wasser an den Streifen absaugen;

● Trennung fortsetzen.

Dann werden die Proteine angefärbt, immunfixiert oder geblottet. Sollten Probleme aufgetreten sein, Problemlösungen im Anhang zu Rate ziehen.

4 Proteinnachweis

Coomassie-Blau-Färbung

Lösungen in H_2O_{dest}

● *Fixieren:* 30 min in 20 % (g/v) TCA;

● *Waschen:* 2 × 15 min in jeweils frischen 200 mL Lösung: 10 % Eisessig, 25 % Methanol;

● *Trocknen:* 3 Lagen Filterpapier auf Gel und darauf Glasplatte legen, mit Gewicht (1 bis 2 kg) beschweren (Abb. 7). Nach 10 min dies alles abnehmen und im Trockenschrank zu Ende trocknen;

Das direkt auf der Agarose liegende Filterpapier vorher anfeuchten.

● *Färben:* 10 min in 0,5 % (g/v) Coomassie R-350 in 10 % Eisessig, 25 % Methanol:
3 Tabletten PhastGel-Blue R (je 0,4 g Farbstoff) in 250 mL auflösen;

● *Entfärben:* in 10 % Eisessig, 25 % Methanol bis Hintergrund klar ist;

● *Trocknen:* im Trockenschrank.

Immunfixation

Bei dieser Fixiermethode werden am Ende nur die Proteinbanden angefärbt, die mit dem Antikörper ein unlösliches Immunpräzipitat gebildet haben.

Alle anderen Proteine und überschüssige Antikörper werden mit NaCl-Lösung aus dem Gel gewaschen.

Antikörperlösung: 1 : 2 (oder 1 : 3, je nach Antikörpertiter) mit
H_2O_{Bidest} verdünnen und mit Glasstab oder Meßpipette auf der
Geloberfläche ausstreichen: ca. 400 bis 600 µL;

● *Inkubieren:* 90 min in Feuchtekammer im Brut- oder Trok-
kenschrank bei 37 °C;

● *Pressen:* 20 min mit 3 Lagen Filterpapier, Glasplatte und
Gewicht (s. Abb. 7);

*Das direkt auf der Agarose lie-
gende Filterpapier vorher anfeuchten.*

Abb. 7: Pressen des Agarosegels.

● *Waschen:* in physiologischer Kochsalzlösung (0,9 % NaCl
g/v) über Nacht;

● *Trocknen:* s. Coomassie-Färbung;

● *Färben* und Entfärben wie bei Coomassie-Färbung.

Wichtig ist, daß man den Antikörpertiter kennt, da z.B. bei zu
hoch konzentrierter Antikörperlösung hohle Banden entstehen
können: in der Mitte bindet jeweils ein Antigen einen Antikörper;
es entsteht kein Präzipitat.

Silberfärbung

Sollte die Nachweisempfindlichkeit der Coomassie Färbung
nicht ausreichen, kann man noch eine Silberfärbung des getrockneten Gels anschließen [124]:

Lösung A: 25 g Na_2CO_3, 500 mL H_2O_{Bidest};

Lösung B: 1,0 g NH_4NO_3, 1,0 g $AgNO_3$, 5,0 g Wolframatokieselsäure / 7,0 mL Formaldehydlösung (37 %) mit H_2O_{Bidest} auf
500 mL auffüllen.

Färbung: Zum Gebrauch 35 mL Lösung A mit 65 mL Lösung B
mischen, Gel sofort in die entstandene weißliche Suspension
eintauchen und unter Schütteln inkubieren bis gewünschte Intensität erreicht ist. Kurz mit H_2O_{dest} spülen;

Stoppen mit 0,05 mol/L Glycin. Gel und Tragerfolienrückseite
mit Wattebausch von metallischem Silber reinigen;

Trocknen an der Luft.

Methode 7: PAGIEF in rehydratisierten Gelen

Das Prinzip der Isoelektrischen Fokussierung in Trägerampholyten pH-Gradienten ist in Teil 1 beschrieben.

s. S. 39 ff

Es gibt eine Reihe von Gründen, warum die Verwendung von
gewaschenen, getrockneten und rehydratisierten Polyacrylamid-
Gelen vorteilhaft ist:

● Einige Trägerampholyt-Species hemmen die Polymerisation
des Gels, vor allem aber auch die Reaktion an der Folie, das
heißt spätestens in einem aggressiven Färbebad schwimmt
das Dünn-Gel medusenhaft seiner Folie davon.

*vor allem stark basische Ampho-
lyte*

● Ampholythaltige Gele sind leicht klebrig, und deshalb
schlecht aus der Gießkassette zu entnehmen.

*ebenfalls wegen gehemmter Po-
lymerisation*

● Leere Gele können gewaschen werden: APS, TEMED, und
nicht reagierte Acrylamid- und Bis-Monomere können auf
diese Weise aus dem Gel entfernt werden. Dies ergibt eine
wesentlich störungsfreiere Fokussierung: deutlich sichtbar an
geraden Banden auch im sauren pH-Bereich.

*Auch kann man bei der IEF die
sonst nötigen, mit Säure bzw.
Lauge getränkten Elektroden-
dochte weglassen:
dadurch Trennung bis zur Pla-
tinelektrode!*

● Gele kann man leicht in größeren Mengen herstellen und im
trockenen Zustand aufbewahren.

*mit frischer Acrylamid-
Monomerlösung.*

● Chemische Zusätze, die die Trennung mancher Proteine erst
ermöglichen und die Polymerisation hemmen würden, sind
ohne Probleme ins Gel zu bringen.

*z.B. nichtionische Detergenzien
wie Triton oder NP-40*

● Es können auch Probenaufgabewannen ins Gel mit eingegossen werden, ohne daß sich der pH-Gradient daran stört.

*Herstellen eines "Slotformers"
s. z.B. Methode 1*

● Leere, getrocknete Gele kann man fertig kaufen.

*Dann braucht man nicht mit
Acrylamid-Monomeren zu hantieren und kann viel Zeit und Arbeit sparen.*

1. Probenvorbereitung

● Markerproteine pI 4,7 bis 10,6 oder

● Markerproteine pI 5,5 bis 10,7 + 100 μL $H_2O_{Bidest.}$

Auftragung 10 μL

● Fleischsäfte von Schwein, Hase, Kalb, Rind portioniert tiefgefroren lagern.
Vor Gebrauch verdünnen:
100 μL Fleischsaft + 300 μL $H_2O_{Bidest.}$

Auftragung 10 μL

● *Andere Proben:*

Auftragung 10 bis 20 μL

Proteinkonzentration auf ca. 1 bis 3 mg / mL einstellen. Verdünnung mit $H_2O_{Bidest.}$ Salzkonzentration soll < 50 mmol/L sein.

Eventuelle Entsalzung mit NAP-10-Säule notwendig:
1 mL Probenlösung aufgeben → 1,5 mL Eluat verwendbar.

2 Stammlösungen

Acrylamid,Bis (T = 30 %, C = 3 %):

29,1 g Acrylamid + 0,9 g Bis mit H_2O_{Bidest} auf 100 mL auffüllen.
oder

Reste umweltfreundlich beseitigen: mit APS-Überschuß auspolymerisieren.

PrePAG Mix (29,1 : 0,9) mit 100 mL H_2O_{Bidest} rekonstituieren.

Achtung! *Acrylamid und Bis sind als Monomere toxisch. Hautkontakt vermeiden, nicht mit dem Mund pipettieren.*

Bei Lagerung im Dunkeln bei 4 ˚C (Kühlschrank) eine Woche haltbar.

Kann dann noch für mehrere Wochen für SDS-Gele verwendet werden.

Ammoniumpersulfat-Lösung (APS) 40 % (g/v):

400 mg Ammoniumpersulfat in 1 mL H_2O_{Bidest} auflösen.

eine Woche im Kühlschrank (4 ˚C) haltbar

0,25 mol/L Tris-HCl-Puffer:

3,03 g Tris + 80 mL H_2O_{Bidest}, mit 4 mol/L HCl auf pH 8,4 titrieren, mit H_2O_{Bidest} auf 100 mL auffüllen.

Dieser Puffer entspricht dem Anodenpuffer der Horizontal-Elektrophorese nach Methode 8. Er dient zur pH-Wert Einstellung der Polymerisationslösung, da diese im leicht basischen optimal abläuft.

Puffer wird beim Waschvorgang wieder entfernt.

Glycerin 87 % (g/v):

Das Glycerin erfüllt mehrere verschiedene Funktionen: In der Polymerisationslösung verbessert es die Einfließfähigkeit und beschwert diese Lösung gleichzeitig, damit der abschließende Überschichtungsvorgang erleichtert wird. In der letzten Waschlösung sorgt Glycerin dafür, daß das Gel beim Trocknen sich nicht aufrollt.

3 Herstellung der leeren Gele

Zusammenbau der Gelkassette:

● GelBond-PAG-Film aus der Packung nehmen.

Hydrophile PAG-Filmseite durch Test mit Wassertropfen identifizieren.

Abb. 1: Aufwalzen der Trägerfolie

Die Gelträgerfolie wird mit der hydrophoben Seite nach unten mit etwas Wasser mittels eines Rollers auf die Glasplatte gewalzt (Abb. 1), und zwar so, daß die Folie an einer langen Glasplattenseite etwa einen Millimeter übersteht.

Dies erleichtert das spätere Befüllen der Kassette.

Da das Gel nach der Polymerisation zwar an der GelBond-PAG-Folie binden soll, nicht aber an dem Abstandhalter, wird dieser mit Repel Silane hydrophobisiert. Danach wird der Abstandhalter, deckungsgleich zur Glasplatte, mit der Gummidichtung nach unten, auf die Folie gelegt und mit den Klammern zugeklammert (Abb. 2).

Der "Abstandhalter" ist die Glasplatte mit der aufgeklebten, 0,5 mm dünnen, U-förmigen Silikongummidichtung.

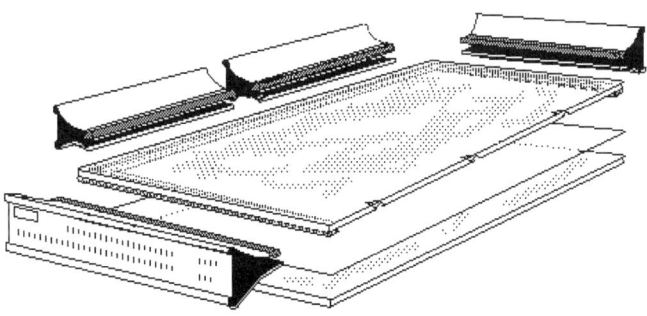

Abb. 2:
Zusammenbau der Gießkassette.

● Zusammensetzung der Polymerisationslösung für ein Gel mit
  T = 4,2 %:

2,7 mL Acrylamid/Bis
0,5 mL Tris-HCl
1 mL Glycerin
10 µL TEMED
auf → *20 mL* mit H_2O_{Bidest}

Befüllen der Gelgießkassette

Erst wenn alles bereit steht, werden der Polymerisationslösung 20 µL APS zugefügt.

Ab jetzt läuft die Uhr: Nach 20 min spätestens wird diese Lösung fest.

Das Einfüllen wird mit einer 10-mL-Meßpipette oder einer 20-mL-Spritze ausgeführt (Abb. 4). Die Pipette wird mit einem Peleusball ganz vollständig gefüllt (10-mL-Skala enschließlich Kopfraum ergeben 18 mL) und dann an die mittlere Einfüllkerbe des Abstandhalters gelegt. Vorsichtig den Ablaßknopf betätigen. Dank der oben herausragenden Folie wird die Gellösung direkt in die Kassette gelenkt.

Niemals die toxische Monomerlösung mit dem Mund pipettieren!

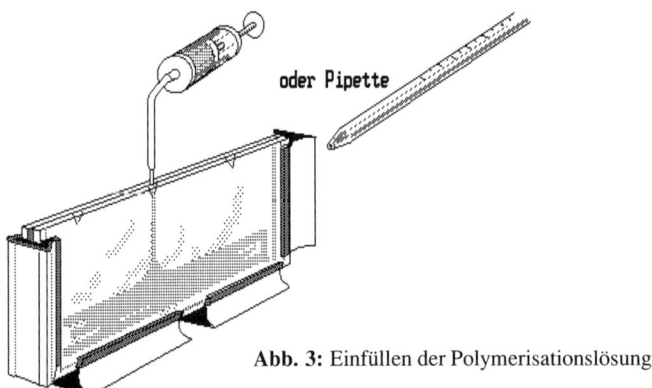

Abb. 3: Einfüllen der Polymerisationslösung.

Danach werden an den 3 Einfüllkerben je 100 µL Isopropanol überschichtet. Isopropanol verhindert das Eindiffundieren von polymerisationshemmendem Sauerstoff in das Gel. Das Gel erhält dadurch eine scharfe, ästhetische Oberkante.

Eventuell eingeflossene Luftblasen entfernt man mit einem länglich zugeschnittenen Stück Polyesterfolie, mit welchem man die Blasen aus der Kassette ziehen kann.

Eine Stunde bei Raumtemperatur stehen lassen.

Polymerisation

Entnahme des Gels aus der Gießkassette

Nach der einstündigen Polymerisation wird die Kassette entklammert und mit einem Spatel die Glasplatte vorsichtig hinter der Folie weggehebelt. Sodann faßt man an einer Ecke die Folie und zieht damit das Gel langsam von dem Abstandhalter.

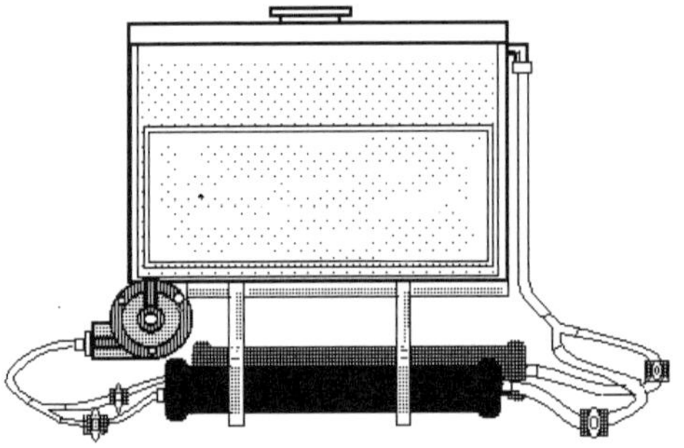

Abb. 4: MultiWash. Gelwasch- und Entfärbeapparat

Waschen des Gels

Dreimal 20 min wird das Gel unter Schütteln in H_2O_{Bidest} gewaschen. Der letzte Waschgang muß 2 % Glycerin enthalten. Sofern man Besitzer eines "Multiwash"-Apparates ist: ca. 30 min bei Umpumpen von H_2O_{Bidest} durch die Mischbettionenaustauscher-Kartusche entionisieren (s. Abb. 4).

Dabei werden Reste von Monomeren, APS und TEMED aus dem Gel entfernt.

Trocknen des Gels

Das Gel wird über Nacht bei Raumtemperatur mit einem Ventilator getrocknet. Die Gele werden mit je einer Schutzfolie versehen und in einer geschlossenen Plastiktüte tiefgekühlt (<−20 °C) aufbewahrt.

Heißtrocknung schadet dem Quellvermögen, deshalb auch Lagerung bei Tiefkühltemperatur.

4 Isoelektrische Fokussierung

Quellen des Gels

Das getrocknete Gel wird mit der Folie nach unten mit etwas Wasser auf die Glasplatte gelegt. Wiederum läßt man die Folie etwa 1 mm an der oberen langen Glasplattenseite überstehen. Da das getrocknete Gel leicht klebrig ist rollt man nicht mit dem Roller das Wasser aus dem Glas-Folien-Zwischenraum, sondern man stellt die Glasplatte mit der Folie senkrecht auf einige Lagen Papierhandtücher. Nach etwa 5 min liegt die Folie plan auf der Glasplatte. Jetzt kann der Abstandhalter wieder aufgelegt und verklammert werden.

Alternativ kann auch die speziell hierfür entwickelte Rehydratisierungs-Kassette benutzt werden (Abb. 5). Hier wird die Rehydratisierungslösung von unten mit einer Spritze eingedrückt.

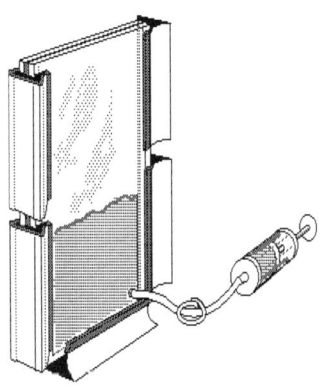

Abb. 5: Rehydratisierungskassette.

*Rehydratisierungslösung
(Ampholine, Pharmalyte):*

2 g Sorbit(= 10%)
1,3 mL Ampholine
oder Pharmalyte(= 2,5 % g/v)
auffüllen → *20 mL* mit H_2O_{Bidest}.

Sorbit erhöht die Viskosität im Gel, dadurch werden die Banden gerader.

● Lösung an der Wasserstrahlpumpe entlüften, damit CO_2 entfernt wird.

Nach ca. 2 h (ohne Sorbit 1 h) kann das rehydratisierte, jetzt Fokussier-Gel aus der Kassette entnommen werden.

Bei Additiven wie Harnstoff und Triton dauert das Quellen länger.

Proteintrennung

● Mit ca. 1 mL Kerosin oder Silikonöl DC-200 das Gel mit der Folie nach unten auf die 10 °C kalte Kühlplatte legen (Abb. 6).

Die IEF muß bei definierter, konstanter Temperatur erfolgen, weil der pH-Gradient und die pIs temperaturabhängig sind.

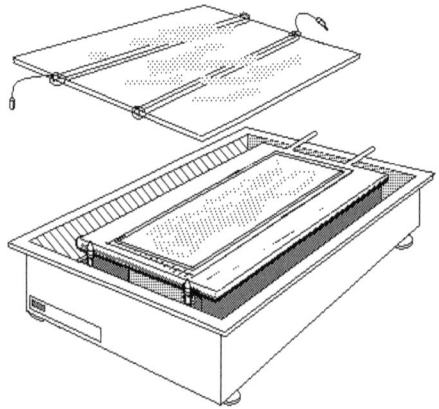

Abb. 6: Fokussierungselektroden werden direkt auf die Gelkanten gelegt.

● Am Stromversorger werden folgende Grenzwerte eingestellt:

2000 V, 14 mA, 14 W.

Werte gelten für ein ganzes Gel. Bei IEF eines halben Geles halbe Werte für Stromstärke (7 mA) und Leistung (7 W) einstellen.

● Die Elektroden direkt auf die Gelkanten legen (s. Abb. 6).

Bei diesen gewaschenen Gelen kann man auf Elektrodenstreifen verzichten.

● Kabel einstecken; darauf achten, daß das lange Anodenverbindungskabel an der Vorderseite angeklemmt ist.

● Zuerst 30 min ohne Probe fokussieren. Dies richtet die Ampholyte schon zum pH-Gradienten aus, ohne daß die Proteine im Gel mitwandern müssen.
Außerdem gibt es beispielsweise Proteine, die es nur im sauren Milieu aushalten oder im basischen; ohne Vorfokussierung hat das Gel jedoch überall den pH-Wert von ungefähr 7,0.

Die Vorfokussierung ist nicht bei allen Proben notwendig, da ja APS und TEMED bereits ausgewaschen sind, und die meisten Proteine nicht pH-empfindlich sind; am besten: ausprobieren.

Probenaufgabe

Bei der Probenaufgabe muß beachtet werden, daß die meisten Proteine eine optimale Auftragstelle haben. Dies muß man gegebenenfalles durch Probenaufgabe an verschiedenen Stellen herausfinden (Stufentest, Abb. 7). Die Proben werden mit Filterpapierplättchen oder Lochbändern aus Silikongummi aufgegeben.

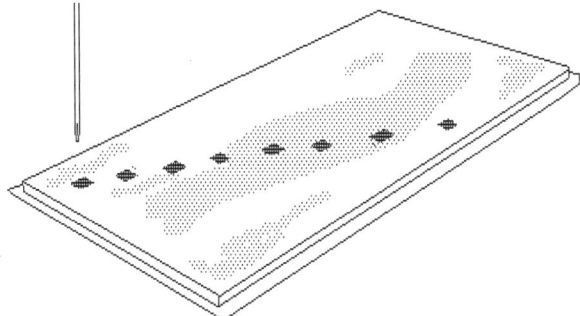

Abb. 7: Stufentest zur Ermittlung der optimalen Probenaufgabenstelle.

Normale Fokussierdauer ist 1 h, 30 min. Große Proteine können etwas länger brauchen, bis sie an ihren pIs angelangt sind. Viskose Gele (mit 20% Glycerin, oder 8 mol/L Harnstoff-Lösung) benötigen ebenfalls eine längere Fokussierdauer.

Dies gilt für Gradienten von pH 3 bis 10. Bei engeren Gradienten, z.B. pH 5 bis 7, muß ca. 4 h fokussiert werden, da hierbei die Proteine mit niedrigerer Ladung weite Wanderungsstrecken zurücklegen müssen.

Einschließlich der Vorfokussierung sollten 3 h Fokussierdauer nicht überschritten werden.

● Nach der IEF Stromversorger abschalten, Sicherheitsdeckel öffnen.

● Jetzt werden die Proteine angefärbt oder geblottet. Sollten Probleme aufgetreten sein, Problemlösungen im Anhang zu Rate ziehen.

5 Coomassie- und Silberfärbung

Kolloidale Coomassie-Färbung

Bei dieser Methode ist das Ergebnis relativ schnell sichtbar. Man benötigt wenig Arbeitsschritte, die Färbelösung ist stabil, es gibt keine Hintergrundfärbung, Oligopeptide (> 10 bis 15 Aminosäuren) werden erfaßt, welche bei anderen Färbungen ungenügend fixiert werden. Außerdem ist die Lösung fast geruchlos [125,126].

Herstellung der Färbelösung:

2 g Coomassie G-250 in 1 L H_2O_{dest} lösen und unter Rühren mit 1 L Schwefelsäure (1 mol/L oder 55,5 mL konz. H_2SO_4 pro L) versetzen. Nach dreistündigem Rühren abfiltrieren (Faltenfilter), das braune Filtrat mit 220 mL Natronlauge (10 mol/L oder 88 g auf 220 mL) versetzen. Zuletzt 310 mL einer 100 %igen (g/v) TCA hinzufügen und gut vermischen, Lösung wird grün.

Fixierung, Färbung: 3 Stunden bei 50 °C oder bei Zimmertemperatur über Nacht in der kolloidalen Lösung;

Auswaschen der Säure: 1 bis 2 Stunden in Wasser einlegen, dabei werden die grünen Kurven blau und intensiver.

Schnelle Coomassie-Färbung

Stammlösungen:

TCA: 100 % TCA (g/v) 1 L
A: 0,2 % (g/v) $CuSO_4$ + 20 % Eisessig
B: 60 % Methanol
C: 1 Tablette Phast Blue R
        in 400 mL H_2O_{Bidest} lösen,
        600 mL Methanol zugeben
        5 bis 10 min rühren.

alle Lösungen in H_2O_{dest}

1 Tablette = 0,4 g Coomassie Brilliantblau R-350

Färbung:

- *Fixieren:*   10 min in 300 mL 20 % TCA;
- *Waschen:*   2 min in 200 mL Waschlösung
                  (*A* und *B* 1 + 1 mischen);
- *Färben:*   15 min in 200 mL
                  einer 0,02 % (g/v) R-350-Lösung
                  (*A* und *C* 1 + 1 mischen) bei 50°C
                  unter Rühren (Abb. 8);
- *Entfärben:*   15 bis 20 min in Waschlösung
                  bei 50 °C unter Rühren;
- *Konservieren:* 10 min in 200 mL 5 % Glycerin,
                  10 % Eisessig;
- *Trocknen:*   an der Luft.

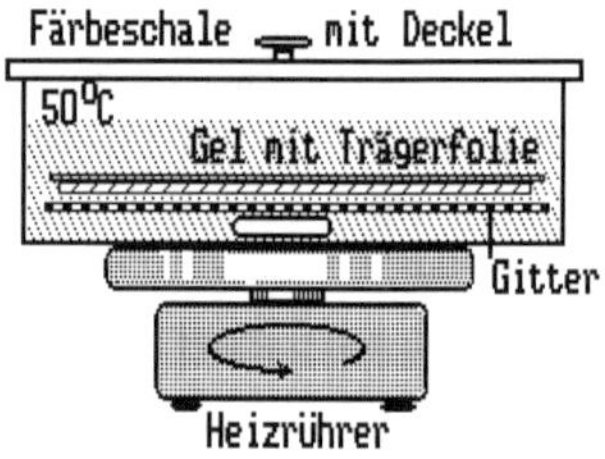

Abb. 8:
Vorrichtung zum Heißfärben.

5-Minuten Silberfärbung getrockneter Gele

Diese Methode ist einsetzbar als Nachfärbung von getrockneten Coomassie-gefärbten Gelen (Hintergrund muß vollständig klar sein) zur Erhöhung der Nachweisempfindlichkeit oder als Direktfärbung eines nicht gefärbten Geles nach Vorbehandlung [127]. Ein besonderer Vorteil der Methode liegt auch darin, daß man keine Proteine und Peptide verliert. Bei anderen Silberfärbungsmethoden diffundieren sie häufig aus dem Gel, weil sie in Fokussierungs-Gelen nicht irreversibel fixiert werden können.

Vorbehandlung von nicht gefärbten Gelen:

- 30 min fixieren in 20 % TCA,
- 2 × 5 min waschen in 45 % Methanol, 10 % Eisessig,
- 4 × 2 min waschen in H_2O_{dest},
- 2 min imprägnieren in 0,75 % Glycerin,
- trocknen an der Luft.

Lösung A: 25 g Na_2CO_3, 500 mL H_2O_{Bidest};
Lösung B: 1,0 g NH_4NO_3, 1,0 g $AgNO_3$, 5,0 g Wolframatokieselsäure, 7,0 mL Formaldehydlösung (37 %) mit H_2O_{Bidest} auf
500 mL auffüllen.

Silberfärbung:

Zum *Gebrauch* 35 mL Lösung A mit 65 mL Lösung B mischen,
Gel sofort in die entstandene weißliche Suspension eintauchen
und unter Schütteln inkubieren bis gewünschte Intensität erreicht
ist. Kurz mit H_2O_{dest} spülen.

Stoppen mit 0,05 mol/L Glycin. Gel und Trägerfolienrückseite
mit Wattebausch von metallischem Silber reinigen.

Trocknen an der Luft.

6 Densitometrische Auswertung

Zur quantitativen Auswertung sei auf Teil I*) und Methode 8**)
hingewiesen. Auch bei der IEF gelten natürlich alle Einschränkungen, die bei SDS-Gelen beachtet werden müssen. Soll über
den externen Standard kalibriert werden, so empfehlen wir pI-
Markergemische mit Mengenangaben der Einwaagen mit aufzutrennen.

* s. S. 77 ff
** s. S. 183 ff

    An dieser Stelle wird die Zuordnung der isoelektrischen Punk-
te einer unbekannten Probe mittels densitometrischer Vermessung eines IEF-Markers beschrieben:

Erstellung der Methode IP3_10.Met

Als erstes wird die Trennungsspur des Standards so auf die Densi-
tometer-Meßplatte gelegt, daß die Anode (die man als Abdruck
noch sehen kann) an der Y-Position = 0 des Densitometers liegt.

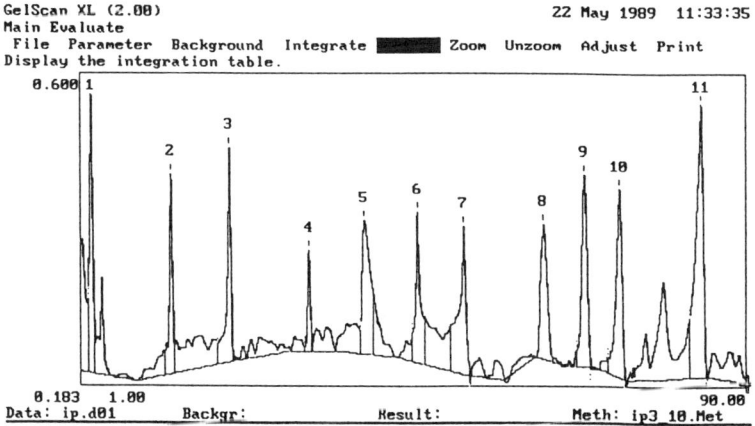

Abb. 9: Densitogramm des IEF-Markers pI Bereich 3 bis 10.

Nach dem Scanvorgang (Abb. 9) können die 11 Wertepaare:
– pI der Proteine und die elektrophoretische Trennstrecke – dem
Integrationsprogramm "GSXL" übergeben werden (s. Abb. 10).

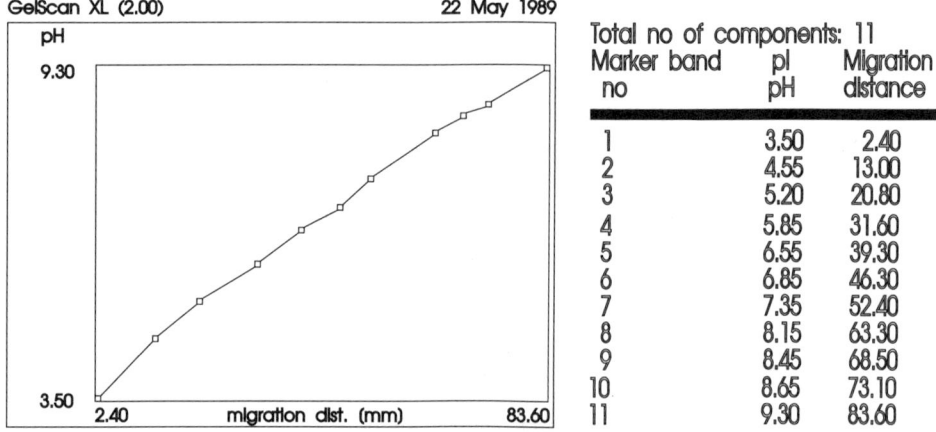

GelScan XL (2.00)		22 May 1989

Total no of components: 11

Marker band no	pI pH	Migration distance
1	3.50	2.40
2	4.55	13.00
3	5.20	20.80
4	5.85	31.60
5	6.55	39.30
6	6.85	46.30
7	7.35	52.40
8	8.15	63.30
9	8.45	68.50
10	8.65	73.10
11	9.30	83.60

Abb. 10: Eichgerade: pH-Werte von pI-Markern über deren Bandenpositionen aufgetragen (pH-Gradient).

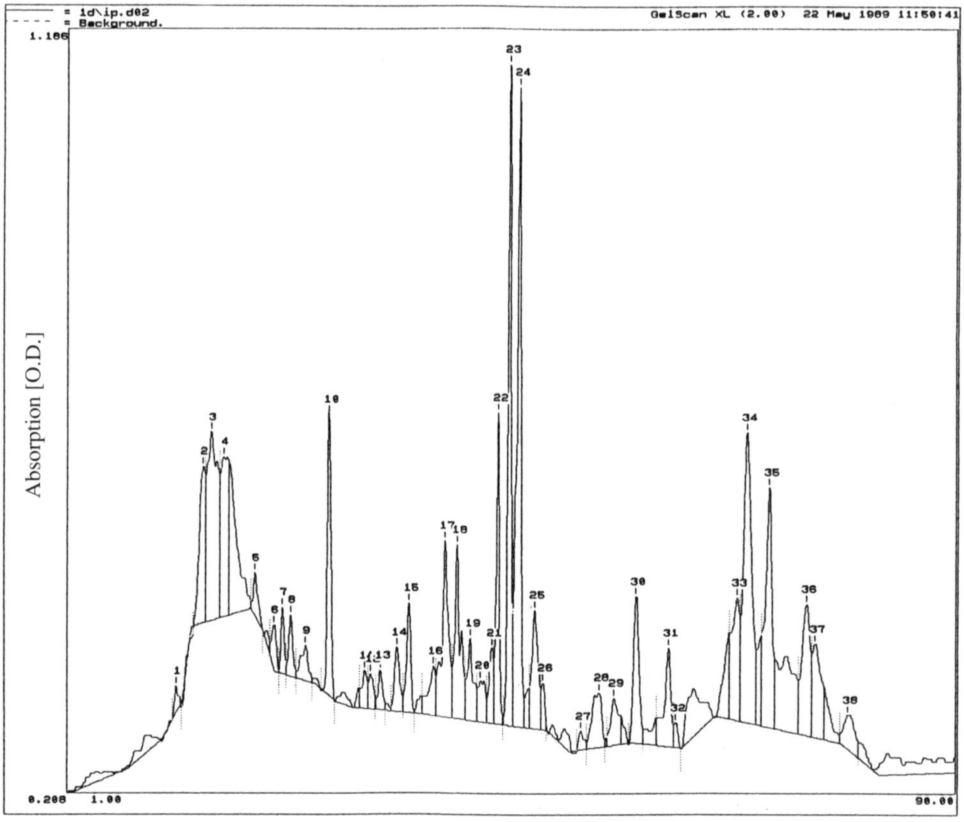

Abb. 11: Densitogramm: IEF von Schweinefleischsaft-Proteinen.

Dabei sollte man eine möglichst gerade Eichkurve erhalten. Wenn alles stimmt, wird die Methode unter dem Namen 'IP3_10.MET' abgespeichert.

Vermessen der unbekannten Spuren

Jetzt kann die unbekannte Trennspur bearbeitet werden. Zum Vergleich der Spuren und zur Berechnung der isoelektrischen Punkte können natürlich nur die Proben herangezogen werden, die im gleichen Gel wie der isoelektrische Standard gelaufen sind. Liegen die gescannten Daten vor (Abb. 11), so wird vor dem Integrieren die Methode 'IP3_10' geladen.

Nach Beendigung der Berechnungen erscheint als letzte Spalte im Ausdruck die Zuordnung der isoelektrischen Punkte (Abb. 12).

No	Locn mm	Height AU	Area AU*mm	Rel ar %	pI pH
1	11.96	0.037	0.01708	0.6	4.44
2	14.68	0.150	0.10772	3.8	4.69
3	15.52	0.142	0.15056	5.3	4.76
4	16.76	0.035	0.02440	0.9	4.86
5	19.96	0.049	0.02384	0.8	5.13
6	21.88	0.038	0.01776	0.6	5.26
7	22.72	0.081	0.02912	1.0	5.31
8	23.56	0.075	0.03400	1.2	5.36
9	25.04	0.040	0.02988	1.1	5.45
10	27.40	0.360	0.15600	5.5	5.59
11	30.96	0.026	0.01100	0.4	5.81
12	31.56	0.025	0.01292	0.5	5.84
13	32.52	0.038	0.01492	0.5	5.93
14	34.20	0.077	0.04596	1.6	6.08
15	35.40	0.135	0.06676	2.4	6.19

Abb. 12: Zuordnung der pI-Werte zu den sauersten 15 Proteinen aus Abb. 11 mit Hilfe der Eichkurve aus Abb. 10.

Häufig vorkommende Schwierigkeit:

Es sind mehr Banden in der IEF-Spur angefärbt worden, als auf dem Beipackzettel angegeben. Dies ist fast immer so, wenn mit Silber angefärbt wird. Was ist zu tun?

Man benutzt zusätzlich einen IEF-Markersatz, welcher nur farbige Proteine enthält; z.B.: pH 4,7 bis 10,6 "Coloured Isoelectric Point Marker". Zwei Verdünnungen werden angesetzt:
a) Eine Verdünnungsstufe "Zum Sehen": 1,5 µg /mL pro Protein, das heißt das Gläschen mit den gefriergetrockneten Markern wird in 300 µL H_2O_{Bidest} aufgenommen.
b) Eine Verdünnungsstufe in der Silberfärbekonzentration: ungefähr der fünfzigste Teil der ersten Konzentration.

Auf dem Gel wird außen die Konzentration (a) aufgetragen, daneben die Konzentration (b). Nach vollendeter Fokussierung

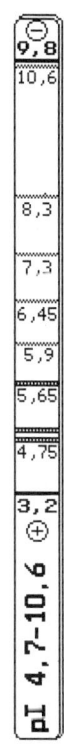

Abb. 13: "Isoelektrischer Stab".

und vor der anschließenden Fixierung wird ein sog. "Isoelektrischer Stab" hergestellt: Auf einer Plastikleiste, oder auch einem Streifen Papier wird mit rotem und blauen (Filz)-Stift markiert, wo die in diesem Stadium zweifelsfrei zu identifizierenden roten und blauen Banden liegen. Mit einem schwarzen Stift wird die Lage der Anode und die der Kathode festgehalten (Abb. 13).

Mit der Fokussierungsspur, die die Konzentration (b) enthält, kann man einfach zuordnen: mit Hilfe des "IEF - Stabes" werden die Banden unter den vielen anderen herausgefunden, welche vom Hersteller als *die zu Verwendenden* gemeint waren.

7 Methodischer Ausblick

Mit rehydratisierbaren Fokussierungs-Gelen ergeben sich eine Reihe von methodischen Möglichkeiten. Im folgenden sind einige Beispiele von Problemstellungen und zur Trennung notwendige Rehydratisierungslösungen aufgeführt.

Die Vorteile dieser Gele sind bereits zu Beginn aufgelistet.

Basische, wasserlösliche Proteine: Basische Trägerampholyten inhibieren teilweise die Polymerisation von Polyacrylamid-Gelen. Außerdem neigen basische Gradienten stärker als andere zur Kathodendrift, nicht zuletzt wegen Acrylsäure-Monomeren und APS-Resten im Gel. Bei Verwendung von gewaschenen rehydratisierten Gelen sind diese Probleme minimiert oder tauchen nicht auf.

Kathodendrift [57]

Oxidationsempfindliche Proteine und Enzyme: Manchmal benötigt man 2-Mercaptoethanol zur Verhinderung von Oxidationen im Gel. 2-Mercaptoethanol inhibiert allerdings die Polymerisation. Außerdem hat Ammoniumpersulfat im Gel oxidative Eigenschaften [130]. Auch in diesem Fall hat man mit rehydratisierten Gelen keine Probleme.

[130] Brewer JM. Science. 156 (1967) 256-257.

Wärmeempfindliche Enzyme und Enzym-Substrat-Komplexe: Bei der *Kryo-Isoelektrischen Fokussierung* (bei – 10 bis – 20 °C) wird im allgemeinen 37 % DMSO im Gel verwendet [65]. Hierzu wird das Gel mit 37 % DMSO (v/v) und 2 % Ampholine pH > 5 (g/v) rekonstituiert.

Ampholyte < pH 5 präzipitieren bei diesen niedrigen Temperaturen.

Hydrophobe Proteine: Zur Erhaltung der Löslichkeit hydrophober Proteine notwendige nichtionische Detergenzien inhibieren die Kopolymerisation von Gel und Trägerfolie, wenn sie der Polymerisationslösung beigefügt werden. Nichtgestützte Gele mit nichtionischen Detergenzien verziehen sich während des Laufes und können bei hohen Feldstärken sogar reißen. Diese Probleme gibt es mit rehydratisierten Gelen nicht; sie können mit PEG, Triton X-100, Nonidet NP-40 oder zwitterionischen Detergenzien, wie LDAO oder CHAPS, in jeder beliebigen Konzentration rekonstituiert werden.

Komplexe Proteingemische: Will man Zell-Lysat- oder Gewebe-Extrakt-Proteine in ihrer Gesamtheit auftrennen, muß man das Aggregieren und Komplexieren der Proteine verhindern.

Man verwendet hierbei meistens eine Harnstoff-Lösung mit 8 bis 9 mol/L, 1 bis 2 % nichtionisches Detergenz, 2,5 % Trägerampholyte und ca. 1 % 2-Mercaptoethanol. Bei der Polymerisation treten oben genannte Probleme auf. Außerdem ist gerade bei solch hochviskosen Additiven die Beweglichkeit der Proteine stark reduziert, wodurch die Kathodendrift stärker ins Gewicht fällt.

Durch die Rekonstituierung bereits polymerisierter Gele gibt es keine Polymerisationsprobleme; das Auswaschen unerwünschter Substanzen wie Ammoniumpersulfat und Acrylamid-Monomere reduziert die Kathodendrift.

Übersichtsartikel zu dieser Problematik im Zusammenhang mit der hochauflösenden 2D-Elektrophorese
[131] Dunn MJ, Burghes AHM. Electrophoresis. 4 (1983) 97-116.

Methode 8: SDS-Polyacrylamid-Elektrophorese

Das Prinzip der SDS-Elektrophorese und die Gesichtspunkte ihrer Anwendung sind im Übersichtsteil beschrieben.

s. S. 26 ff

1 Probenvorbereitung

Abb. 1 zeigt den Nativzustand von Proteinen: die Tertiärstruktur eines Polypeptidknäuels – etwas vereinfacht – und ein Protein (IgG) mit einer Quartärstruktur aus mehreren Untereinheiten – stark vereinfacht –. Diese räumliche Anordnung ist bedingt durch intra- und intermolekulare Wasserstoffbrücken, hydrophobe Wechselwirkungen und Disulfidbrücken, welche z.B. zwischen Cysteinen gebildet werden können.

Für die SDS-Elektrophorese müssen die Proteine aus ihrem Nativzustand in anionische SDS-Protein-Mizellen überführt werden.

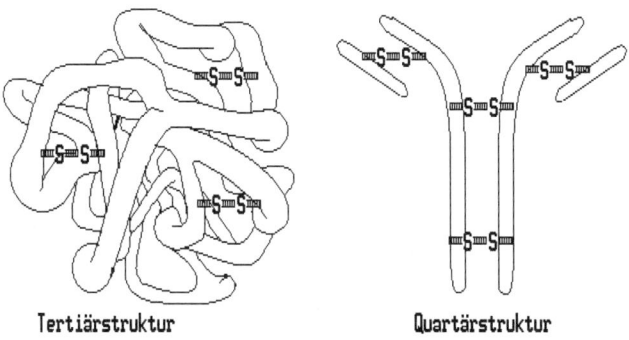

Tertiärstruktur · Quartärstruktur

Abb. 1: Nativzustand von Proteinen.

SDS-Behandlung

Durch den Zusatz von SDS im Überschuß zu Proteinlösungen werden:

- die individuellen Ladungsunterschiede der Proteine überdeckt,
- die Wasserstoffbrücken gespalten,
- die hydrophoben Wechselwirkungen aufgehoben,
- Aggregatbildungen von Proteinen verhindert
- sowie die Polypeptidfäden gestreckt (Aufhebung der Sekundärstruktur) und zu Ellipsoiden geformt.

Dabei werden 1,4 g SDS pro 1 g Protein gebunden. Alle Mizellen erhalten negative Ladung, proportional zur Masse.

zur qualitativen und quantitativen Auswertung s. auch S. 77 ff

Dann sind die Stokeschen Radien der Mizellen proportional zum Molekulargewicht, und bei der Elektrophorese erhält man eine Auftrennung in der Reihenfolge der Molekulargewichte (MG).

Man verwendet 1 bis 2 % (g/v) SDS in der Probenlösung, 0,1 % im Gel.

Die Art der Probenbehandlung ist sehr wichtig für das Trennergebnis und dessen Reproduzierbarkeit, die verschiedenen Möglichkeiten werden deshalb ausführlich beschrieben.

Stammpuffer (pH 6,8):
6,06 g Tris
0,4 g SDS
0,01 g NaN$_3$
mit H$_2$O$_{Bidest}$ → 80 mL auffüllen
mit 4 mol/L HCl → pH 6,8 titrieren.
mit H$_2$O$_{Bidest}$ → 100 mL auffüllen.

Dies ist eigentlich der Stammpuffer für das Sammel-Gel – und auch für den Probenpuffer – in der Original-"Lämmli"-Vorschrift. Wir schlagen diesen Puffer vor, weil er mittlerweile ein "Standard" in der SDS-Elektrophorese geworden ist.

Verwendet man einen anderen Puffer, z.B. Tris-HCl pH 8,8, erhält man häufig andere Trennergebnisse.

Nichtreduzierende SDS-Behandlung

Manche Proben, z.B. physiologische Flüssigkeiten wie Seren, Urine, werden einfach mit einem 1 %igen SDS Puffer ohne Reduktionsmittel inkubiert, weil man die Quartärstruktur der Immunglobuline nicht zerstören will. Bei dieser Probenvorbereitung werden die Disulfidbrücken nicht aufgespalten und deshalb die Polypeptidfäden nicht vollständig gestreckt werden (Abb. 2).

Eine korrekte Molekulargewichts-Elektrophorese ist hierbei nicht möglich: z.B. hat dann Albumin (68 kDa) ein scheinbares MW von 54 kDa.

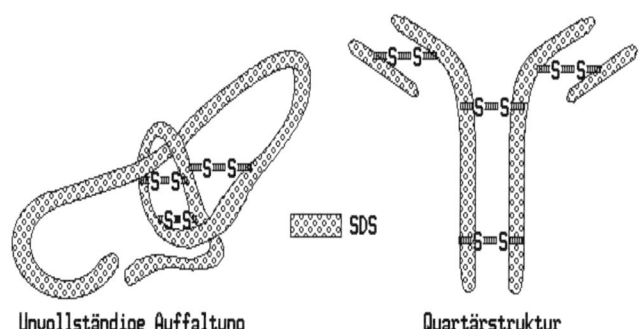

Unvollständige Auffaltung   **Quartärstruktur**

Abb. 2: SDS-behandelte Proteine ohne Reduzierung.

Nonred ProbP (Nichtreduzierender Probenpuffer):
1,0 g SDS
3   mg EDTA
0,01 g NaN$_3$

EDTA wird zur Inhibierung der Oxidation von DTT zugegeben, falls die Probe reduziert werden soll. Dr. J. Heukeshoven, persönliche Mitteilung.

10 mg Bromphenolblau
2,5 mL Stammpuffer
mit H$_2$O$_{Bidest}$ → 100 mL auffüllen

Verdünnung der Proben (Beispiele)

Für Coomassie-Färbung (Empfindlichkeit 0,1 bis 0,3 µg pro Bande):
Serum: 10 µL + 1,0 mL Probenpuffer
Urine: 1 mL + 10 mg SDS (sollen mit Probenpuffer nicht weiter verdünnt werden)

Auftragung: 7 µL

Auftragung: 20 µL

Für Silberfärbung (Empfindlichkeit 1 bis 30 ng pro Bande):
Serum: Obige Probe nochmal 1 : 20 mit Non RedP verdünnen
Urine: 1 mL + 10 mg SDS (bei manchen Proteinurien 1 : 3 verdünnen)

Auftragung: 3 µL

Auftragung: 3 µL

● 30 min bei Raumtemperatur inkubieren, *nicht kochen!* Kochen von nichtreduzierten Proben kann zur Bildung von Proteinfragmenten führen.

Proteasen Aktivität!

Reduzierende SDS-Behandlung

Erst durch Zugabe von Dithiothreitol (DTT) erreicht man vollständige Streckung der Polypeptide und damit eine Auftrennung nach Molekulargewicht (Abb. 3). Durch Verwendung des weniger flüchtigen DTT anstelle von 2-Mercaptoethanol ist die Geruchsbelästigung erheblich geringer, DTT diffundiert nicht in die Spuren von nichtreduzierten Proteinen.

DTT-Lösung und RedProbP kurz vor Gebrauch in der benötigten Menge herstellen.

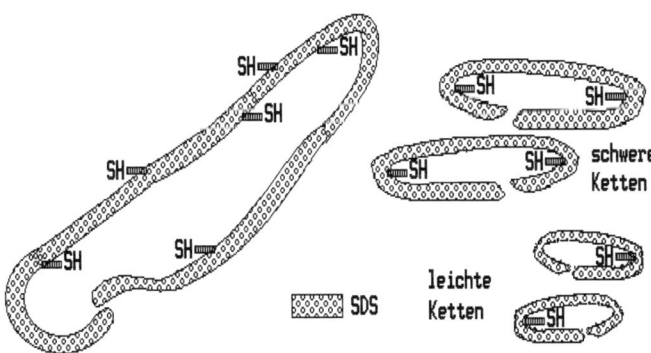

Abb. 3: SDS-behandelte und reduzierte Proteine.

Dithiothreitol Stammlösung (2,6 mol/L DTT):
250 mg DTT in 0,5 mL H$_2$O$_{Bidest}$ lösen.

Red ProbP (Reduzierender Probenpuffer 26 mmol/L):
10 mL Nonred ProbP + 100 µL DTT-Lösung

Zur besseren Unterscheidung etwas Orange G zugeben.

Verdünnung der Proben (Beispiele):

Für Coomassie-Färbung (Empfindlichkeit : 0,1 bis 0,3 µg pro Bande)

LMW-Marker + 415 µL RedProbP

Auftragung: 5µL
1 µg BSA pro Auftragung

HMW-Marker + 200 µL H_2O_{Bidest}, *nicht kochen!*

CMW-Marker: LMW-Marker + 315 µL Red ProbP+ 100 µL entsalztes Collagen.

Auftragung: 5 µL
Auftragung: 5 µL

Eigelb: 10 µL+ 5,0 mL Red ProbP

Fleischsäfte: 100 µL+ 900 µL H_2O_{Bidest} portionieren:
50 µL + 237,5 µL Red ProbP.

Auftragung: 5µL

Auftragung 5 µL

Für Silberfärbung (Empfindlichkeit 1 bis 30 ng pro Bande): Obige Proben 1 : 20 mit RedProbP verdünnen.

Auftragung: 3 µL

● Die Proben 3 min kochen (Heizblock).

● Nach dem Abkühlen:

1 µL DTT-Lösung pro 100 µL Probenlösung zugeben. Während des Kochens kann Reduktionsmittel oxidiert werden. Durch die nochmalige Zugabe von Reduktionsmittel werden die SH-Gruppen besser geschützt: Rückfaltungen, Aggregieren von Untereinheiten werden dadurch verhindert.

Durch EDTA im Probenpuffer wird die Oxidation von DTT inhibiert, so daß diese Behandlung nicht bei allen Proben nötig ist;
am besten: Vergleichstest machen.

In der Praxis wird diese erneute Zugabe von Reduktionsmittel häufig vergessen: das Resultat sind zusätzliche Banden im hochmolekularen Bereich ("Geisterbanden") und Präzipitat an der Probenauftragsstelle.

Reduzierende SDS-Behandlung mit Alkylierung

Noch besser und dauerhafter geschützt werden die SH-Gruppen durch anschließende Alkylierung mit Jodacetamid (Abb. 4). Dadurch erhält man scharfe Banden; bei Proteinen mit hohem Anteil an schwefelhaltigen Aminosäuren kann allerdings eine geringfügige Molekulargewichtserhöhung auftreten.

Zudem verhindert man bei der Silberfärbung auftretende Artefaktlinien, weil Jodacetamid das überschüssige DTT abfängt. Die Alkylierung mit Jodacetamid funktioniert am besten bei pH 8,0; deshalb wird ein anderer Probenpuffer mit höherer Ionenstärke (0,4 mol/L) verwendet. Bei niedrigen Probenvolumina stellt diese hohe Molarität kein Problem dar. Dr. J. Heukeshoven, persönliche Mitteilung.

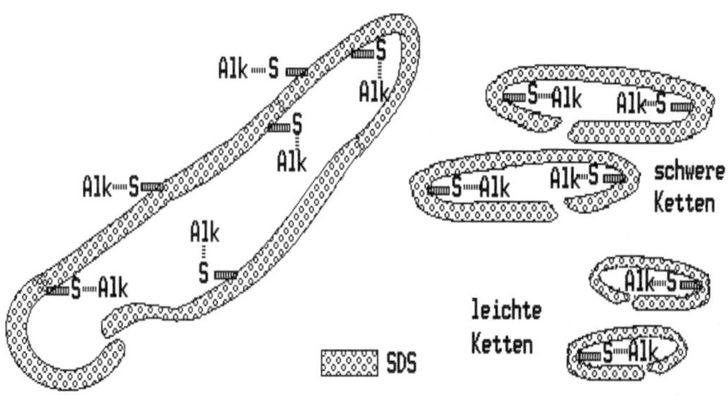

Abb. 4: SDS-behandelte, reduzierte und alkylierte Proteine.

Probenpuffer für Alkylierung
(pH 8,0; 0,4 mol/L) :
4,84 g Tris
1,0 g SDS
3   mg EDTA
mit H_2O_{Bidest} auf → 80 mL auffüllen,
mit 4 mol/L HCl auf → pH 8,0 titrieren,
mit H_2O_{Bidest} auf → 100 mL auffüllen,
10 mg Bromphenolblau oder Orange G
10 mL Probpuffer *(Alk)* + 100 μL DTT-Lös.

Jodacetamidlösung
20 % (g/v):
20 mg Jodacetamid
+ 100 μL H_2O_{Bidest}
mischen.

Sättigungsgrenze
bei Jodacetamid!
Prozent-Gewichtsfehler ver-
nachläßigbar klein.

Nach dem Kochen der reduzierten Probe:
10 μL Jodacetamidlösung pro 100 μL Probenlösung zugeben und
30 min Inkubation bei Raumtemperatur.

Zur Quantifizierung von Proteinbanden ist das gleichzeitige
Auftrennen eines externen Standards in Form einer Verdünnungsreihe von Markerproteinen unbedingt zu empfehlen
(Tab. 1). So werden unterschiedliche Färbeeffektivitäten ausgeglichen.

Die zusätzliche Verdünnung der
Probe durch die Alkylierungslö-
sung kann man entweder bei
der Probenvorbereitung oder
beim Probenauftrag berücksich-
tigen: 10 % mehr Probenvolu-
men auftragen.

Tab. 1: Verdünnungsreihe von Markerproteinen für einen externen Standard zur Quantifizierung mit Densitometrie.

Quantifizierungsstandard		Auftragsmenge	
		mL	μg
LMW-Marker +	200 μL Probenpuffer	10	4,15
LMW-Marker +	200 μL Probenpuffer	7	2,90
LMW-Marker +	200 μL Probenpuffer	5	2,01
LMW-Marker +	400 μL Probenpuffer	7	1,15
LMW Marker +	600 μL Probenpuffer	5	0,69
LMW-Marker +	1000 μL Probenpuffer	5	0,42

2 Stammlösungen für Gelherstellung

Acrylamid, Bis-Lösung "SEP" (T = 30%, C = 2%):
29,4 g Acrylamid + 0,6 g Bisacrylamid, mit H_2O_{Bidest} auf 100
mL auffüllen.

C = 2% in Gradienten-Gel-Lö-
sung verhindert Ablösen des
Trenn-Gels *von der Trägerfolie*
und Zerspringen beim Trocknen.

Acrylamid, Bis-Lösung "PLAT" (T = 30%, C = 3%):
100 mL H_2O_{Bidest} zu PrePAG-Fertiggemisch (29,1 : 0,9) geben.
Achtung! *Acrylamid und Bisacrylamid sind als Monomer to-*
xisch. Hautkontakt vermeiden und umweltfreundlich beseitigen
(Reste mit Ammoniumpersulfat-Überschuß auspolymerisieren).

Diese Lösung wird für nieder-
konzentrierte ***Plateaus*** *mit*
C = 3% verwendet, weil bei
niedrigerer Vernetzung die
Slots instabil würden.

Gelpuffer pH 8,8 (4 × konz.):
18,18 g Tris + 0,4 g SDS + 0,01 g NaN_3, mit H_2O_{Bidest} → 80
mL. Mit 4 mol/L HCl auf pH 8,8 titrieren; auf 100 mL auffüllen.

Ammoniumpersulfatlösung (APS):
400 mg APS in 1 mL H_2O_{Bidest} auflösen.

*eine Woche im Kühlschrank
(4 °C) haltbar*

Kathodenpuffer (10 × konz.):
30,28 g Tris + 144 g Glycin + 10 g SDS + 0,1 g NaN_3 mit H_2O_{dest}
auf 1000 mL auffüllen.

Nicht mit HCl titrieren!

Anodenpuffer (10 × konz.):
30,28 g Tris + 800 mL H_2O_{dest}. Mit 4N HCl auf pH = 8,4 titrieren;
auf 1000 mL auffüllen.

*Sparmaßnahme; hier kann
auch Kathodenpuffer verwendet
werden.*

3 Vorbereitung der Gießkassette

Bei der horizontalen SDS-Elektrophorese kann man Gele mit durchgehend glatter Oberfläche für Probenaufgabemethoden analog zur IEF verwenden. Wenn man sich die Gele selbst herstellt, hat man aber auch die Möglichkeit, Probenwannen in die Geloberfläche einzupolymerisieren. Hierzu fertigt man sich aus dem Abstandhalter einen "Slotformer":

Fertig-Gele haben glatte Oberflächen.

Der "Abstandhalter" ist die Glasplatte mit der aufgeklebten, 0,5 mm dünnen, U-förmigen Silikongummidichtung.

Herstellen des Slotformers

Zur Erzeugung von Probenaufgabeslots im Gel müssen diese als Negativform auf eine Glasplatte aufgeklebt werden. Der gereinigte und entfettete Abstandhalter wird auf der Schablone ("Slotformer" - Schablone im Anhang) liegend auf die Arbeitsplatte fixiert. An der gewünschten späteren Startstelle klebt man eine Lage *"Dymoband"* (Prägeband, 250 μm dick) luftblasenfrei auf die Glasfläche. Der Slotformer wird mit dem Skalpell zurechtgeschnitten (Abb. 5). Nach nochmaligem Andrücken der einzelnen Slotformerstücke auf die Glasplatte werden mit Methanol die Klebstoffreste entfernt.

Man kann stattdessen auch mehrere Schichten *"Tesafilm"* (Qualität *"kristallklar"*, eine Schicht = 50 μm) aufeinanderkleben (Abb.5).

Man sollte darauf achten, daß man "Dymoband" mit glatter Klebefläche verwendet: Bei strukturierter (gewebeförmiger) Klebefläche können kleine Luftbläschen eingeschlossen werden, welche die Polymerisation inhibieren, so daß um die Slots herum Löcher entstehen.

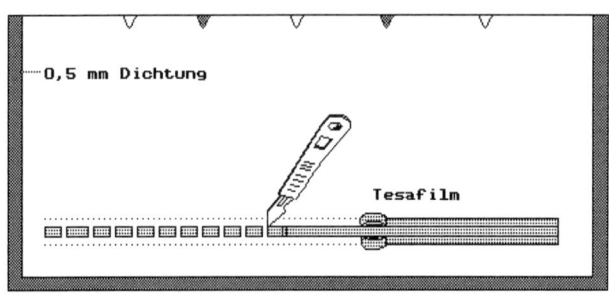

Abb. 5: Herstellung des Slotformers.

Als nächstes wird diese Gießform hydrophobisiert. Dazu verwendet man einige mL Repel Silane, welche *unter dem Abzug* mit einem Kosmetiktuch über dem gesamten Slotformer verteilt werden. Nachdem das Lösungsmittel des Repel Silanes verdunstet ist, werden die bei der Beschichtung entstandenen Chlorid-Ionen mit Wasser von der Platte gespült.

Diese Behandlung muß nur einmal durchgeführt werden.

Zusammenbau der Gießkassette

Zur mechanischen Stützung und zur besseren Handhabung wird das Gel auf eine Trägerfolie kovalent aufpolymerisiert. Dazu wird eine Glasplatte auf saugfähiges Laborpapier o.ä. gelegt und mit wenigen mL Wasser benetzt. Der GelBond-PAG-Film wird mit einem Roller, mit der unbehandelten, hydrophoben Seite nach unten, auf die Glasplatte gewalzt (Abb. 6).

Dabei entsteht zwischen Glasplatte und Folie ein dünner Wasserfilm, der durch Adhäsion die Folie festhält. Das austretende überschüssige Wasser wird mit dem Laborpapier abgesaugt. Um das Eingießen der Gellösungen zu erleichtern, läßt man die Folie an einer der Längsseiten der Glasplatte um ungefähr 1 mm überstehen.

Abb. 6: Aufwalzen der Trägerfolie.

Deckungsgleich mit der Glasplatte wird nun der fertige Slotformer aufgelegt und die so entstandene Kassette zusammengeklammert (Abb. 7).

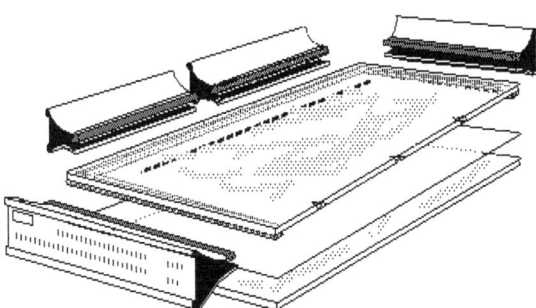

Abb. 7: Zusammenbau der Gießkassette.

Die Gießkassette wird im Kühlschrank bei 4 °C etwa 10 min vorgekühlt; dies verzögert den Start der Polymerisation. Letzterer Vorgang ist unbedingt erforderlich, da der eingefüllte Gradient etwa 5 bis 10 min benötigt, um sich horizontal zu nivellieren.

Bringen Sie in einem warmen "Sommerlabor" auch die Gelgießlösungen auf 4 °C.

4 Gradienten-Gel

Herstellung der drei Gelgießlösungen für einen Gradienten T = 8% bis 20% und ein Probenaufgabe-Plateau mit T = 5% (Tab. 2).

"Superschweres" Plateau vermischt sich nicht mit Gradient.

Tab. 2: Zusammensetzung der Gelgießlösungen.   *APS s. S. 177*

In 3 Falcon-Röhrchen pipettieren	Superschwer $T = 5\%$, $C = 3\%$	Schwer $T = 8\%$, $C = 2\%$	Leicht $T = 20\%$, $C = 2\%$
Glycerin (87 %)	6,5 mL	4,3 mL	–
Acrylamid, Bis"PLAT"	2,5 mL	–	–
Acrylamid, Bis"SEP"	–	4,0 mL	10 mL
Gelpuffer	3,75 mL	3,75 mL	3,75 mL
Bromphenolblau	–	–	100 µL
Orange G	100 µL	–	–
Temed	10 µL	10 µL	10 µL
mit H$_2$O$_{Bidest}$ auf Endvolumen	*15 mL*	*15 mL*	*15 mL*

Gießen des Gradienten

a) Aufbau der Gießvorrichtung

Der Gradient wird mit einem *Gradientenmischer* hergestellt. Er besteht aus zwei miteinander kommunizierenden Rohren. Im vorderen Rohr, der *Mischkammer*, befindet sich die schwere Lösung und ein rotierender Magnetkern. Das hintere Rohr, das *Reservoir*, enthält die leichte Lösung. "Schwer" und "leicht" zeigen an, daß der Acrylamid-Gradient an einen *Dichtegradienten angehängt* wird: die schwere Lösung enthält ca. 25 % Glycerin, die leichte 0 % Glycerin. Der Dichteunterschied verhindert eine Durchmischung in der Kassette und ermöglicht die horizontale Nivellierung des Gradienten.

Bei ultradünnen Gelen wird von Saccharose abgeraten, weil die Lösung zu viskos wäre.

Durch den Dichteunterschied würde natürlich beim Öffnen des Verbindungskanals im Gradientenmischer ein Zurückfließen von schwerer Lösung in das Reservoir verursacht.

Der *Multifunktionsstab* im Reservoir kompensiert den Dichteunterschied durch Volumenverdrängung, so wie er auch das Volumen des Magnetrührkerns ausgleicht.

Bei dem hier vorgestellten Gradienten enthält die *schwere* Lösung den *niedrigeren* Acrylamid-Anteil, ergibt also den *groß-porigen* Teil des Gradienten. Die *leichte* Lösung enthält den *höheren* Acrylamid-Anteil und ergibt den *engporigen* Teil. Entsprechend befinden sich beim Gießen die Slotformer im *unteren* Bereich der Kassette (s. Abb. 8 und 9).

Dies ist konträr zur konventionellen (Vertikal-) Gradienten-Gießtechnik, hat aber eine Reihe von Vorteilen:

● Ohne Glycerin behält der engporige Teil seine Porengröße bei.

Der Glycerin-haltige Teil des Geles quillt während der Trennung langsam an, weil Glycerin hygroskopisch ist.

● Eine hohe Glycerin-Konzentration im Bereich der Proben-aufgabe verhindert das Austrocknen und erhöht die Stabilität der Probeslots, verbessert die Löslichkeit großmolekularer Polypeptide und gleicht die Effekte von Salzen in der Probe aus.

Man kann sich in vielen Fällen das Dialysieren der Proben sparen.

● Man braucht nur *eine* Acrylamid-Stammlösung, mit der man Gelkonzentrationen bis $T = 22,5$ % erreichen kann.

$T = 30$ % kristallisiert im Kühlschrank nicht aus.

● Weil der hochkonzentrierte Acrylamid-Anteil oben ist, verhindert man Störungen des Gradienten durch Wärmekonvektion.

Je höher die Acrylamid-Konzentration, umso mehr Wärme entsteht bei der Polymerisation.

● Im engporigen Teil des Gradienten, wo der Einfluß der Matrix auf die Zonen am stärksten ist, kommt es besonders auf eine perfekte Nivellierung des Gradienten an. Glycerin-freie Lösungen haben deutlich niedrigere Viskosität.

Bei ultradünnen Schichten spielt die Viskosität der Lösung eine große Rolle.

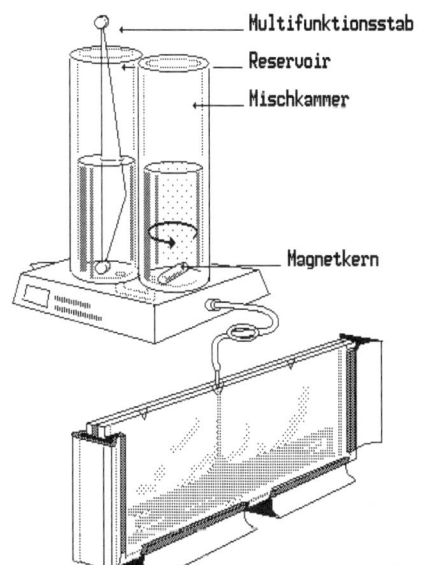

Abb. 8: Gießen des Gradienten.

Zum Gießen eines linearen Gradienten (Abb. 8) wird der Gradientenmischer mit beiden Rohren offen verwendet. Die Laborplattform ("Laborboy") wird so eingestellt, daß sich das Auslaufniveau etwa 5 cm oberhalb der Oberkante der Gießkassette befindet.

Vor der Befüllung muß der Verbindungskanal zwischen *Reservoir* (hinteres Rohr) und der *Mischkammer* (vorderes Rohr), sowie auch die *Auslaufklemme* (Pinchcock) geschlossen werden.

Zum Schluß wird der Magnetrührkern in die Mischkammer gegeben und die optimale Rührstellung des Mischers auf dem Magnetrührer ermittelt.

b) Befüllung

Als Plateau werden 3,5 mL benötigt. Da man nicht alle angesetzten 15 mL superschwerer Lösung polymerisieren sollte, stellt man sich neben die drei angesetzten (gekühlten) Gellösungsfläschchen noch ein viertes dazu, um die eingesetzten 3,5 mL Plateau-Lösung (Abb. 9) abzuzweigen.

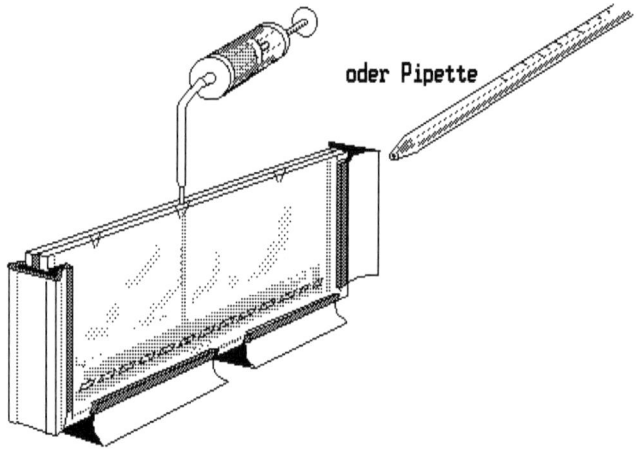

Abb. 9: Einfüllen der Plateau-Gellösung.

Die leichte und die schwere Lösung werden direkt in den Gradientenmischer gegeben, und zwar in folgender Reihenfolge der Handgriffe:

● leichte Lösung in Reservoir,

● Verbindungskanal entlüften (kurzes Ventilöffnen),

● schwere Lösung in die Mischkammer.

Erst wenn dies getan ist, wird die Kassette aus dem Kühlschrank geholt und mit der Slotformerseite zum Mischer hingestellt.

Die Glasplatte mit der Folie zeigt zum Bediener.

Zum eigentlichen Befüllen der Kassette folgende Handgriffe beachten:

● Zugabe von APS zur abgezweigten Plateaulösung (Tab. 3).

Tab. 3: Füllvolumen und Katalysatorkonzentration.

Gellösungen	Füllvolumen mL	APS µL
Superschwer	3,5	5,0
Schwer	7,0	6,2
Leicht	7,0	4,0

● Mit einer Pipette die 3,5 mL superschwere Lösung in die Kassette geben (s. Abb. 9);   *Slotformer-Kerben zeigen zum Gradientenmischer.*

● Einpipettieren von APS in das Reservoir;

● beim Einführen des Multifunktionsstabes in das Reservoir gleichzeitig APS verteilen;

● Einpipettieren von APS in die Mischkammer;

● kurzes, starkes Aufrühren mit dem Magnetrührer;   *zum Verteilen des Katalysators*

● Einführen des Auslaßschlauchs in die mittlere Einfüllhilfe des Slotformers;

● moderates Rühren des Motors einstellen;   *damit keine Luftblasen entstehen*

● Öffnen der Auslaßschlauchklemme;

● Öffnen des Verbindungskanals.

Wenn der Flüssigkeitsspiegel die obere Kassettenkante erreicht hat, sollte der Gradientenmischer leer sein.   *Sofort danach den Mischer mit H2Obidest spülen.*

Während der nächsten 10 min muß sich der, jetzt noch durch die Einlaufkonvektion gebogene Gradient nivellieren können, bevor die Polymerisation startet. Nach 20 min sollte das Gel fest sein.

Vor der Elektrophorese muß das Gel vollständig auspolymerisieren.   *mindestens 3 h, besser über Nacht, bei Zimmertemperatur*

5 Elektrophorese

Vorbereitung der Trennkammer

● Kühlung einschalten: + 15 °C;

● Kühlblock zur Seite, neben Multiphor legen;   *mit MultiTemp verbunden*

● Elektrophorese-Elektroden (orange Plastikplatten) in die inneren Abteilungen der Tanks einsetzen und Kabel einstecken;

● 100 mL Kathodenpuffer-Stammlösung in Kathodentank (−)
gießen;

● 100 mL Anodenpuffer-Stammlösung in Anodentank (+) gießen;   *darf auch Kathodenpuffer sein*

● Beide Tanks mit H_2O_{dest} bis zur eingeformten Niveaulinie   *ergibt je einen Liter*
auffüllen.

● Kühlblock wieder einsetzen.

Entnahme des Gels aus der Kassette

● Gießkassette entklammern und mit der Slotformer-Glasplatte   *Durch Kühlung erhält das Gel*
nach unten auf die 15 °C kalte Kühlplatte der Multiphor   *eine bessere Konsistenz und be-*
legen;   *ginnt sich normalerweise be-*
    reits in der Kassette von dem
    Slotformer zu lösen.

● Kassette senkrecht aufrichten, um die Glasplatte hinter der
GelBond-Folie mit einem dünnen Spatels wegzuheben;

● Folie an einer Acrylamid-hochkonzentrierten Ecke des Gels
anfassen und vom Slotformer ziehen.

Plazierung auf den Kühlblock:

● Kühlblock mit 2 bis 3 mL Kerosin oder Silikonöl DC-200 als   *Kerosin und DC-200 sind opti-*
Kühlkontaktflüssigkeit beschichten.   *mal, Wasser eignet sich nicht.*

● Das Gel, mit der Folie nach unten und der Slot-Seite zur
Kathode (−) hin orientiert, auf den Kühlblock legen. Luftblasen müssen vermieden werden.

● Das Gel so verschieben, daß sich die anodischen Kanten der
Slots exakt mit der Linie "2" der Kühlblock-Skala decken (s.
Abb. 10).

● Wettex-Dauerelektrodenbrücken im trockenen Zustand auf   *Dadurch kommt es später nicht*
die Breite des Geles zuschneiden (*saubere Schere verwen-*   *zu Verwechslungen; die Katho-*
den!). Rotes Wettex für Anode (+), blaues Wettex für Kathode   *de darf auf **keinen Fall** mit*
(−) verwenden.   *Chlorid-Ionen, z.B. aus der An-*
    ode, kontaminiert werden.

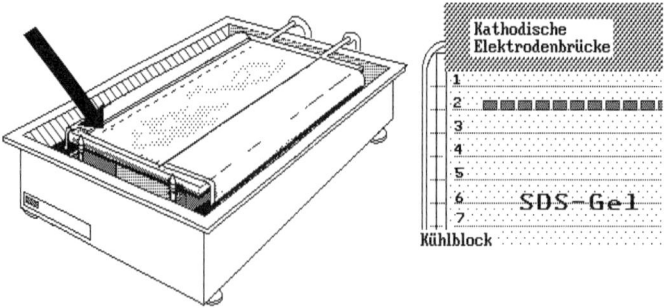

Abb. 10: Plazierung des Gels auf dem Kühlblock.

Bei Verwendung von *Papier-Elektrodenbrücken* jeweils 8 Lagen einsetzen.

bei Silberfärbung!

● Kathodenbrücke in Kathodenpuffer tränken und auf Gelkante legen: die Kante dieser Elektrodenbrücke muß sich mit der Linie "1" der Kühlblock-Skala decken (s. Abb. 10);

Handschuhe anziehen; waag-recht halten, sonst schiefe Front.

● Auf die beiden Ecken der *Kathodenbrücke*, die man angefaßt hat, je *1 mL Kathodenpuffer* (aus dem Tank) aufpipettieren;

Dadurch ersetzt man den mit den Fingern ausgequetschten Elektrodenpuffer: Dies ergibt ei-nen perfekten Geradeauslauf der Front ohne Randeffekt.

● Anodenbrücke in Anodenpuffer tränken und auf entsprechen-de Gelkante legen: die Kante dieser Elektrodenbrücke soll sich mit der Linie "10" der Kühlblock-Skala decken.

waagrecht halten

Probenaufgabe

● Proben zügig in die Slots einpipettieren.

Wird ein Gel mit durchgehend glatter Oberfläche, also ohne Slotformer verwendet, muß die großporige Seite des Gels iden-tifiziert werden. Dann wird das Gel, wie oben beschrieben, auf den Kühlblock gelegt: so daß die Proben ebenfalls bei Markie-rung "2" aufpipettiert werden können.

Bei Fertig-Gelen ist als Orien-tierungshilfe auf der engporigen Seite eine Ecke von der Folie abgeschnitten.

Die großporige Seite muß zur Kathode!

Die Proben werden 1 cm vom Kathodenstreifen und bis zu maximal 1,5 cm von den beiden seitlichen Rändern entfernt aufpipettiert. Dabei gibt es mehrere Möglichkeiten der Proben-aufgabe (s. Abb. 11):

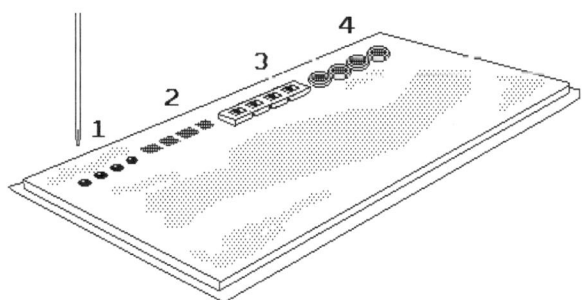

Abb. 11: Möglichkeiten der Probenaufgabe bei SDS-Gelen mit durchge-hend glatter Oberfläche.

● Direktaufpipettieren von Tropfen (1).

Nur bis max. 3 µL empfehlens-wert

● Probenaufgabeplättchen auf das Gel legen und dann die Pro-ben aufpipettieren (2).

3 bis 20 µL gut möglich

● Probenaufgabeband verwenden und Proben in Löcher einpi-   *3 bis 40 µL möglich*
pettieren (3).

● Raschigg-Ringe aus Rückflußkühler einer Destillationsanlage   *bis 100 µL möglich*
entnehmen und auf das Gel legen, Proben einpipettieren (4).

Elektrophorese

● Saubere Glasplatte oder die Elektrodenhalterplatte (Glasplat-   *Fixiert Elektrodenbrücken,*
te mit Füßchen) über die Elektrodenbrücken legen.   *fängt Kondenswasser ab.*

● Sicherheitsdeckel schließen.

Trennbedingungen:

1000 V, 50 mA, 35 W, 1 h 30 min.   *bei normalen Stromversorgern*

Tab. 4: MultiDrive XL Programmierung.

Phase	U	I	P	t	*)
	V	mA	W	h:min	Vh
1	200	50	30		85
2	600	50	22	1:20	
3	100	5	5	1:00	

* U/t-Integral

Phase 1 ist für sanften Proben-eintritt, Phase 3 wirkt gegen Bandendiffusion bei unbeauf-sichtigter Elektrophorese.

● Stromversorgung abschalten;

● Sicherheitsdeckel öffnen;

● Elektrodenbrücken vom Gel abnehmen und entweder am   *Den Puffer kann man für bis zu*
Rand des Kühlblocks auflegen oder in die Tanks gleiten   *5 Trennungen verwenden.*
lassen;

● Gel vom Kühlblock nehmen.

Wettex-Dauerelektrodenbrücken: Nach fünfmaligem Gebrauch mehrmals in H_2O_{dest} auswaschen, gegebenenfalls in SDS-Lösung auskochen.

6 Coomassie-und Silberfärbung

Schnelle Coomassie-Färbung

● *Färben:* Heißfärbung unter Rühren des Magnetkernes in   *Dabei liegt das Gel mit der*
Edelstahl-Färbewanne: 0,02 % Coomassie R-350:   *Oberfläche nach unten auf dem*
1 PhastGel-Blue-Tablette gelöst in 2 L 10 % Essigsäure; 8   *Gittereinsatz.*
min, 50 °C (s. Abb. 9);

● *Entfärben:* Im Multiwash in 10 % Essigsäure 2 h bei Raum-   *Das Multiwash besteht aus Ent-*
temperatur (s. Abb. 10);   *färbebehälter, Pumpe, Aktivkoh-le- und Mischbett-Ionenaustau-scher-Kartusche.*

● *Präservieren:* In einer Lösung aus 25 mL Glycerin (87% g/v)
  + 225 mL H_2O_{dest} 30 min;

Trocknen: Luft (Raumtemperatur).

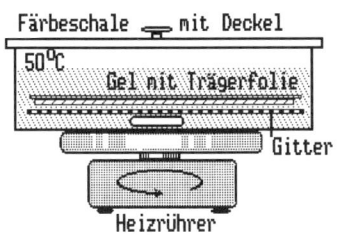

Abb. 12 Vorrichtung zum Heißfärben.

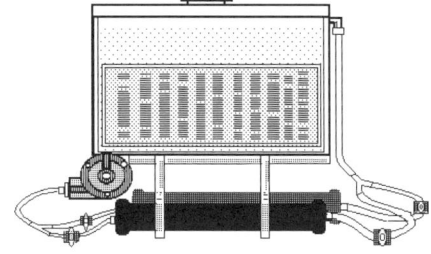

Abb. 13: MultiWash. Entfärbe- und Gel-Wasch-Apparat.

Kolloidal-Färbung

Diese Methode hat eine sehr hohe Nachweisempfindlichkeit
(ca. 30 ng pro Bande), dauert aber über Nacht. Hintergrundent-
färbung entfällt [132].

[132] Neuhoff V, Stamm R, Eibl H. Electrophoresis. 6 (1985) 427-448.

Herstellung der Färbelösung:
100 g Ammoniumsulfat langsam zu 980 mL 2 %iger (g/v) H_3PO_4
zugeben, bis es sich *vollständig* gelöst hat. Dann Coomassie
G-250 Lösung (1 g auf 20 mL H_2O) zugeben. Lösung *nicht*
filtrieren! Vor Gebrauch schütteln.

Färbelösung kann mehrmals verwendet werden.

Färbung

● *Fixierung* > 1 h in 12 % (g/v) TCA, bei Trägerfolien-gestütz-
  ten Gelen am besten mit der Geloberfläche nach unten (auf
  dem Gittereinsatz der Färbeschale), damit Additive mit hoher
  Dichte (z.B. das Glycerin bei Gradienten-Gelen) aus dem Gel
  diffundieren können.

Die Verwendung eines Schütt-lers ist sehr zu empfehlen.

● *Färbung* über Nacht mit 160 mL Färbelösung [0,1 % (g/v)
  Coomassie G-250 in 2% H_3PO_4, 10 % (g/v) Ammoniumsulfat s. o.] plus 40 mL Methanol (bei Färbung zugeben)**.**

● *Waschen* 1 bis 3 min in 0,1 mol/L Tris, H_3PO_4-Puffer, pH 6,5.

● *Spülen* (max. 1 min) in 25 % (v/v) Methanol in H_2O.

● *Stabilisierung* des Protein-Farbstoff-Komplexes in 20 %
  (g/v) Ammoniumsulfat in H_2O.

Silberfärbung

Tab. 5: Bedingungen zur Silberfärbung [93].

Schritt	Lösung	V mL	t min
Fixierung	300 mL Ethanol 100 mL Essigsäure mit H_2O_{dest} → *1000 mL*	250	>30
Inkubierung	75 mL Ethanol*) 17,00 g Na-Acetat 1,25 mL Glutaraldehyd (25% g/v) 0,50 g $Na_2S_2O_3 \times 5\ H_2O$ mit H_2O_{dest} → 250 mL	250	30 oder über Nacht
Waschen	H_2O_{dest}	3×250	3×5
Versilberung	0,5 g $AgNO_3$**) 50 µl Formaldehyd (37% g/v) mit H_2O_{dest} → 250 mL	250	20
Entwicklung	7,5 g Na_2CO_3 30 µl Formaldehyd (37% g/v) mit H_2O_{dest} → 300 mL wenn pH >11,5, mit $NaHCO_3$ auf diesen Wert titrieren.	1×100 1×200	1 3 bis 7
Stoppen	2,5 g Glycin mit H_2O_{dest} → 250 mL	250	10
Waschen	H_2O_{dest}	3×250	3×5
Präservieren	25 mL Glycerin (87% g/v) mit H_2O_{dest} → 250 mL	250	30
Trocknen	Luft (Raumtemperatur)		

* NaAc erst in H_2O lösen, dann Ethanol zufügen. Thiosulfat und Glutaraldehyd erst vor Gebrauch zugeben.
** $AgNO_3$ in H_2O lösen, vor Gebrauch mit Formaldehyd versetzen.

[93] Heukeshoven J, Dernick R. In: Radola BJ, Hrsg. Elektro-phorese-Forum'86. Eigenverlag (1986) 22-27.

7 Blotting

Spezifische Nachweise von Proteinen kann man nach ihrem elektrophoretischen Transfer aus dem Gel auf einer immobilisierenden Membran (Blotfolie) durchführen. Man kann Proteine unmittelbar nach der Trennung, aber auch nach der Färbung

[133] Jackson P, Thompson RJ. Electrophoresis. 5 (1984) 35-42.

zur Vorgehensweise s. Methode 9: S. 189 ff

blotten. Bei Blotting aus gefärbten Gelen müssen die Proteine mit SDS-Puffer wieder in Lösung gebracht werden (Einlegen des Gels in SDS-Puffer), für die nachfolgenden Immunnachweise ist, trotz zusätzlicher Denaturierung mit den Färbereagenzien, in den meisten Fällen Antigen-Antikörper-Reaktivität erhalten geblieben [133]. Wenn man unmittelbar nach der Elektrophorese blottet, die Gele selbst herstellt und das ganze Gel blotten will, gießt man das Gel auf die hydrophobe Rückseite des GelBond-PAG-Films, von wo man es nach der Elektrophorese leicht abziehen kann.

8 Densitometrie

Im folgenden wird die Vorgehensweise bei der quantitativen Auswertung eines SDS-Geles, das mit kolloidalem Coomassie-Blau angefärbt wurde, beschrieben. Die Laserdensitometer-Daten werden mit der GelScan-XL-Software in einem Personal Computer weiterverarbeitet.

Scannen des SDS - Gels

Einstellung der Geräteparameter:

a) Laserdensitometer
Das UltroScan XL wird im Menue wie folgt programmiert:
Im "Plot-Menu""Autohold" auf "no",
im "Setup - Menu" auf"1D - Mode"
und"Shape of Beam" = "Line" stellen.

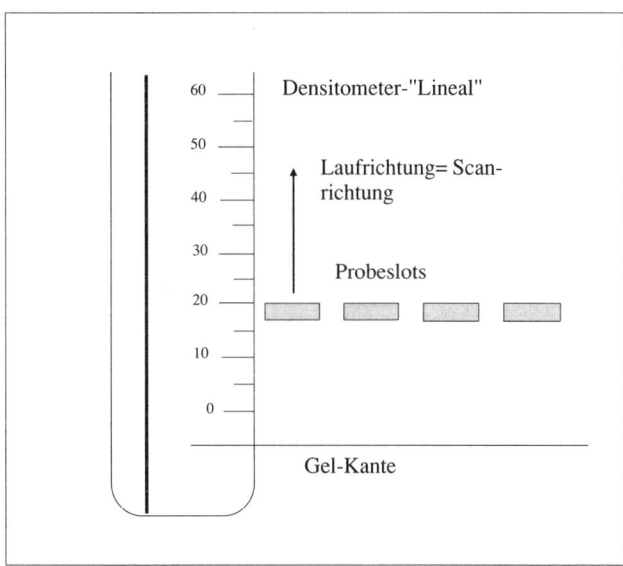

Abb. 14: Plazierung des Gels auf den Tisch des UltroScan XL zur exakten Molekulargewichts-Zuordnung.

Als "Type of output" muß die RS 232 Schnittstelle gewählt werden.

Am besten wird das Gel immer in der gleichen Ausrichtung und an die gleiche Stelle auf den Meßtisch des Laserdensitometers gelegt. Die Gelseite mit den Probenaufgabetaschen wird an die vordere Begrenzung des Leuchttisches so angelegt, daß die Slotkante in Trennrichtung an der *Y* - Achse in *Position 20* liegt (s. Abb. 14).

Damit erreicht man eine größt-mögliche Vergleichbarkeit ver-schiedener Gele untereinander und die Vereinfachung der Aus-wertung.

Die Eingabe der eigentlichen Meßparameter erfolgt im "Define Track" - Menue.

Zur gesamten lateral-integralen Erfassung der 7 mm breiten Elektrophorese - Spur empfehlen wir die Eingabe "X - WIDTH" = 8 (6,4 mm).

Die "X - WIDTH" gibt an, wie oft der Laserstrahl eine Proben-spur jeweils um 800 μm versetzt abtastet.

Die Auflösung des Densitometers definiert man mit "Y-STEP". Eine hochaufgelöste SDS-Elektrophorese sollte man mit ebensolcher Auflösung scannen, und zwar mit "Y-STEP" = 1.

Bei der Einstellung "Y-STEP" = 1 stoppt der die Meßoptik be-wegende Schrittmotor alle 40 μm. Die Auflösung ist wählbar von 20 μm bis 600 μm.

Die elektrophoretische Trennung beginnt an der Probenauf-trags-Slotkante, die auf dem Leuchttisch auf der Y-Position 20 liegt, deshalb:
Eingabe des Y-START-Wertes "20".

Die Trennstrecke ist 100 mm , deshalb:
Eingabe des Y-STOP-Wertes "120".

Jetzt werden alle Elektrophoresespuren mit dem Lineal durch Drücken der Pfeiltasten so angefahren, daß die Hilfslinie auf dem Lineal mittig über der Trennspur liegt.
Mit dem Befehl "SAVE" wird die Lage der Spur
gespeichert.
Den "Define Track" Mode verläßt man mit "ESC".

b) Personal-Computer
Zunächst wird das GelScan-XL-Programm aufgerufen. Im "Main-Menue" wählt man das "Scan"-Programm an.

Der Name des "Datafile" ist beliebig wählbar z.B: *"SDS-Gel"*.

Sind unter diesem Namen noch keine Spuren abgespeichert, beläßt man die "Sequence no. for files" bei "1". Für den Fall, daß mehrere Gele den gleichen Namen tragen wählt man die entspre-chende Zahl aus. In die beiden "Comment"-Zeilen läßt sich ein beliebiger Kommentar abspeichern.

Nach "Entern" der letzten Kommentarzeile führt der Rechner einen Kommunikationstest mit dem UltroScan XL durch. Wird dieser bestanden, kann der Meßvorgang durch Drücken der Taste "6" am Densitometer gestartet werden. Die Meßung aller vor-programmierten Spuren und der Übertrag der Daten zum Rech-ner erfolgt dann automatisch.

Auswertung der gemessenen Daten

a) Zuordnen der Molekulargewichte

a.1. Erstellen der Methode "LMW.met" :
Diese Methode kann bei Pharmacia LKB als fertiges Programm kostenlos angefordert werden. Es muß dann nur noch in das Directory C:\gsxl\ms einkopiert werden.
Natürlich kann das Programm auch selbst erstellt werden.

Es empfiehlt sich, gleich eine Sicherungskopie z.B. mit Namen LMW.sav ins gleiche Directory zu kopieren.

a.2. Aktualisieren der Methode mit den gemessenen Rf - Werten der Molekulargewichtsmarker-Trennspur:
Im Hauptmenue wird "Method" aufgerufen und im Unterprogramm "File" – dann "Load" angewählt. Die Frage nach dem Filenamen wird mit "LMW" beantwortet.

Unter der Rubrik "Edit Method" werden die entsprechenden Laufstrecken aus dem aktuellen Densitogramm eingetragen. Mit "ESC" die Tabelle verlassen und unter "File" mit "Save" die editierte Methode abspeichern. Die Frage nach Überschreibung des alten File-Inhaltes kann nun guten Gewissens (wg. LMW.sav s.o.) mit "y" beantwortet werden.

a.3. Berechnung der Molekulargewichte:
Alle Auswertungen eindimensionaler Elektropherogramme finden im Unterprogramm "Evaluate" statt. Zur Kontrolle der editierten Methode empfiehlt es sich, die Molekulargewichts-Markerspur zu laden und auszuwerten. Die vom Programm ermittelten Molekulargewichte müssen dann den Markerprotein-Peaks entsprechen.

Im "Evaluate" - Unterprogramm "File" wird über "Load" das gewünschte File geladen. Eine Auflistung aller gespeicherten 1-D Files erreicht man durch die Eingabe eines Fragezeichens ("?") anstelle des Filenamens. Mit den Cursortasten kann der Highlighter auf das gesuchte File geführt werden; das Einladen erfolgt durch Betätigung der "Enter"-Taste. Anschließend wird in der Zeile "Name of Method" der Name "LMW" eingegeben und mit "Enter" bestätigt.

Mit "ESC" erreicht man wieder das Evaluate - Hauptmenue. Die Integration wird durch das Anwählen von "Integrate" mittels Highlighter und Bestätigung durch "Enter" gestartet.

Nach Beendigung der Integration kann die Molekulargewichtsberechnung auf dem Lineprinter ausgegeben werden.

s. Abb. 48 auf S. 83

Das "Report" - Menue wird mit dem Highlighter angewählt und mit "Enter" bestätigt. Bei der Auswahl "Curve - Table" wählt man mit der inzwischen bekannten Vorgehensweise zunächst den Ausdruck der Meßkurve *), dann die tabellarische Auflistung der Integrationsergebnisse und der Molekulargewichts-Zuordnung **). Weitere Trennspuren werden mit gleicher Vorgehensweise ausgewertet.

* s. Abb. 47 auf S. 83

** s. Abb. 48 auf S. 83

b) Bandenquantifizierung mit externem Standard

b.1. Quantifizierung bekannter Proteine:

Analog zur quantitativen Auswertung bei Chromatographie-Trennungen ist es auch für die Densitometrie zwingend notwendig, Eichstandards zu verwenden. Das zu bestimmende Protein muß als Reinsubstanz vorliegen. Das reine Protein wird in bestimmten Mengen auf das Elektrophorese-Gel aufgetragen und läuft während der Trennung als Standard mit. Es empfiehlt sich in jedem Fall verschiedene Mengen als externen Standard aufzutragen, da fast alle verwendeten Farbstoffe keine linearen Konzentrations-/Extinktionsverhältnisse aufweisen. Durch die Verwendung mehrerer Eichpunkte kann man auch solche nichtlinearen Funktionen erfassen (s. Abb. 16).

b.1.1. Erstellen der Methode "Quant.met":

Diese Methode kann wie die "LMW.met" von Pharmacia LKB bezogen werden.

Wie in a) beschrieben wird eine Sicherungskopie abgespeichert.

b.1.2. Aktualisieren der Methode mit den gemessenen Peakflächen-integralen:

Der Methodenfile wird wie in *a.2.* aufgerufen, Name hier:"Quant.met".

Unter der Rubrik "Edit method" werden die berechneten Peakflächenintegrale aus dem Densitogramm des gemessenen Geles eingetragen. Die Laufstrecke wird gegebenenfalls korrigiert, so daß der Rf-Wert der aktuellen Standardproteinbande entspricht. Das veränderte Methoden-File muß nun noch abgespeichert werden.

b.2. Quantifizierung unbekannter oder nicht rein dargestellter Proteine:

In den allermeisten Fällen ist es nun leider so, daß man Quantifizierungen von Proteinen durchführen möchte, die nicht in gereinigter Form vorliegen. Für diesen Fall bietet sich die Möglichkeit der Ermittlung von " Albumin - Äquivalenten" an. Dabei wird als externer Standard Albumin eingesetzt. Natürlich kann man mit dieser Methode keine absolute Quantifizierung erreichen. Die Verwendung eines bestimmten Proteins als Standard, auf den man die Peakflächen aller anderen zu messenden Banden bezieht, erlaubt aber eine gute relative Messung der Menge eines unbekannten Proteins. Die Vergleichbarkeit verschiedener Gele untereinander ist durch die immer mitaufgetrennte Standardmenge an Albumin gewährleistet.

Erstellung und Aktualisierung der Methode "Rel-Quant.met" erfolgt wie schon beschrieben. Ein Beispiel für unterschiedliche Färbeaffinitäten verschiedener Proteine ist im Teil 1 dargestellt.

s. S. 85

9 Methodischer Ausblick

Mit der hier vorgestellten SDS-Elektrophoresemethode kann man sicherlich die meisten Aufgabenstellungen lösen. Sollten sich trotzdem Probleme ergeben, sei auf den Teil 3 Problemlösungen hingewiesen. Es gibt aber auch einige andere vorhersehbare Probleme, die in Teil 1 beschrieben sind.

s. S. 26 ff.

Geleigenschaften: Das hier beschriebene Gel hat einen Acrylamid-Gradienten von $T = 8$ bis 20 % und ein Probenaufgabe-Plateau mit $T = 5$ %. Wünscht man in einem engeren Molekulargewichts-Bereich eine höhere Auflösung, setzt man einen flacheren Gradienten (z. B. $T = 10$ bis 15 %) oder ein homogenes Trenn-Gel (z.B. $T = 10$ %) ein. Für $T = i$ % berechnen sich die für jeweils 15 mL eingesetzten Acrylamid,Bis-Lösungs- Volumina (V in mL) ganz einfach wie folgt:

$$V\ mL = i \times 0{,}5\ mL$$

Damit kann man auch komplexe Proteingemische mit einem Molekulargewichts-Spektrum von 5 bis 400 kDa vollständig erfassen.

Eine andere Gelzusammensetzung hat natürlich Einfluß auf die Laufzeit der Trennung. Bei flacheren Gradienten und homogenen Gelen empfiehlt es sich meistens, die Trennung bereits dann zu stoppen, wenn die Bromphenolblau-Front gerade die Anodenbrücken-Kante erreicht.

Elektrodenpuffer-Gelstreifen

Wie bereits im Teil 1 erwähnt, gibt es auch die Möglichkeit, anstelle der Puffertanks und Elektrodenbrücken, Pufferstreifen aus Polyacrylamid-Gel zu verwenden.

Solche Streifen gibt es, wie die Gele fertig zu kaufen. Man kann sie auch selbst herstellen.

Bei dieser Technik verwendet man die Fokussierelektroden anstelle der Puffertank-Elektrodeneinsätze (Abb. 15).

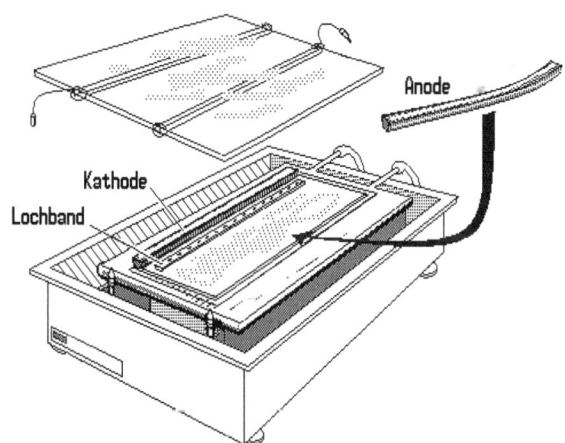

Abb. 15: SDS-Elektrophorese mit PAG-Pufferstreifen Probenaufgabeband.

Vorteilhaft ist diese Methode vor allem bei der Silberfärbung, weil man hierbei Verunreinigungen vermeidet, die aus dem Elektrodenpapier und den Tanks kommen können.

Außerdem benötigt man nicht das große Puffervolumen von insgesamt 2 L.

Eigenschaften der Streifen

Im folgenden ist die ideale Größe und Zusammensetzung solcher Streifen aufgelistet:

Streifenmatrix: Polyacrylamid-Gel (T = 12 %, C = 3 %);

Größe: Länge 245 mm, Breite 4,5 mm, Höhe 4,5 mm;

Puffer im Kathodenstreifen: 0,08 mol/L Tris, 0,8 mol/L Tricin, und 0,4 % (g/v) SDS, pH 7,1;

Puffer im Anodenstreifen: 0,3 mol/L Tris, 0,3 mol/L Essigsäure, und 0,4 % (g/v) SDS, pH 6,4;

Sparmaßnahme, weil Tricin sehr teuer ist.

Lagerung: +4 bis +8 °C (im Kühlschrank).

Peptidtrennung nach Schägger und von Jagow [38]

s. S. 29.

Weil der Kathodenstreifen Tricin anstelle von Glycin enthält, kann man sie – bei gleichzeitiger Erhöhung der Tris-Ionenstärke des Gelpuffers und Titration auf pH 8,45 – zur verbesserten Trennung der niedermolekularen Peptide einsetzen [134].

[134] Pharmacia LKB Sonderdruck 92 (1989).

Methode 9: Semidry-Blotting von Proteinen

Das Prinzip und eine Auswahl an methodischen Möglichkeiten sind in Teil 1*) beschrieben. Diese Arbeitsanleitung befaßt sich mit der Transfertechnik und ausgewählten Färbemethoden bei Blotting aus SDS-Porengradienten-Gelen nach der Methode 8**) und aus IEF-Gelen nach der Methode 7***). Für den Elektrotransfer wird die Kühlplatte aus der Kammer genommen, dafür werden die Graphitplatten eingesetzt (Abb. 1).

* s. S. 53 ff
** s. S. 167 ff
*** s. S. 153 ff

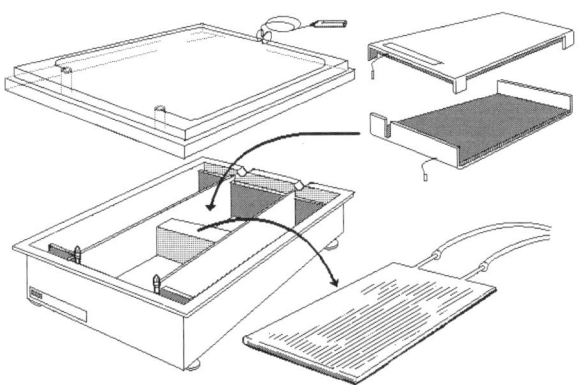

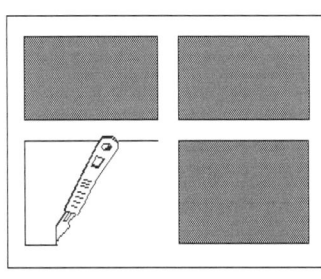

Abb. 1: Einsetzen der anodischen Graphitplatte anstelle der Kühlplatte. **Abb. 2:** Maske

Als erstes sei auf ein paar praktische Gesichtspunkte beim Transfer hingewiesen:

● Filterpapier und Blotfolie müssen auf die Gelfläche zugeschnitten werden, damit der Strom nicht neben dem eigentlichen Blot-Sandwich vorbeifließt. Kleinere Blot-Sandwiches können nebeneinander gelegt werden.

Die maximale Gelgröße beträgt 20 × 27 cm.

● Man kann aber auch das Filterpapier unzerschnitten verwenden, wenn man sich eine Plastikmaske zuschneidet, in der man Fenster für die Gele und Blotfolien freiläßt. Diese Maske wird auf den anodischen Filterpapierstapel gelegt, bevor der Blot weiter aufgebaut wird (Abb. 2).

● Nur Gele gleichen Typs (IEF, SDS) können auf einmal geblottet werden, weil die Transferzeiten in Abhängigkeit der Gelporengrößen und des Proteinzustandes unterschiedlich sind.

Aufgefaltete SDS-Polypeptid-Mizellen unterscheiden sich von fokussierten Proteinen in globulärer Form.

● Der Transferpuffer enthält 20 % Methanol, damit die Gele während des Transfers nicht quellen und damit die Bindefähigkeit der Nitrocellulose erhöht wird.

Soll die biologische Aktivität von Enzymen erhalten bleiben, muß man das Methanol weglassen.

● Wenn Gele an eine Plastikfolie gebunden sind, werden Gel und Trägerfolie vorher mit dem Film Remover voneinander getrennt.

Dabei wird ein dünner Draht zwischen Gel und Trägerfolie hindurchgezogen.

● Wenn mehrere Gel-Blot-Schichten übereinander geblottet werden, wird jeweils eine Dialysier-Membran (Cellophan) dazwischen gelegt, damit eventuell durchwandernde Proteine nicht in die nächste Trans Unit gelangen können.

Beim Blotten mehrerer Trans Units verliert man Transfer-Effektivität in Richtung Kathode.

● Beim kontinuierlichen Puffersystem wird auf der anodischen und der kathodischen Seite des Blots der gleiche Puffer mit einem pH-Wert von pH 9,5 verwendet. Zum besseren Transfer hydrophober Proteine und zur Ladung von fokussierten Proteinen (Proteine sind am pI nicht geladen) enthält der Puffer auch SDS.

Diese Methode ist die einfachste. Der Transfer ist aber nicht so gleichmäßig, und die Banden sind weniger scharf als beim diskontinuierlichen Puffersystem.

● Beim diskontinuierlichen Puffersystem verändert sich durch die unterschiedliche Ionenstärke der beiden Anodenpuffer (0,3 mol/L und 0,025 mol/L Tris) die Wanderungsgeschwindigkeit der Proteine während des Transfers, so daß weniger "durchgeblottet" wird. Das langsame Folgeion im Kathodenpuffer gleicht die unterschiedlichen Wanderungsgeschwindigkeiten der Leitionen aus (in diesem Fall die Proteine): man erhält einen gleichmäßigeren Transfer. Hier wird SDS nur in den Kathodenpuffer gegeben.

Diese Methode ist auch besonders bei Nativblotting empfehlenswert. Die geringe Menge SDS (0,01 %) im Kathodenpuffer denaturiert die Proteine während des kurzzeitigen Kontakts nicht.

1 Transferpuffer

Kontinuierliches Puffersystem:

39 mmol/L Glycin	2,930 g,
48 mmol/L Tris	5,810 g,
0,0375 % (g/v) SDS	0,375 g,
0,01 % Natriumazid	0,1 g,
20 % (v/v) Methanol	200 mL,

mit H$_2$O$_{dest}$ auffüllen auf 1000 mL.

Puffersterilisierung

Diskontinuierliches Puffersystem:

Anodenlösung I:

0,3 mol/L Tris	36,3 g,
0,01 % Natriumazid	0,1 g,
20 % (v/v) Methanol	200 mL,

mit H$_2$O$_{dest}$ auffüllen auf 1000 mL.

Anodenlösung II:

25 mmol/L Tris	3,03 g,
0,01 % Natriumazid	0,1 g,

20 % (v/v) Methanol   200 mL,
mit H_2O_{dest} auffüllen auf 1000 mL.

Kathodenlösung

40 mmol/L 6-Aminohexansäure	5,2 g,
0,01 % SDS (g/v)	0,1 g,
0,01 % Natriumazid	0,1 g,
20 % (v/v) Methanol	200 mL,

mit H_2O_{dest} auffüllen auf 1000 mL.

Transfers aus Agarose-Gelen

Diskontinuierliches Puffersystem *ohne* Methanol.

2 Technische Durchführung

Diese Anleitung bezieht sich auf das diskontinuierliche Puffersystem. Wenn das kontinuierliche Puffersystem verwendet wird, sind Anodenlösung I, Anodenlösung II und Kathodenlösung identisch.

Während der folgenden Manipulationen sollten Gummihandschuhe getragen werden, um Verunreinigung der Puffer, Blotting-Membranen und Filterpapiere zu vermeiden.

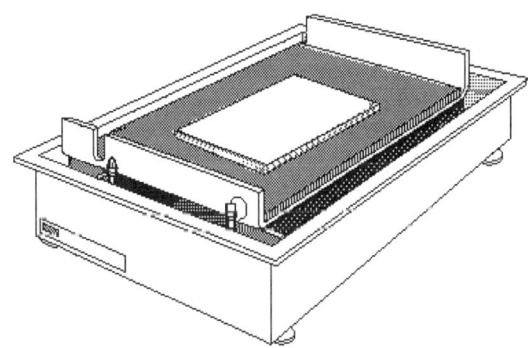

Abb. 3: Aufbau des Blotstapels auf der Anodischen Graphitplatte.

● Anoden-Graphitplatte (hat rotes Kabel) mit H_2O_{dest} sättigen, überschüssiges Wasser mit saugfähigem Papier entfernen.

Dadurch erreicht man einen gleichmäßigen Stromfluß;

● benötigte Filterpapiere (6 für Anode, 6 für Kathode, 6 pro Trans-Unit) und Blotfolie auf Gelgröße zuschneiden.

oder nach der eingangs vorgeschlagenen Methode mit der Plastikmaske verfahren

● 200 mL Anodenlösung I in Färbeschale gießen;

● 6 Filterpapiere langsam durch Kapillarwirkung vollsaugen lassen und auf die Graphitplatte (Anode) legen (Abb. 3);

Luftblasen vermeiden

● Anodenlösung I in Flasche zurückgießen;

Puffer kann mehrfach verwendet werden.

● 200 mL Anodenlösung II in Färbeschale gießen;

● Elektrophorese bzw. die isoelektrische Fokussierung stoppen;

s. Methoden 7 und 8

● Kerosin von der Folienunterseite abwischen;

● Gele in Anodenpuffer II äquilibrieren:
SDS-PAGE: 5 min
IEF: 2 min

SDS-Gele nehmen dabei soviel Methanol auf, daß sie nicht quellen.
IEF-Gele lassen sich dann nach dem Blotten leichter von der Blotfolie entfernen.

Trägerfolien-Gele läßt man hierzu mit der Geloberfläche nach unten auf der Pufferoberfläche "schwimmen".

● Kühlplatte aus der Elektrophoresekammer nehmen;

mit den daran hängenden Kühlschläuchen

● Anodenplatte in die Elektrophoresekammer einsetzen, Kabel einstecken.

Tip!
Die Handhabung eines ganzen Gels (25×10 cm) beim Abziehen der Trägerfolie wird erheblich erleichtert, wenn man das Gel nach der Äquilibrierung in zwei Hälften schneidet, nach dem Durchziehen des FilmRemover-Drahtes beide Hälften wieder aneinanderlegt; man kann dann trotzdem *eine* Blotfolie für das gesamte Gel verwenden.

Beim Abziehen der großflächigen Trägerfolie bilden sich häufig Falten im Gel, deren Entfernung schwierig, wenn nicht unmöglich ist.

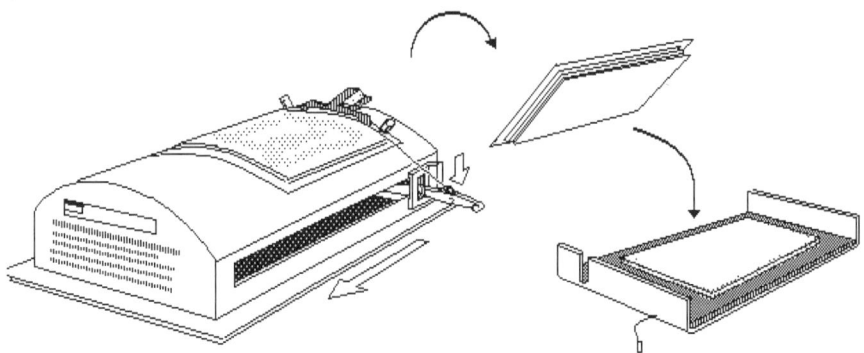

Abb. 4: Abschneiden der Trägerfolie und Übertragen des Trägerfolien-Gel-Blotfolien-Filterpapier-Stapels auf den Anodenpapierstapel.

● Trägerfolien-gebundene Gele mit der Folie nach unten auf den Film Remover legen; so daß eine der kürzeren Kanten beide Führungssockel berührt;

Der Festhaltemechanismus befindet sich dabei in der hochgehobenen Position.

● auf den Schnapphebel drücken;

Jetzt drücken die beiden Zähne auf den Folienrand und halten die Folie fest.

- den Schneidedraht über die Gelkante bei den Haltezähnen legen, auf der anderen Seite am Zuggriff einhaken und den Hebel nach unten umlegen (Abb. 4);

Jetzt hat der Draht die nötige mechanische Spannung um das Gel vollständig von der Folie abtrennen zu können.

- mit beiden Händen die beiden Zuggriffe nehmen und den Draht mit gleichmäßiger Geschwindigkeit auf sich zu ziehen.

Dabei mit einem Finger der rechten Hand den Hebel nach unten gedrückt halten, damit er nicht hochschnappt.

Folien-gebundene Gele:

- Die Blotfolie kurz in Anodenpuffer II tränken und auf das Gel legen;

- 3 Filterpapiere langsam im Puffer tränken und auf die Blotfolie legen;

- Oben auf den Festhaltegriff drücken und das gesamte Sandwich mit Trägerfolie abnehmen, in der Luft wenden und auf den Filterpapierstapel legen;

Bei nicht Folien-gebundenen Gelen wird in umgekehrter Richtung verfahren:

Bei nicht Folien-gebundenen Gelen verzichtet man meist auch auf den Äquilibrierungsschritt für das Gel.

- 3 Filterpapiere langsam im Puffer tränken und auf den bereits aufgelegten Filterpapierstapel legen;

- die Blotfolie kurz in Anodenpuffer II tränken und auf den Filterpapierstapel legen.

- das Gel auf die Blotfolie legen;

- Anodenlösung II weggießen;

Wegen der Äquilibrierung des Gels und Kerosinspuren soll dieser Puffer nur einmal verwendet werden.

- Färbewanne mit destilliertem Wasser ausspülen und mit Papier trocknen;

Wiederverwendbarer Kathodenpuffer soll nicht mit Anodenpuffer-Resten kontaminiert werden.

- 200 mL Kathodenlösung in Färbeschale gießen;

- Langsam und vorsichtig die Folie abziehen, indem man an einer Ecke beginnt;

s. o. **Tip**

- 9 Filterpapiere in Kathodenpuffer tränken und darauflegen.

Beim Aufbau des Blotstapels wie hier beschrieben, läßt sich der Einschluß von Luftblasen nicht vollständig vermeiden. Deshalb müssen diese mit einem Handroller herausgewalzt werden (Abb. 5):

- In der Mitte beginnend in alle vier Himmelsrichtungen nach außen walzen,

Walzt man mit zu geringem Druck, können noch Luftblasen im Blot bleiben; an diesen Stellen gibt es keinen Transfer. Walzt man zu stark, wird der Stapel zu trocken und uneben.

- dabei so aufdrücken, daß der im Stapel enthaltene Puffer seitlich "herausblickt", aber nicht herausgedrückt wird. Beim Abnehmen des Handrollers muß sich der Puffer wieder in den Stapel "zurückziehen";

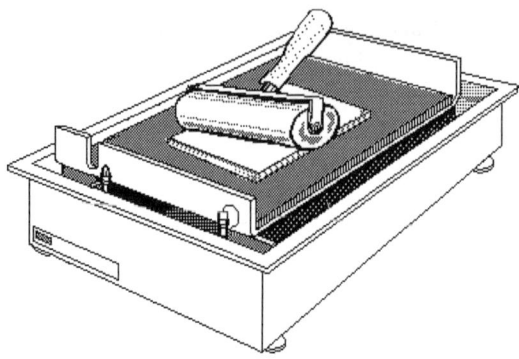

Abb. 5: Auswalzen der Luftblasen.

● Kathoden-Graphitplatte (schwarzes Kabel) mit destilliertem Wasser sättigen, überschüssiges Wasser mit saugfähigem Papier entfernen;

s. Anodenplatte

● Kathodenplatte auf den Stapel aufsetzen, Kabel anstecken;

● Sicherheitsdeckel auf Elektrophoresekammer aufsetzen und Kabel an Stromversorger anstecken;

auf richtige Polung achten

● bei konstanter Stromstärke blotten: 0,8 mA / cm^2.

Höhere Stromstärken führen zur Erwärmung des Gels und sind nicht zu empfehlen.

Transferbedingungen:

0,5 mm dünnes Gel (250 cm^2) SDS-Poren-Gradient T = 8 bis 20 %:

Set:	200 mA const	max 10 V	max 5 W	20 °C
Read:	200 mA	3 V	1 W	

Beim MultiDrive-XL-Stromversorger kann man für optimale Reproduzierbarkeit eine Stromabschaltung nach einer mA, h-Integration (133 mAh) programmieren.

Bei dieser niedrigen Leistung erwärmt sich der Blot nicht.

Blottet man aus dickeren oder/und höherprozentigen Gelen erhöht sich die Blotzeit bis zu 2 h: dann ist die Beschwerung der Kathodenplatte mit einem 1 bis 2 kg Gewicht zu empfehlen, damit sich keine Elektrolyse-Gaspolster bilden können.

Solche Gele haben auch genügend mechanische Festigkeit, daß sie dabei nicht gequetscht werden.

Blotten aus Nativ- und Fokussierungs-Gelen geht schneller, weil sich die Proteine in globulärer Form befinden und – bei der IEF – die Gele weitporiger sind.

Richtwert: 30 min

● Stromversorger abschalten, Kabel abziehen;

● Sicherheitsdeckel und Kathodenplatte abnehmen;

● Stapel auseinandernehmen;

● Gele zur Kontrolle mit Coomassie-Blau anfärben.

s. Methoden 7 und 8.

● Blotfolie vor den Nachweismethoden entweder trocken über Nacht liegen lassen oder 3 bis 4 h bei 60 °C in Trockenschrank legen.

Dadurch binden die Proteine stärker an die Folie und werden während der Färbung und den spezifischen Nachweisen nicht teilweise abgewaschen.

Vorsicht: Diese Behandlung darf jedoch nicht vor Nachweisen biologischer Aktivität (Zymogrammtechniken) angewendet werden. Die meisten Enzyme verlieren hierbei ihre Aktivität.

3 Färbung von Blotfolien

Amidoschwarz-Färbung:

1 0,1 g Amidoschwarz in 100 mL Methanol-Eisessig-Wasser (40:10:50 v/v) lösen;

● 3 bis 4 min in 0,1 %iger Amidoschwarzlösung anfärben;

● Entfärben in Methanol-Eisessig-Wasser (25:10:65 v/v);

● Nitrocellulose an der Luft trocknen.

Reversible Färbung:

Soll im Anschluß an die Allgemeinfärbung ein spezifischer Immun- oder Glykoprotein-Nachweis durchgeführt werden, empfiehlt sich statt dessen eine Färbung mit Ponceau S (79) oder Fast Green FCF.

Fast Green Färbung

● 0,1 % (g/v) Fast Green in 1 %iger Essigsäure lösen;

Schonende Färbung für Proteine!

● 5 min Färben;

● 5 min Entfärben des Hintergrunds mit H_2O_{dest};

● vollständige Entfärbung der Banden durch Inkubation der Folie 5 min in 0,2 mol/L NaOH.
Jetzt kann mit der Blockierung und dem immunologischen oder Lectin-Nachweis begonnen werden.

funktioniert nur bei Nitrocellulose, Alkalibehandlung verstärkt außerdem Antigen-Reaktivität [90].

Indian-Ink-Färbung

Wird die Indian-Ink-Technik [89] modifiziert wie folgt, ist die Nachweisempfindlichkeit dieser Allgemeinfärbung beinahe so hoch wie die einer Silberfärbung eines Geles:

● *Baden:* 5 min in 0,2 mol/L NaOH;

[90]

● *Waschen:* 4 × 10 min mit PBS-Tween (250 mL je Waschen, Schüttler).

PBS-Tween: 48,8 g NaCl + 14,5 g Na_2HPO_4 + 1,17 g NaH_2PO_4 + 0,5 g NaN_3 + 2,5 mL Tween 20, auf 5 L mit H_2O_{dest} auffüllen.

● *Färben:* 2 h bis über Nacht mit 250 mL PBS-Tween + 2,5 mL Essigsäure + 250 µL Pelikan-Füllfederhalter-Tinte ("Fount India");

Schüttler! Färbelösung vorher filtrieren;

● *Waschen:* 2 × 2 min mit Wasser;

● *Trocknen:* an der Luft.

Plastikeinbettung der Blotmembran

Nitrocellulose kann man nach der Anfärbung oder spezifischen immunologischen Detektionsmethode vollständig und permanent transparent machen, so daß das Ergebnis aussieht wie ein angefärbtes Elektrophorese-Gel [135].

[135] Pharmacia LKB Development Technique File No. 230, PhastSystem® (1989).

Hierzu wird die Membran mit einer Monomer-Lösung getränkt, welche den gleichen Refraktionsindex hat wie polymerisierte Nitrocellulose. Zur permanenten Transparenz wird ein Photoinitiator in die Monomer-Lösung gemischt, der bei UV-Bestrahlung eine Polymerisation startet.

Das hierfür gewählte Monomer ist geruchlos und wenig gesundheitsschädlich.

Monomer-Lösung: 0,5 g Benzoinmethylether in 25 mL TMPTMA lösen. Bei Raumtemperatur in einer braunen Glasflasche oder im Dunkeln lagern. Diese Lösung ist ca. 2 Wochen haltbar. Für längere Lagerung im Kühlschrank bei 4 bis 8 °C aufbewahren.

Das vollständige Lösen kann mehrere Stunden dauern. Hautkontakt vermeiden; TMPTMA ist Haut- und Schleimhäute reizend.

● Nitrocellulose vollständig trocknen;

● 2 PVC-Folien größer zuschneiden als die Fläche der Blotfolie;

Overhead-Projektor-Folie

● 0,3 mL Monomer-Lösung auf eine Plastikfolien pipettieren;

je nach Größe der Blotfolie auch mehr

● Lösung auf die der Blotfolie entsprechende Fläche verteilen;

● Blotfolie erst mit einer Kante auflegen und langsam auf die Monomer-Lösung legen, so daß sich die Membran ganz vollsaugt;

● ein paar Tropfen der Lösung auf die Membran pipettieren und die zweite Plastikfolie darauflegen;

● mit dem Handroller vorsichtig alle Luftblasen herauswalzen;

● beide Seiten je ca. 15 s mit UV-Lampe bestrahlen;

● das Sandwich auf gewünschte Größe zuschneiden.

Methode 10: IEF im immobilisierten pH-Gradienten

Das Prinzip der Isoelektrischen Fokussierung in immobilisierten pH-Gradienten ist in Teil 1 beschrieben. Diese Technik hat eine Reihe von Eigenschaften, welche sie deutlich von der IEF im Trägerampholyt-Gradienten unterscheidet:

s. S. 44 ff und "Strategie der IPG-Fokussierung" am Ende dieser Anleitung

Vorteile:

● Die Trennungen sind besser reproduzierbar. Der pH-Gradient ist und bleibt absolut linear, wird weder durch Salz- oder Puffer-Ionen, noch durch die Proteine der Probe beeinflußt.

Es gibt keine welligen Banden, sondern absolut gerade Iso-pH-Linien.

● Der pH-Gradient ist absolut zeitstabil, er kann nicht driften.

Feldstärke und Zeit sind nicht limitiert.

● Basische Proteine können besser oder überhaupt erst in immobilisierten pH-Gradienten fokussiert werden, weil der Gradient stabil bleibt.

In diesem Bereich gibt es die meisten Probleme bei der Trägerampholyten-IEF.

● Immobilisierte pH-Gradienten sind besser reproduzierbar, weil sie mit maximal sechs verschiedenen, chemisch exakt definierten Substanzen erzeugt werden.

im Gegensatz zu mehreren 100 Trägerampholyt-Homologen

● Da man immobilisierte pH-Gradienten maßgeschneidert und mit ultra-engen pH-Bereichen erzeugen kann, erreicht man extrem hohe Auflösung.

< $\Delta pI = 0,001\ pH$

● Da als basische puffernde Gruppen ausschließlich tertiäre Aminogruppen verwendet werden und keine Trägerampholyte vorhanden sind, kann man kleinmolekulare Peptide mit Ninhydrin oder Dansylchlorid direkt im Gel detektieren.

Mit diesen Substanzen werden Trägerampholyte ebenfalls angefärbt.

● Immobilisierte pH-Gradienten sind Bestandteil des Gels; dadurch gibt es keine Randeffekte und man kann die Trennungen in schmalen, individuellen Gelstreifen durchführen.

Dies ist vor allem vorteilhaft für die 1. Dimension bei der Zweidimensional-Elektrophorese.

Nachteile:

● Die Gießtechnik für IPG-Gele ist aufwendiger und komplexer.

pipettieren der Immobiline, Gradienten gießen

● Bei der Gelherstellung kann man mehr Fehler machen.

z.B. Pipettierfehler, Verwechslung der Lösungen

● Man kann IPGs nur mit Polyacrylamid herstellen.

keine Agarose-Gele

● Die Trennungen dauern länger.

wegen der niedrigen Leitfähigkeit

● Man benötigt sehr hohe Spannung.

ebenfalls wegen der niedrigen Leitfähigkeit

● Manche Proteine wandern nicht ohne weiteres in das Gel ein.   *Hier sind bisweilen Kunstgriffe nötig.*

1 Probenvorbereitung

Die besten Ergebnisse werden erzielt, wenn konzentrierte Proben 1 : 3 oder noch weiter verdünnt aufgetragen werden. Die Beladungskapazität von Immobiline-Gelen ist höher als bei Ampholine-Gelen. Die Limitierung liegt bei der Konzentration der Probe beim Eintritt der Proteine ins Gel. Wenn eine größere Proteinmenge aufgetrennt werden soll, empfiehlt sich das Verdünnen und mehrmalige Nachladen der Probe. In manchen Fällen hat sich das Versetzen der Probe mit ca. 2% Nonidet NP-40 oder Polyethylenglykol als vorteilhaft erwiesen. Bei der Herstellung von Zell-Lysaten empfiehlt sich die Zugabe von 8 mmol/L PMSF (bei 5×10^8 Zell- Equivalenten pro mL Lysatlösung) als Protease-Inhibitor [136].

[136] Strahler JR, Hanash SM, Somerlot L, Weser J, Postel W, Görg A. Electrophoresis. 8 (1987) 165-173.

Da Immobiline-Gele bei der Herstellung intensiv gewaschen werden, sind toxische Monomere und Katalysatoren nicht mehr vorhanden.

2. Stammlösungen

Immobiline®II 0,2 molare Stammlösungen:

pK 3,6 (a) 10 mL
pK 4,6 (a) 10 mL
pK 6,2 (b) 10 mL
pK 7,0 (b) 10 mL
pK 8,5 (b) 10 mL
pK 9,3 (b) 10 mL

(a) = "acid", sauer
(b) = "basic", basisch

Die Lösungen sind gegen Autopolymerisation und Hydrolyse stabilisiert, und sind mindestens 12 Monate bei einer Lagerung im Kühlschrank (4 bis 8 °C) haltbar.

saure Immobiline® II (a) gelöst in H2OBidest und stabilisiert mit 5 ppm Polymerisations-Inhibitor (Hydrochinon-Monoethylether),

Immobiline®II dürfen *nicht* eingefroren werden!

basische Immobiline®II (b) gelöst in n-Propanol

Acrylamid, Bis (T = 30 %, C = 3 %):
29,1 g Acrylamid + 0,9 g Bis mit H2OBidest auf 100 mL auffüllen.
oder
PrePAG Mix (29,1 : 0,9) mit 100 mL H2OBidest rekonstituieren.
Achtung! *Acrylamid und Bis sind als Monomere toxisch. Hautkontakt vermeiden, nicht mit dem Mund pipettieren, bei Lagerung im Dunkeln bei 4 °C (Kühlschrank) eine Woche haltbar. Kann dann noch für mehrere Wochen für SDS-Gele verwendet werden.*

Reste umweltfreundlich beseitigen: mit APS-Überschuß auspolymerisieren.

Bei SDS-Gelen ist die Qualität der Lösung nicht so kritisch ist wie bei IEF-Gelen.

Ammoniumpersulfat-Lösung (APS) 40 % (g/v):
400 mg APS in 1 mL H₂O$_{Bidest}$ *auflösen.*

eine Woche im Kühlschrank (4 °C) haltbar

4 mol/L HCl: 33,0 mL HCl auf 100 mL mit H₂O$_{Bidest}$ auffüllen.

2 mmol/L Essigsäure: 11,8 μL Essigsäure auf 100 mL mit H₂O$_{Bidest}$ auffüllen.

2 mmol/L Tris: 24,2 mg Tris auf 100 mL mit H₂O$_{Bidest}$ auffüllen.

3 Immobiline-Rezepturen

Zum Gießen der pH-Gradienten stellt man zwei Lösungen her: eine saure, schwere (mit Glycerin) und eine basische, leichte. Die saure Lösung ist der saure, die basische der basische Endpunkt des pH-Gradienten. Die Standard-Geldicke ist 0,5 mm; für ein Gel benötigt man je 7,5 mL Starterlösung. Die Rezepturen in Tab. 1 und Tab. 2 sind auf eine optimale Ionenstärke von ca. 5 mmol/L im Gel berechnet, die pH- und pK-Werte beziehen sich auf 10 °C.

Man hat sich bei der Immobiline-Technik von Anfang an darauf geeinigt, die saure Lösung als die schwere Lösung zu wählen: man weiß dann stets, wo das saure Ende des Geles ist (die saure Seite ist immer unten).

Maßgeschneiderte pH-Gradienten

Benötigt man zur Optimierung der Auflösung (z.B. bei präparativen Anwendungen) einen maßgeschneiderten pH-Gradienten, ermittelt man die Immobiline-Volumina für die beiden Starterlösungen auf graphischem Wege (Abb. 1):

● Auswahl des den *gewünschten* Gradienten am engsten umschließenden Gradienten aus Tab. 1 oder Tab.2.

Beispiel:
gewünscht: pH 4,3 bis 6,2
gewählt: pH 4,0 bis 7,0 aus Tab. 2

● Auftragen der Immobiline-Volumina der sauren und der basischen Starterlösungen (μL) über einer Skala des *gewählten* Gradienten auf ein mm-Papier:

● Verbinden der μL-Mengen der zueinandergehörenden Immobiline mit Geraden.

Linearer Gradient!

● Markieren des sauren und basischen Endpunkts des *gewünschten* Gradienten auf der pH-Gradienten-Skala und Ziehen von vertikalen Linien an diesen Stellen.

● Ablesen der entsprechenden Immobiline-Volumina an den Schnittpunkten zwischen den Vertikal-Linien und den Verbindungsgeraden. Dies ist die Rezeptur für die Starterlösungen des *gewünschten* Gradienten (Abb. 1).

Manchmal hat man die Wahl zwischen verschiedenen Grundrezepturen. Man erhält dann für einen Gradienten verschiedene Rezepturen. Die resultierenden pH-Gradienten sind jedoch identisch.

Tab. 1: Enge pH-Gradienten: Immobiline-Mengen für 15 mL der jeweiligen Starterlösung (2 Gele), 0,2 mol/L Immobiline in µl.

Saure, schwere Lösung (SL) Immobiline pK						pH-Gradient	Basische, leichte Lösung (LL) Immobiline pK					
3,6	4,6	6,2	7,0	8,5	9,3		3,6	4,6	6,2	7,0	8,5	9,3
—	904	—	—	—	129	3.8— 4.8	—	686	—	—	—	477
—	817	—	—	—	141	3.9— 4.9	—	707	—	—	—	525
—	755	—	—	—	157	4.0— 5.0	—	745	—	—	—	584
—	713	—	—	—	177	4.1— 5.1	—	803	—	—	—	659
—	689	—	—	—	203	4.2— 5.2	—	884	—	—	—	753
—	682	—	—	—	235	4.3— 5.3	—	992	—	—	—	871
—	691	—	—	—	275	4.4— 5.4	—	1133	—	—	—	1021
—	716	—	—	—	325	4.5— 5.5	—	1314	—	—	—	1208
562	600	863	—	—	—	4.6— 5.6	—	863	863	—	—	105
458	675	863	—	—	—	4.7— 5.7	—	863	863	—	—	150
352	750	863	—	—	—	4.8— 5.8	—	863	863	—	—	202
218	863	863	—	—	—	4.9— 5.9	—	863	863	—	—	248
158	863	863	—	—	—	5.0— 6.0	—	863	803	—	—	338
113	863	863	—	—	—	5.1— 6.1	—	863	713	—	—	443
1251	—	1355	—	—	—	5.2— 6.2	337	—	724	—	—	—
1055	—	1165	—	—	—	5.3— 6.3	284	—	694	—	—	—
899	—	1017	—	—	—	5.4— 6.4	242	—	682	—	—	—
775	—	903	—	—	—	5.5— 6.5	209	—	686	—	—	—
676	—	817	—	—	—	5.6— 6.6	182	—	707	—	—	—
598	—	755	—	—	—	5.7— 6.7	161	—	745	—	—	—
536	—	713	—	—	—	5.8— 6.8	144	—	803	—	—	—
486	—	689	—	—	—	5.9— 6.9	131	—	884	—	—	—
447	—	682	—	—	—	6.0— 7.0	120	—	992	—	—	—
416	—	691	—	—	—	6.1— 7.1	112	—	1133	—	—	—
972	—	—	1086	—	—	6.2— 7.2	262	—	—	686	—	—
833	—	—	956	—	—	6.3— 7.3	224	—	—	682	—	—
722	—	—	857	—	—	6.4— 7.4	195	—	—	694	—	—
635	—	—	783	—	—	6.5— 7.5	171	—	—	724	—	—
565	—	—	732	—	—	6.6— 7.6	152	—	—	771	—	—
509	—	—	699	—	—	6.7— 7.7	137	—	—	840	—	—
465	—	—	683	—	—	6.8— 7.8	125	—	—	934	—	—
430	—	—	684	—	—	6.9— 7.9	116	—	—	1058	—	—
403	—	—	701	—	—	7.0— 8.0	108	—	—	1217	—	—
381	—	—	736	—	—	7.1— 8.1	103	—	—	1422	—	—
1028	—	—	750	750	—	7.2— 8.2	548	—	—	750	750	—
983	—	—	750	750	—	7.3— 8.3	503	—	—	750	750	—
938	—	—	750	750	—	7.4— 8.4	458	—	—	750	750	—
1230	—	—	—	1334	—	7.5— 8.5	331	—	—	—	720	—
1037	—	—	—	1149	—	7.6— 8.6	279	—	—	—	692	—
885	—	—	—	1004	—	7.7— 8.7	238	—	—	—	682	—
764	—	—	—	893	—	7.8— 8.8	206	—	—	—	687	—
667	—	—	—	810	—	7.9— 8.9	180	—	—	—	710	—
591	—	—	—	750	—	8.0— 9.0	159	—	—	—	750	—
530	—	—	—	710	—	8.1— 9.1	143	—	—	—	810	—
482	—	—	—	687	—	8.2— 9.2	130	—	—	—	893	—
443	—	—	—	682	—	8.3— 9.3	119	—	—	—	1004	—
413	—	—	—	692	—	8.4— 9.4	111	—	—	—	1149	—
389	—	—	—	720	—	8.5— 9.5	105	—	—	—	1334	—
1208	—	—	—	—	1314	8.6— 9.6	325	—	—	—	—	716
1021	—	—	—	—	1133	8.7— 9.7	275	—	—	—	—	691
871	—	—	—	—	992	8.8— 9.8	235	—	—	—	—	682
753	—	—	—	—	884	8.9— 9.9	203	—	—	—	—	689
659	—	—	—	—	803	9.0—10.0	177	—	—	—	—	713
584	—	—	—	—	745	9.1—10.1	157	—	—	—	—	755
525	—	—	—	—	707	9.2—10.2	141	—	—	—	—	817
478	—	—	—	—	686	9.3—10.3	129	—	—	—	—	903
440	—	—	—	—	682	9.4—10.4	119	—	—	—	—	1017
410	—	—	—	—	694	9.5—10.5	111	—	—	—	—	1165

Tab. 2: Weite pH-Gradienten: Immobiline-Mengen für 15 mL der jeweiligen Starterlösung (2 Gele), 0,2 mol/L Immobiline in µl.

Saure, schwere Lösung (SL)						pH-Gradient	Basische, leichte Lösung (LL)					
Immobiline pK							Immobiline pK					
3,6	4,6	6,2	7,0	8,5	9,3		3,6	4,6	6,2	7,0	8,5	9,3
299	223	157	—	—	—	3.5— 5.0	212	310	465	—	—	—
569	99	439	—	—	—	4.0— 6.0	390	521	276	—	—	722
415	240	499	—	—	—	4.5— 6.5	—	570	244	235	—	297
69	428	414	—	—	—	5.0— 7.0	—	474	270	219	—	320
—	450	354	113	—	—	5.5— 7.5	347	—	236	287	284	—
435	—	323	208	44	—	6.0— 8.0	286	—	174	325	329	—
771	—	276	185	538	—	6.5— 8.5	192	—	153	278	362	—
1349	—	—	272	372	845	7.0— 9.0	484	—	—	232	189	546
668	—	—	445	226	348	7.5— 9.5	207	—	—	925	139	346
399	—	—	364	355	94	8.0—10.0	91	—	—	329	366	289
578	110	450	—	—	—	4.0— 7.0	302	738	151	269	—	876
702	254	416	133	346	—	5.0— 8.0	175	123	131	345	346	—
779	—	402	93	364	80	6.0— 9.0	241	—	161	449	237	225
542	—	—	378	351	—	7.0—10.0	90	—	—	324	350	280
588	254	235	117	170	—	4.0— 8.0	—	554	360	142	334	288
830	582	218	138	795	122	5.0— 9.0	—	249	263	212	292	230
941	—	273	243	260	282	6.0—10.0	100	—	333	361	239	326
829	235	232	22	250	221	4.0— 9.0	147	424	360	296	71	663
563	463	298	273	227	127	5.0—10.0	21	59	34	420	310	273
1102	—	455	89	334	—	4.0—10.0	—	114	50	488	157	357

Die graphische Interpolation wird manchmal auch für empirische pH-Gradienten-Optimierung eingesetzt:

Man trennt seine Probe in einem gewählten Immobiline-pH-Gradienten auf. Ist man an einer größeren Auflösung einer bestimmten Bandengruppe innerhalb des Gradienten interes-

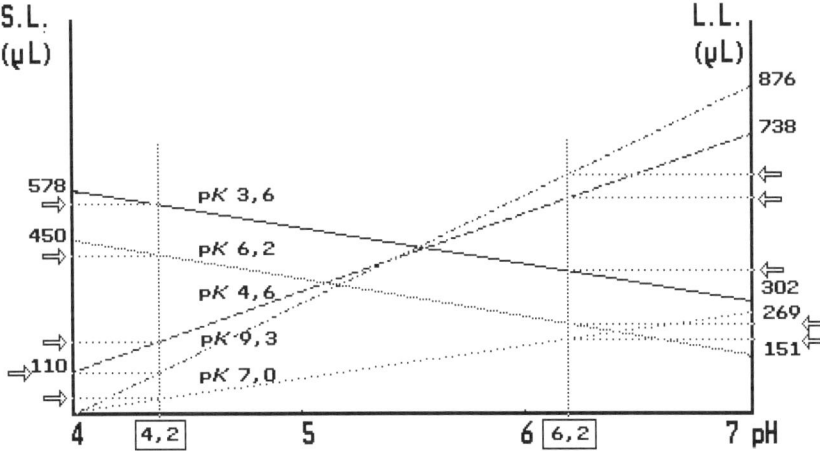

Abb. 1: Graphische Interpolation eines maßgeschneiderten immobilisierten pH-Gradienten pH 4,3-6,2. Ordinaten: Immobiline-Volumen.

siert, zeichnet man sich die pH-Skala des verwendeten Gradienten auf die Länge der Trenndistanz auf mm-Papier auf. Man legt das gefärbte Gel so darauf, daß sich Trennspur und Skala decken (auf richtige Orientierung des Gels: saure Seite – Anode und basische Seite – Kathode achten!). Man zeichnet sich die Endpunkte des neuen, gewünschten Gradienten (ober- und unterhalb der Bandengruppe) auf die Skala auf und verfährt wie oben beschrieben.

4. Vorbereitung der Gießkassette

Der Abstandhalter wird vor dem ersten Gebrauch auf der Innenseite mit Repel Silane vorbehandelt, damit sich die Gele nach der Polymerisation ablösen lassen:

    Unter einem Abzug einige mL Repel Silane auf die Plattenoberfläche tropfen und mit einem Kosmetiktuch (Gummihandschuhe tragen) auf die gesamte Fläche verteilen. Wenn das Lösungsmittel verdunstet ist, die Platte unter fließendem Wasser abwaschen und mit destilliertem Wasser abspülen (Entfernung von Chlorid-Ionen, die beim Verdunsten des Lösungsmittels entstanden sind).

    Das Gel wird kovalent auf einen GelBond-PAG-Film aufpolymerisiert. Dazu wird eine saubere Glasplatte auf saugfähiges Laborpapier o.ä. gelegt und mit wenigen mL Wasser benetzt. Der GelBond-PAG-Film wird mit der unbehandelten, hydrophoben Seite nach unten auf die Glasplatte gewalzt (Abb. 2).

Der "Abstandhalter" ist die Glasplatte mit der aufgeklebten, 0,5 mm dünnen, U-förmigen Silikongummidichtung.

Hydrophobisierung der Oberfläche
Diese Behandlung braucht nur einmal durchgeführt zu werden; vor Gebrauch wird Test mit Wassertropfen empfohlen.

*Nützlich ist es, die Folien vorher mit einem wasserfesten, schwarzen Edding 3000 Stift auf der **hydrophoben Rückseite** zu beschriften:*
Gradient pH ..bis.., saure (+) und basische (–) Seite.

Abb. 2: Aufwalzen der Trägerfolie

    Dabei entsteht zwischen Glasplatte und Folie ein dünner Wasserfilm, der durch Adhäsion die Folie festhält. Das austretende, überschüssige Wasser wird mit Laborpapier aufgesaugt.

Um das Eingießen der Gellösungen zu erleichtern, läßt man die Folie an einer der Längsseiten der Glasplatte um ungefähr 1 mm überstehen.

Deckungsgleich mit der Glasplatte wird nun der Abstandhalter aufgelegt und die so entstandene Kassette zusammengeklammert (Abb. 3). Die Gießkassette wird im Kühlschrank bei 4 °C etwa 10 min vorgekühlt; dies verzögert den Start der Polymerisation. Letzterer Vorgang ist unbedingt erforderlich, da der eingefüllte Gradient in der 0,5 mm dünnen Schicht etwa 5 bis 10 min benötigt, um sich horizontal auszugleichen.

Bringen Sie in einem warmen "Sommerlabor" auch die Starterlösungen auf 4 °C.

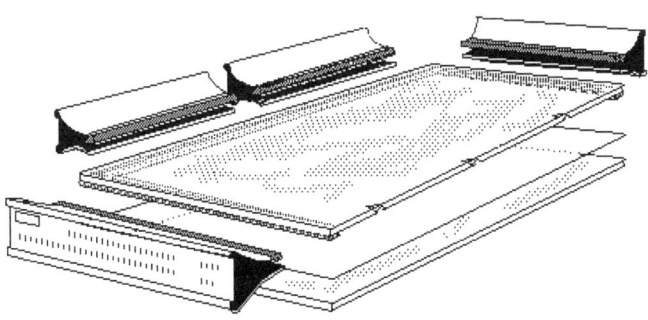

Abb. 3:
Zusammenbau der Gießkassette.

5 Herstellung der pH-Gradienten-Gele

Wie man in der Starterlösungen-Rezeptur unten erkennen kann, werden beide Starterlösungen mit HCl bzw. TEMED auf einen gemeinsamen, optimalen pH-Wert von 7 eingestellt. Dies ist vor allem bei weiten und bei relativ hohen bzw. relativ niedrigen pH-Bereichen notwendig. Die Effektivität der Polymerisation ist pH-Wert-abhängig; d.h. daß beim Gießen von pH-Gradienten innerhalb der Gellösungsschicht unterschiedliche oder extreme pH-Werte unterschiedliche Polymerisationsraten der Immobiline bewirken würden. Dann entsprächen die resultierenden pH-Gradienten in den polymerisierten Gelen nicht den berechneten.

Die in Tabelle 3 angegebenen HCl- und TEMED-Mengen gelten nur für die Rezeptur in diesem Beispiel. Für andere Gradienten muß man sich vorsichtig in 5-µL-Schritten an pH 7 herantasten.

Anstelle von TEMED kann man auch NaOH verwenden, die Verwendung von TEMED ist aber einfacher und schadet nicht. Die zur Titration verwendeten Substanzen werden nicht mit einpolymerisiert und beim Waschen der Gele entfernt.

Tab. 3: Herstellung der Starterlösungen für zwei 0,5 mm dicke IPG-Gele pH 4 bis 10, $T = 4$ %, $C = 3$ %.

	Saure Lösung pH 4,0 V (µL)	Basische Lösung pH 10,0 V (µL)
Glycerin (87 %)	4 300	800
Immobiline pK 3,6	1 102	-
Immobiline pK 4,6	-	114
Immobiline pK 6,2	455	50
Immobiline pK 7,0	89	488
Immobiline pK 8,5	334	157
Immobiline pK 9,3	-	357
Acrylamid,Bis-Lösung	2 000	2 000
mit H_2O_{Bidest} auffüllen	→ 15 000	→ 15 000
TEMED (100 %)	7,5	7,5
sorgfältig mischen		
pH-Wert messen		
4 mol/L HCl	-	20
TEMED (100 %)	15 µL*)	
	(Erfahrungswerte)	

pH 4 bis 10 ist als Beispiel aufzufassen, für andere Gradienten sind die entsprechenden Immobiline-Mengen aus Tab. 1 oder Tab. 2 einzusetzen. T = 4 % und C = 3 % Gele sind für die meisten Anwendungen ideal.

Genauigkeit von pH-Papier ist ausreichend.
titrieren auf pH 7
*)kann bereits bei der TEMED-Zugabe oben berücksichtigt werden:
ΣV = 22,5 µL

APS-Lösung wird erst im Mischer zugegeben, damit der Gradient mehr Zeit zur horizontalen Nivellierung hat.

Gießen des Gradienten

a) Aufbau der Gießvorrichtung

Der Gradient wird mit einem *Gradientenmischer* hergestellt. Dieser besteht aus zwei miteinander kommunizierenden Rohren (Abb. 4). Im vorderen Rohr, der *Mischkammer*, befindet sich die saure, schwere Lösung und ein rotierender Magnetkern. Das hintere Rohr, das *Reservoir*, enthält die leichte, basische Lösung. Die schwere Lösung wird mit 25 % Glycerin versetzt, die leichte mit ca. 5 % Glycerin, damit man die Gellösung in der Kassette vor der Polymerisation besser mit H_2O überschichten kann.

Die Gellösung fließt aufgrund der Gravitation durch den Schlauch in die Kassette, man benötigt keine Pumpe.

Die optimale Flußrate erhält man, wenn der Laborboy, auf den der Mischer gestellt wird, so weit hochgedreht wird, daß sich der Boden der Mischkammer ca. 5 cm oberhalb der Kassetten-Oberkante befindet (Schlauch entsprechend zuschneiden).

Bei dünnen Gelen wird von Saccharose für den Dichtegradienten abgeraten, weil die Lösung zu viskos wäre.

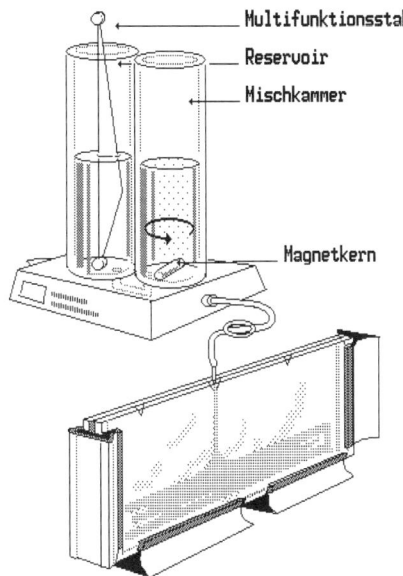

Multifunktionsstab
Reservoir
Mischkammer

Magnetkern

Abb. 4: Gießen des linearen pH-Gradienten.

Durch den Dichteunterschied würde natürlich beim Öffnen des Verbindungskanals im Gradientenmischer ein Zurückfließen von schwerer Lösung in das Reservoir verursacht: dieser Dichteunterschied wird mit dem *Multifunktionsstab* durch Volumenverdrängung im Reservoir kompensiert.

Zusätzlich verdrängt er das Volumen des Magnetkerns und dient zum Einrühren der APS-Lösung in die leichte Lösung.

Die leichte und die schwere Lösung werden direkt in den Gradientenmischer gegeben und zwar in in folgender Reihenfolge der Handgriffe:

● 7,5 mL leichte Lösung in das Reservoir;

● Verbindungskanal entlüften (kurzes Ventilöffnen);

● 7,5 mL schwere Lösung in die Mischkammer.

Erst wenn dies alles beendet ist, wird die Gießkassette aus dem Kühlschrank geholt und zum Mischer hingestellt. Die Glasplatte mit der aufgewalzten Folie zeigt zum Bediener.

● Zugabe von APS (40 %) zu den Starterlösungen:

zur schweren Lösung (7,5 mL)   7,5 µL
zur leichten Lösung (7,5 mL)   7,5 µL

b) Befüllen der Kassette:

● Zugabe von APS zu den Starterlösungen:
Gutes Vermischen in der Mischkammer durch kurzes Hochregeln des Magnetrührers, im Reservoir durch Umrühren mit Multifunktionsstab;

Jetzt entsteht beim Gießen der lineare Dichtegradient durch kontinuierliche Überschichtung der immer leichter werdenden Gellösung.

- einführen des Schlauches in die mittlere Kerbe der Glasplatte;

- moderates Rühren des Motors einstellen;

- öffnen der Auslaßschlauchklemme ("Pinchcock");

- öffnen des Verbindungskanals.

Wenn der Flüssigkeitsspiegel – nach ein paar Minuten – eine Höhe von ca. 1 cm unterhalb der Kassettenkante erreicht hat, sollte der Gradientenmischer leer sein.

Sofort danach den Mischer mit H_2O_{Bidest} spülen.

- mit ca. 0,5 mL H_2O_{Bidest} überschichten, damit das basische Ende glatt wird und vor Eindiffundieren von Luft-Sauerstoff geschützt wird;

H_2O ist optimal; alles andere, wie Butanol o.ä. hat sich nicht bewährt.

- 10 min bei Raumtemperatur stehen lassen, damit sich der Dichtegradient ausgleichen kann;

- 1 h im Brut- oder auf 37 °C eingestellten Trockenschrank polymerisieren lassen;

dabei auf horizontale Ausrichtung der Kassette achten

- Kassette unter fließendem Leitungswasser abkühlen und Gel aus der Kassette nehmen.

c) Waschen des Geles

Da die puffernden Gruppen des pH-Gradienten fest im Gel verankert sind und sich deshalb nicht - wie Trägerampholyte - frei bewegen können, haben Immobiline-Gele niedrige Leitfähigkeit. Nicht miteinpolymerisierte Ionen, wie z.B. TEMED und APS, können auf elektrophoretischem Wege nicht vollständig während der IEF aus dem Gel transportiert werden. Immobiline-Gele werden deshalb nach der Polymerisation mit H_2O_{Bidest} gewaschen.

Beim Waschen quellen die Gele an. Manchmal bekommen sie dabei in bestimmten pH-Berei- chen ein eigenartige Oberflä- chenstruktur ("Schlangen- haut"). Beim Trocknen wird die Oberfläche wieder glatt.

Anschließend werden sie getrocknet und zum Gebrauch in einer Kassette rehydratisiert. Würde man die Gele direkt nach dem Waschen verwenden, würde bei der IEF das überschüssige Wasser in Tropfenform aus der Geloberfläche austreten ("Schwitzen"). Die Gele werden vollständig getrocknet, da das Anquellen und Zurücktrocknen über Gewichtskontrolle eine ungleichmäßige Geldicke erzeugt. Es wird in einer Kassette rehydratisiert (Abb. 6).

Die Verwendung einer Kassette hat zusätzlich den Vorteil, daß man eine quantitative Kontrolle über die Additiv-Konzentration im Gel hat.

- Das Gel in H_2O_{Bidest} waschen:

4 mal 15 min in je 300 mL auf Schüttler

Sollte man Besitzer eines "Multiwash"-Apparates sein, ca. 60 min bei Umpumpen von H_2O_{Bidest} durch die Mischbett-Ionen- austauscher-Kartusche entionisieren (s. Abb. 5).

- Das Gel 15 min in 1,5 % (v/v) Glycerin äquilibrieren;

damit es sich beim Trocknen nicht einrollt

- Trocknen des Geles bei Raumtemperatur mit einem Gebläse oder Ventilator;

am besten in einem staubfreien Unterschrank

● Möglichst sofort, wenn das Gel trocken ist, Geloberfläche mit Mylar-Konservierungsfolie abdecken und, in Kunststoffbeutel verpackt, in Tiefkühltruhe lagern [137].

[137] Rossmann U, Altland K.
Electrophoresis. 8 (1987) 584-
585.

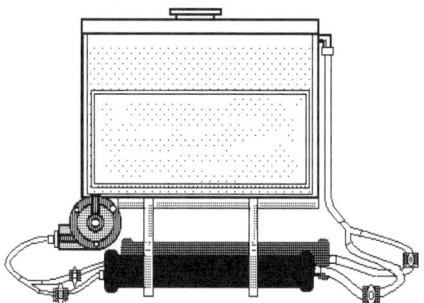

Abb. 5: Multiwash. Gelwasch- und Entfärbeapparat.

d) Lagerung

Die Lagerung der trockenen Gele sollte bei ≤ −20 °C erfolgen, damit die Quelleigenschaften erhalten bleiben.

e) Rehydratisierung

Die Trocken-Gele werden in einer Quellkassette (Abb. 6) rekonstituiert, damit die Gelschicht gleichmäßig anquillt und um eine quantitative Kontrolle über die Additiv-Konzentration im Gel zu gewährleisten.

In Tab. 4 sind einige Beispiele für die Rehydratisierung von Immobiline-Gelen aufgeführt.

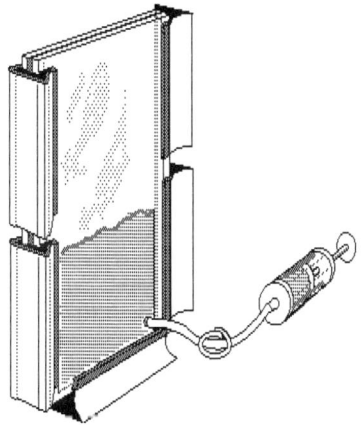

Abb. 6: Rehydratisierungskassette.

Tab. 4: Rehydratisierung von Immobiline-Gelen.

Rehydratisierlösung	Dauer h	Proben	
Dest. Wasser	1	wasserlösliche Proteine, Enzyme	
2 mmol/L Essigsäure (anod. Probenauftrag - Verhinderung von Bandenverbreiterung)	1	wasserlösliche Proteine, Enzyme	
2 mmol/L Tris (kathod. Probenauftrag - Verhinderung von Bandenverbreiterung)	1	wasserlösliche Proteine, Enzyme	[138] Bjellqvist B, Linderholm M, Östergren K, Strahler JR. Electrophoresis 9 (1988) 453-462.
25 % (v/v)Glycerin	1	Serum bei Bestimmung von PI, GC, TF	[139] LKB Application Note 345 (1984)
8 mol/L Harnstoff	2	Schwerlösliche Proteine, Proteinkomplexe,. Plasma:Prealbumin	[140] Altland K, Banzhoff A, Hackler R, Rossmann U. Electrophoresis. 5 (1984) 379-381.
8 mol/L Harnstoff, 0,5 % (g/v) Ampholine, 2 % (v/v) 2-Mercaptoethanol oder 50 mmol/L DTT	über Nacht	getrocknetes Vollblut, Plasma, Erythrozyten-lysat, Globine,	[137]
8 mol/L Harnstoff, 0,5 % (g/v) Ampholine, 30 % (v/v) Glycerin	über Nacht	Serum VLDL zur Apolipoprotein E Bestimmung	[141] Baumstark M, Berg A, Halle M, Keul J. Electrophoresis. 9 (1988) 576-579.
5 mol/L Harnstoff, 20 % (v/v) Glycerin	2 h	alkohollösliche Proteine	[142] Günther S., Postel, W., Weser, J, Görg A. In: Dunn MJ, Hrsg. Electrophoresis '86. VCH Weinheim (1986) 485-488.
0,5 % (g/v) Ampholine	1	PGM, zeitsensible Enzyme,	[139,143] LKB Appl.Notes 345 und 373 (1984)
4 % (g/v) Ampholine, 2 % (v/v) Nonidet NP-40	über Nacht	Membranproteine	[144] Rimpilainen M, Righetti PG. Electrophoresis. 6 (1985) 419-422.
		alkalische Phosphatase	[145] Sinha PK, Bianchi-Bosio A, Meyer-Sabellek W, Righetti PG. Clin Chem. 32 (1986) 1264-1268.
bis 9 mol/L Harnstoff , 0,5 % (v/v) Nonidet NP-40	über Nacht	Hydrophobe Proteine, komplexe Protein-gemische, 2D-Elektrophorese	[146] Görg A, Postel W, Weser J, Günter S, Strahler JR, Hanash SM, Somerlot L. Electrophoresis. 8 (1987) 45-51.
8 mol/L Harnstoff, 2 % (v/v) Nonidet NP-40, 10 mmol/L DTE	16-18	Myeloblasten-Lysat 2D-Elektrophorese	[147] Hanash SM, Strahler JR, Somerlot L, Postel W, Görg A. Electrophoresis. 8 (1987) 229-234.

Sollen nur wenige Proben aufgetrennt werden, läßt man nur einen Teil des IPG-Geles anquellen. Der nicht verwendete Teil wird wasserdicht verpackt bei – 20 °C weiter aufbewahrt.

Für 2D-Elektrophoresen wird das Gel bereits vor dem Quellen mit einer Papierschneidemaschine [147] in individuelle Proben-streifen geschnitten.

s. Methode 11

Zur Optimierung von Additivkonzentrationen oder zur Unter-suchung von Konformationsänderungen und Ligandenbindun-gen bestimmter Proteine in Abhängigkeit von Additivkonzentra-tionen kann ein *Additivgradient* senkrecht zum immobilisierten pH-Gradienten erzeugt werden [140].

Die Quellkassette kann auch zur Herstellung von immobi-lisierten pH- Gradienten mit langen Trenndistanzen (bis zu 25 cm) verwendet werden.

Ein Ampholine-Gradient senkrecht zum pH-Gradienten ist jedoch nicht sinnvoll, da aufgrund der hohen Leitfähigkeit der Trägerampholyte bei der IEF elektrophoretisch ein Konzentra-tionsausgleich im Gel erfolgt.

Um das Festkleben der Geloberfläche am Glas zu verhindern, muß die Glasplatte (mit der U-förmigen Dichtung) vorher mit Repel Silane beschichtet werden.

Nach der Rehydratisierung muß die Geloberfläche trocken sein, d.h. die gesamte Lösung muß ins Gel aufgenommen worden sein. Enthält die Quellösung eine höhere Konzentration eines nichtionischen Detergenz (z. B. > 1 % Nonidet NP-40, Triton X-100), kann es vorkommen, daß auch nach Quellung über Nacht die Oberfläche etwas schmierig ist. In diesem Fall wird die Oberfläche mit fusselfreiem Filterpapier abgetrocknet.

Die richtige Orientierung – saure Seite zur Anode – basische Seite zur Kathode – ist bei Immobiline-Gelen unbedingt wichtig (Abb. 8).

Die *basische Seite* des Gels ist leicht erkennbar durch
1. die Wellenform der Gelkante (anodische Kante ist gerade);
2. den breiteren Folienrand (ca 1,5 cm).

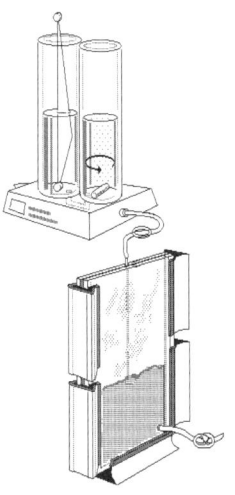

Abb. 7: Rehydratisieren in ei-nem Addltivgradienten

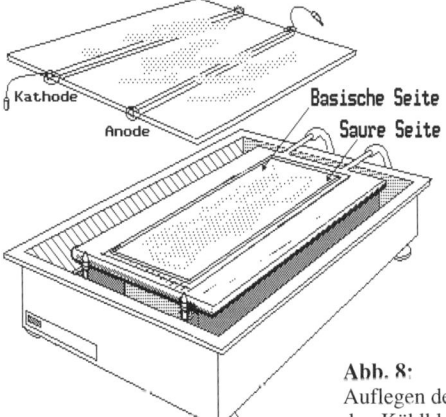

Abb. 8:
Auflegen des Immobiline-Geles auf den Kühlblock der Kammer.

Als Kontaktflüssigkeit zwischen Kühlblock und Trägerfolie wird Kerosin oder das Silikonöl DC-200 verwendet. Bei Verwendung anderer Flüssigkeiten (z.B. dest. Wasser, 1 % Triton X-100) kann es am Rand der Trägerfolie zu Entladungen und Funkenbildungen kommen, da für Immobiline-Gele sehr hohe Spannungen angelegt werden.

6. Isoelektrische Fokussierung

Probenaufgabe:

Bei Immobiline-Gelen wird nicht vorfokussiert, die Proben können als Tropfen (10 bis 20 μL) direkt auf die Oberfläche aufgetragen werden. Es hat sich jedoch auch gezeigt – besonders wenn Gel und/oder Proben nichtionische Detergenzien enthalten – , daß die Kontaktfläche Gel/Probe so klein wie möglich sein sollte [136].

Größere Probenvolumina kann man mit ausgeschnittenen Silikongummi-Rähmchen (z.B. 2 mm dick [147]), abgeschnittenen Probenauftragebänder oder Silikonschläuchen auf das Gel aufgeben (Abb. 9). Auch bei IPGs ist ein Stufentests zur Ermittlung der optimalen Probenaufgabestelle zu empfehlen (s. Methode 7).

Die niedrige Leitfähigkeit von IPGs ist dabei zu berücksichtigen (s. Ende dieser Anleitung).

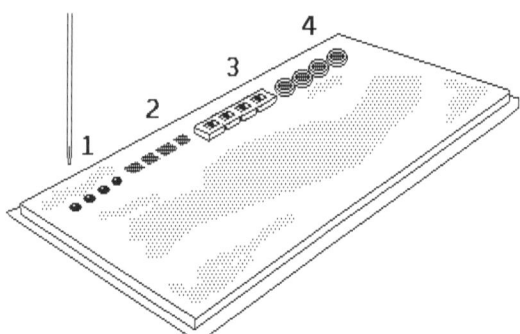

Abb. 9: Möglichkeiten der Probenaufgabe bei IPGs. - (1) Tropfen, (2) Celluloseplättchen, (3) Lochband, (4) abgeschnittener Silikonschlauch.

Besonders geeignet, u.a. wenn viele Proben nebeneinander fokussiert werden sollen, sind die Silikongummi-Auftragebänder mit trichterförmigen Löchern und Rillen an der Unterseite [148].

[148] Pflug W, Laczko B. Electrophoresis. 8 (1987) 247-248.

Elektrodenlösungen

Bei immobilisierten pH-Gradienten brauchen beide Fokussierungsstreifen nur in destilliertem Wasser getränkt zu werden. Dies spart Arbeit, schließt Fehler aus, erhöht die Aufnahmekapazität der Streifen für Salz-Ionen und reduziert zu Beginn der Trennung die Feldstärke im Gel (besserer Probeneintritt!).

Fokussierungsbedingungen

Normalerweise fokussiert man bei einer *Temperatur* von 10 °C, bei speziellen Applikationen verwendet man tiefere (empfindliche Enzyme) oder höhere (z.B. 8 mol/L Harnstoff) Temperaturen. Die auf der Packung angegebenen pH-Werte sind nur bei 10 °C gültig. Manche Additive, wie z.B. Harnstoff, verschieben die pH-Werte.

Siehe hierzu auch: "Strategie der IPG-Fokussierung" am Ende dieser Anleitung.

Die *Trennzeiten* sind abhängig von der Steigung des pH-Gradienten, Additiven, Molekülgrößen, Stromversorger-Einstellung.

Die *Stromwerte* werden so eingestellt, daß die Feldstärke im Gel zu Beginn möglichst niedrig ist (< 40 V/cm); bei zu hoher Anfangs-Feldstärke würde ein Teil der Proteine präzipitieren.

Darauf achten, daß das lange Anodenverbindungskabel vorne eingesteckt ist.

Beispiel:
Ganzes IPG-Gel, pH 4,0 bis 7,0, mit H_2O_{Bidest} gequollen, 10 °C:

Stromversorger Maximalwerte:	5000 V, 1,0 mA, 5,0 W
Fokussierzeit:	5 h

● Nach der IEF Stromversorger abschalten, Sicherheitsdeckel öffnen.

● Jetzt werden die Proteine angefärbt oder geblottet. Sollten Probleme auftreten, Problemlösungen im Anhang zu Rate ziehen.

Strategie-Graphik am Ende der Anleitung beachten.

Messung des pH-Gradienten:

Aufgrund der niedrigen Leitfähigkeit können die pH-Werte nicht mit Elektroden gemessen werden. Der pH-Gradient kann auf einfache Weise mit pI-Markerproteinen ermittelt werden.

7. Coomassie- und Silberfärbung

Kolloidale Coomassie-Färbung

Bei dieser Methode ist das Ergebnis relativ schnell sichtbar. Man benötigt wenig Arbeitsschritte, die Färbelösung ist stabil, es gibt keine Hintergrundfärbung, Oligopeptide (> 10 bis 15 Aminosäuren) werden erfaßt, welche bei anderen Färbungen ungenügend fixiert werden. Außerdem ist die Lösung fast geruchlos [125,126].

Diese Methode ist für Immobiline-Gele besonders empfehlenswert, weil alle anderen Coomassie-Blau-Färbungen starken Hintergrund verursachen.

Herstellung der Färbelösung: 2 g Coomassie G-250 in 1 L H_2O_{dest} lösen und unter Rühren mit 1 L Schwefelsäure (1 mol/L oder 55,5 mL konz. H_2SO_4 pro L) versetzen. Nach dreistündigem Rühren abfiltrieren (Faltenfilter), das braune Filtrat mit 220 mL Natronlauge (10 mol/L oder 88 g auf 220 mL) versetzen. Zuletzt 310 mL einer 100 %igen (g/v) TCA hinzufügen und gut vermischen, Lösung wird grün.

Fixierung, Färbung: 3 Stunden bei 50 °C oder bei Zimmertemperatur über Nacht in der kolloidalen Lösung;

Auswaschen der Säure: 1 bis 2 Stunden in Wasser einlegen, dabei werden die grünen Kurven blau und intensiver.

5-Minuten Silberfärbung getrockneter Gele

Diese Methode ist einsetzbar als Nachfärbung von getrockneten Coomassie-gefärbten Gelen (Hintergrund muß vollständig klar sein) zur Erhöhung der Nachweisempfindlichkeit oder als Direktfärbung eines nicht gefärbten Geles nach Vorbehandlung [127]. Ein besonderer Vorteil der Methode liegt auch darin, daß man keine Proteine und Peptide verliert. Bei anderen Silberfärbungsmethoden diffundieren sie häufig aus dem Gel, weil sie in Fokussierungs-Gelen nicht irreversibel fixiert werden können.

Vorbehandlung von nicht gefärbten Gelen:

● 30 min fixieren in 20 % TCA,

● 2 × 5 min waschen in 45 % Methanol, 10 % Eisessig,

● 4 × 2 min waschen in H_2O_{dest},

● 2 min imprägnieren in 0,75 % Glycerin,

● trocknen an der Luft.

Lösung A: 25 g Na_2CO_3, 500 mL H_2O_{Bidest};
Lösung B: 1,0 g NH_4NO_3, 1,0 g $AgNO_3$, 5,0 g Wolframatokieselsäure, 7,0 mL Formaldehydlösung (37 %) mit H_2O_{Bidest} auf 500 mL auffüllen.

Silberfärbung:
Zum *Gebrauch* 35 mL Lösung A mit 65 mL Lösung B mischen, Gel sofort in die entstandene weißliche Suspension eintauchen und unter Schütteln inkubieren bis gewünschte Intensität erreicht ist. Kurz mit H_2O_{dest} spülen.

Stoppen mit 0,05 mol/L Glycin. Gel und Trägerfolienrückseite mit Wattebausch von metallischem Silber reinigen.

Trocknen an der Luft.

Densitometrie

Bei der densitometrischen Auswertung der Gele verfährt man genauso, wie in Methode 7 beschrieben.

Blotting

Seit es den Film Remover zur Entfernung des GelBond-PAG-Films gibt, ist Elektroblotting von Immobiline-Gelen erheblich einfacher geworden (s. Methode 9).

Insbesondere wird die Methode zur Sequenzierung von Proteinen angewendet, da das Ergebnis nicht durch mitgeblottete Träger-ampholyte verfälscht werden kann [107,150].

[150] Aebersold, R.H. et al.: Electrophoresis 9 (1988) 520-530

Praktischer Hinweis

Im nächsten Abschnitt (Strategie der IPG-Fokussierung) wird bei bestimmten Situationen das Herausschneiden von Gelstreifen zwischen den Trennspuren empfohlen. Abb. 10 zeigt, wie man auf einfache und exakte Weise die Trennspuren eines IPG-Gels separieren kann. Man legt das rehydratisierte Gel auf die Streifenschablone (s. Anhang). Dann werden zwei Glasplatten mit U-förmiger Dichtung auf die beiden langen Kanten der Trägerfolie gelegt und darauf eine einfache Glasplatte. Mit einem 4 oder 5 mm breiten Spatel schabt man die Gelstreifen heraus.

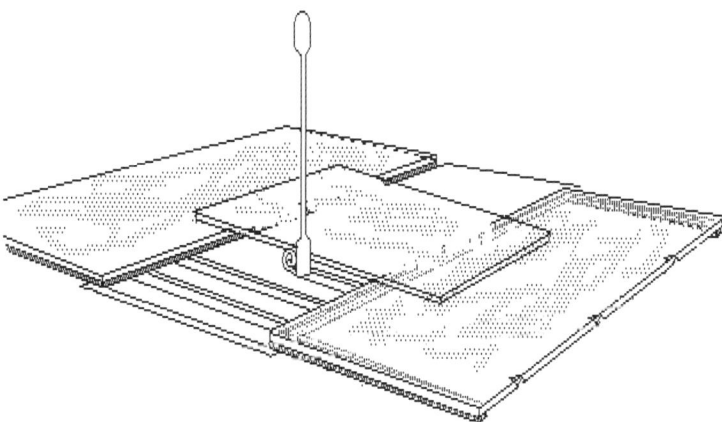

Abb. 10: Ausschaben der Gelstreifen zwischen den Trennspuren bei einem IPG-Gel.

8 Strategie der IPG-Fokussierung

Probenaufgabe: Stufentest

Brennende Linie zwischen den Probenaufgabestellen

Zwischen Trennspuren 5 mm breite Gelstreifen herausschneiden (Abb. 10) und
dann Proben aufgeben

⊕ Probe hat höhere
Leitfähigkeit als
Gel ⇨

⊖ auch das hilft ⊖

Laterale Bandenverbreiterung

Anodische
Probenaufgabe   Kathodische

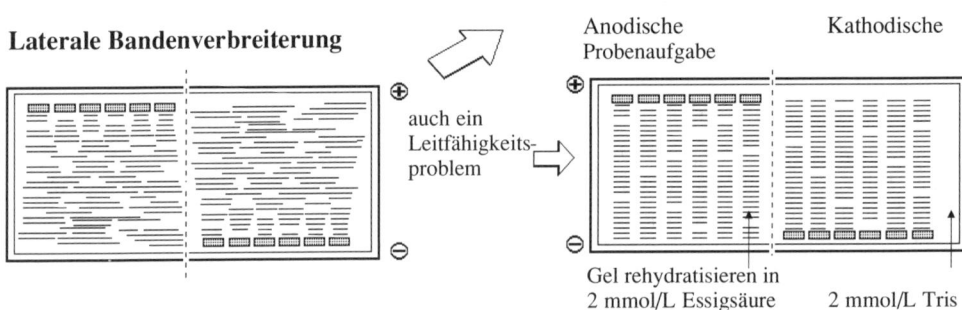

auch ein
Leitfähigkeits-
problem ⇨

Gel rehydratisieren in
2 mmol/L Essigsäure   2 mmol/L Tris

Proteine schmieren an der Oberfläche

In Harnstoff rehydratisieren

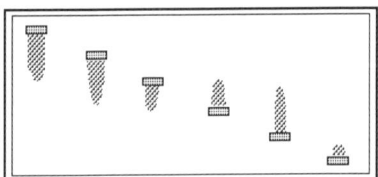

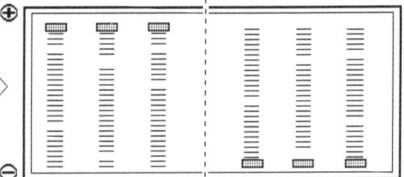

⊕ Wegen der
niedrigen Leit-
fähigkeit ten-
diert ein Teil ⇨
der Proteine
zum aggregie-
ren und geht
⊖ nicht ins Gel

falls > 6 mol/L Harnstoff:
0,1 bis 0,5 % nichtionisches Detergenz
zugeben

Oxidation sauerstoffempfindlicher Proteine
z.B. Hämoglobin

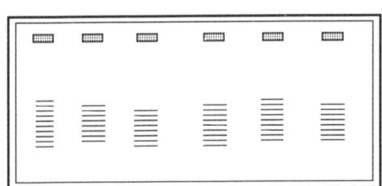

⊕ Gel wird zweimal oxidiert:
1. während der Polymerisation
   (durch APS)
2. während des Trocknens ⇨

⊖ Die Proteine werden während
des Laufes oxidiert

1. Gel erst 30 min waschen in
   0,1 mol/L Ascorbinsäure,
   mit 1 mol/L Tris → pH 4,5
   titrieren
   bzw. in 2 mmol/L DTT-Lös.
   und dann in H_2O_{Bidest} oder
2. Gel in 10 mmol/L DTT
   oder 2 % 2-Mercaptoethanol
   rehydratisieren.

Methode 11: Hochauflösende 2D-Elektrophorese

Hochauflösende 2D-Elektrophorese ist in Teil 1 definiert. Meist wird sie mit der Methode nach O'Farrell.[43] oder Klose [44] durchgeführt: 1. Dimension Harnstoff-IEF in vertikalen Rund-Gelen und 2. Dimension SDS-PAGE in vertikalen Flach-Gelen.

s. S. 31
"Iso-Dalt"-System [45]

In einem methodisch orientierten Übersichtsartikel haben Dunn und Burghes [131] eine große Zahl von Einflüssen physikalischer und chemischer Parameter auf das Trennergebnis zusammengestellt: Die meisten Probleme für Trennleistung und Reproduzierbarkeit treten bei der 1. Dimension auf, wenn sie nach der traditionellen Methode durchgeführt wird.

Probenvorbereitung und Art der Probenaufgabe haben ebenfalls großen Einfluß und hängen direkt mit der Technik der 1. Dimension zusammen.

Hauptprobleme mit der traditionellen 1. Dimension:

● Mangelnde Reproduzierbarkeit der Muster;
● Verlust der alkalischen Proteine und eines Teils der sauren Proteine.

Außerdem bilden alkalische Trägerampholyte mit SDS niedermolekulare Komplexe, die einen Teil des Musters überdecken.

IPG-Dalt

"IPG-Dalt"-System [46]

Durch Verwendung immobilisierter pH-Gradienten für die 1. Dimension in Form individueller Gelstreifen erhält man stationäre 2D-Elektrophorese-Muster über das gesamte pH-Spektrum [46,47], es gibt keine SDS-Trägerampholyte-Wolken.

Der IPG driftet nicht und wird nicht von der Probe beeinflußt.

Die Fokussierungsstreifen werden nach der Äquilibrierung mit SDS-Probenpuffer auf das SDS-Gel übertragen. Weil das Fokussierungs-Gel auf Folie polymerisiert ist, findet beim Transfer keine Längenveränderung statt.

zusätzliche Erhöhung der Reproduzierbarkeit

Die 2. Dimension ist erheblich weniger problematisch. Die Trennergebnisse der SDS-PAGE sind nicht davon abhängig, ob die Vertikal- oder Horizontal-Technik verwendet wird. Je nach Beschaffenheit der Probe wählt man einen Porengradienten oder ein homogenes Trenn-Gel mit entsprechender Acrylamid-Konzentration.

Zur Auswahl der optimalen Technik für die 2. Dimension sind folgende Punkte zu erwägen:

Vertikal-Technik:

● Für hohen Probendurchsatz gibt es große Puffertanks für den Parallellauf von 10 oder 20 Gelen [45,47].

● Bei halbpräparativen Trennungen ist der Einsatz dicker Vertikal-Gele notwendig [84,106].

● Eine bereits im Labor stehende Vertikalkammer sollte auch benutzt werden.

Horizontal-Technik:

- Der äquilibrierte IEF-Streifen wird ohne Agarose-Einbettung auf das Gel gelegt.

- Durch die Trägerfolie ist das Gel dimensionsstabil und quillt beim Färben nicht trapezförmig an.

- Gelgießen und Handhabung des Gels ist im Horizontal-System einfacher.

In dieser Arbeitsanleitung wird die Horizontal-Technik beschrieben, weil man beide Dimensionen auf einer Ausrüstung durchführen kann.

Die Techniken der Gelherstellung für immobilisierte pH-Gradienten und horizontale SDS-Porengradienten-Gele sind in den Methoden 8 bzw. 10 ausführlich beschrieben. Die folgende Anleitung enthält optimierte Rezepturen für die hochauflösende 2D-Elektrophorese.

Hinweis: Da immobilisierte pH-Gradienten elektroosmotische Effekte im SDS-Gel [150] verursachen, müssen bei der IPG-Dalt-Methode besondere Maßnahmen für die Äquilibrierung des IEF-Streifens und die Startbedingungen der 2. Dimension ergriffen werden [151]:

- Einschränkung des Wassertransports;

- niedrige Feldstärke beim Start, Abnahme des IPG-Streifens nach einer Stunde.

Dies betrifft die IPG-Gradienten und die Zusammensetzung des SDS-Geles.
Dr. A. Görg, persönliche Mitteilung.

[150] Westermeier R, Postel W, Weser J, Görg A. J Biochem Biophys Methods. 8 (1983) 321-330.

[151] Görg A, Postel W, Günther S, Weser J. Electrophoresis. 6 (1985) 599-604.

1 Probenvorbereitung

In der traditionellen Methode wurde zur Solubilisierung möglichst vieler – auch hydrophober – Proteine das anionische Detergenz SDS zur Probenvorbereitung eingesetzt. Die IEF kann mit einer so präparierten Probe – wenn überhaupt – nur funktionieren, wenn die Probe an der Kathode aufgegeben wird.

Bei der kathodischen Probenaufgabe ergeben sich jedoch Probleme mit dem ebenfalls im Solubilisierungsmix enthaltenen 2-Mercaptoethanol, welches in der verwendeten hohen Konzentration einen Bereich des alkalischen Teils des Gradienten überpuffert.

Nach dem gegenwärtigen Stand der Technik ist die Kombination eines nichtionischen Detergenz mit einem heterogenen Trägerampholyten-Gemisch der am wenigsten problematische Weg, ein komplexes Proteingemisch möglichst vollständig und reproduzierbar in Lösung zu bringen.

Die negativ geladenen Protein-SDS-Mizellen müssen während des Laufes in Gegenwart von Harnstoff aufgelöst werden.

Eine anodische Probenaufgabe ist auch deshalb vorzuziehen, weil weniger Proteine aggregieren [131].

Nichtionische Detergenzien bilden zusammen mit Trägerampholyten ein Gemisch zwitterionischer Detergenzien

Solubilisierungs-Mix [146]:

9 mol/L Harnstoff,	5,4 g
2 % (v/v) Nonidet NP-40,	200 µL
2 % (v/v) 2-Mercaptoethanol,	200 µL
0,8 % (g/v) Ampholine pH 3,5 bis 9,5	200 µL
8 mmol/L PMSF (Protease-Inhibitor)	
mit H_2O_{Bidest} auffüllen auf	→ 10 mL

Lösung frisch bereiten, schütteln bis sich Harnstoff löst, nicht erwärmen.

● Optimale Proteinkonzentration für den Probenauftrag: *ca. 10 mg / mL Probenlösung*, das entspricht 60–100 µg Protein / 20 µL Probenauftrag (inklusive Dextran-Gel, s. weiter unten) pro IPG-Streifen.

Silberfärbungskonzentration

Um zusätzlich das Aggregieren von Proteinen beim Eintritt in das Gel zu verhindern, trägt man die Probe mit einem granulierten Dextran-Gel auf:

Reduzierung der Mobilität in der Startphase.

● "Gelschlamm": 30 mg Sephadex IEF mit 1 mL Solubilisierungs-Mix vermischen.

● Probenauftrag: *Probenlösung + Gelschlamm* {1 + 3}

Volumenteile

● Zur Trennung von *Proteinlösungen*, wie Serum, Plasma etc. wird mit dem Solubilisierungs-Mix entsprechend verdünnt.

nach einer quantitativen Proteinbestimmung

● *Gewebeproteine* müssen zusammen mit dem Solubilisierungs-Mix in Lösung gebracht werden.

z.B. durch mechanischen Aufschluß

● *Zellproteine* kann man mit Ultraschall extrahieren:

Beispiel: Hefe-Zell-Lysat

● 600 mg Hefe *(Saccharomyces cerevisiae)* lyophilisiert, in 2,5 mL Solubilisierungs-Mix aufschlämmen;

● 10 min bei 0°C mit Ultraschall aufschließen;

● 10 min bei 10°C mit 42.000 g zentrifugieren;

● 10 µL des Zentrifugenüberstandes mit 30 µL "Gelschlamm" vermischen(→ 40 µL), davon 20 µL *anodisch* auf IPG-Gel auftragen.

Konzentration für Silberfärbung

2 Stammlösungen

Acrylamid, Bis-Lösung "SEP" (T = 30%, C = 2%):
29,4 g Acrylamid + 0,6 g Bisacrylamid, mit H_2O_{Bidest} auf 100 mL auffüllen.

*C = 2% in Gradienten-Gel-Lösung verhindert Ablösen des **Trenn-Gels** von der Trägerfolie und Zerspringen beim Trocknen.*

Acrylamid, Bis-Lösung "PLAT" (T = 30%, C = 3%):
100 mL H_2O_{Bidest} zu PrePAG-Fertiggemisch (29,1 : 0,9) geben. **Achtung!** *Acrylamid und Bisacrylamid sind als Monomer toxisch. Hautkontakt vermeiden und umweltfreundlich beseitigen (Reste mit Ammoniumpersulfat-Überschuß auspolymerisieren).*

*Diese Lösung wird für niederkonzentrierte **Gele (IPG) und Plateaus** verwendet, weil diese bei niedrigerer Vernetzung instabil würden.*

Gelpuffer pH 8,8 (4 × konz.):
18,18 g Tris + 0,4 g SDS + 0,01 g NaN_3, mit H_2O_{Bidest} → 80 mL. Mit 4 mol/L HCl auf pH 8,8 titrieren; auf 100 mL auffüllen.

Ammoniumpersulfat-Lösung (APS):
400 mg APS in 1 mL H_2O_{Bidest} auflösen.

eine Woche im Kühlschrank (4 °C) haltbar

Kathodenpuffer (10 × konz.):
30,28 g Tris + 144 g Glycin + 10 g SDS + 0,1 g NaN_3 mit H_2O_{dest}
auf   1000 mL auffüllen.

Nicht mit HCl titrieren!

Anodenpuffer (10 × konz.):
30,28 g Tris + 800 mL H_2O_{dest}. Mit 4N HCl auf pH = 8,4 titrieren;
auf   1000 mL auffüllen.

Sparmaßnahme; hier kann auch Kathodenpuffer verwendet werden.

0,5 mol/L Tris-HCl pH 6,8:
6,06 g Tris
0,4 g SDS
0,01 g NaN_3
mit H_2O_{Bidest} → 80 mL auffüllen
mit 4 mol/L HCl → pH 6,8 titrieren.
mit H_2O_{Bidest} → 100 mL auffüllen.

Dithiothreitol Stammlösung (2,6 mol/L DTT):
250 mg DTT in 0,5 mL H_2O_{Bidest} lösen.

täglich frisch.

Äquilibrierungsstammlösung: (ÄSL):

2 % SDS	2,0 g
6 mol/L Harnstoff	36 g
0,1 mmol/L EDTA	3 mg
0,01 % Bromphenolblau	10 mg
50 mmol/L Tris-HCl pH 6,8	10 mL
30 % Glycerin (v/v)	35 mL 87%ige Lösung
mit H_2O_{Bidest}	→ 100 mL

Harnstoff und Glycerin bremsen Elektroosmose; EDTA inhibiert Oxidation von DTT.

● Kurz vor *1. Äquilibrierungsschritt* zu jeweils *10 mL ÄSL* zugeben:
  DTT-Lösung (62 mmol/L) 200 µL

● Kurz vor *2. Äquilibrierungsschritt* zu jeweils *10 mL ÄSL* zugeben (Abfangen des überschüssigen Reduktionsmittels mit der vierfachen Menge Jodacetamid [153]:
  DTT-Lösung (62 mmol/L) 200 µL
  + Jodacetamid (260 mmol/L) 481 mg

Vermeidung von Silberfärbungs- artefakten, die durch Staubparti- kel etc. verursacht werden. Pro- teinmuster wird nicht beeinflußt: [153] Görg A, Postel W, Weser J, Günther S, Strahler JR, Ha- nash SM, Somerlot L. Electro- phoresis. 8 (1987) 122-124.

3 Gelherstellung

IPG-Streifen

Die Immobiline-Gradienten pH 4 bis 10 , 4 bis 7 und 7 bis 10 sind zur Zeit die am häufigsten verwendeten für IPG-Dalt-Tren- nungen. Immobiline-Rezepturen für andere Gradienten sind in Methode 10 zusammengestellt (s. Tab. 1).
Gele für die Standard-Trenndistanz von 10 cm (Gel-Länge 110 mm) werden mit dem Gradientenmischer in der normalen Gieß- kassette gegossen, mit 7,5 mL schwerer und 7,5 mL leichter Lösung.

Für die hochauflösende IPG- Dalt-Methode werden die IPG- Gelstreifen mit 8 mol/L Harn- stoff, 0,5 % Nonidet NP-40 oder Triton X-100 und 10 mmol/L DTT rekonstituiert.

Für lange Trenndistanzen wird als Gießkassette die Reswelling-Kassette bei geschlossenem Einfüllschlauch mit dem Gradientenmischer befüllt. Um eine Gel-Länge von 18 cm zu erhalten, werden 5,2 mL schwere und 5,2 mL leichte Lösung in den Gradientenmischer pipettiert.

S.L. Schwere, saure Lösung
L.L. Leichte, basische Lösung

Tab. 1: Zusammensetzungen der Polymerisationslösungen von IPG-Gelen.

IPG-Gradienten Stammlösungen	pH 4 bis 10		pH 4 bis 7		pH 7 bis 10	
	S.L.	L.L.	S.L.	L.L.	S.L.	L.L.
Immobiline pK 3,6	551 µL	–	289 µL	151 µL	271 µL	45 µL
pK 4,6	–	57 µL	55 µL	369 µL	–	–
pK 6,2	227 µL	25 µL	225 µL	75 µL	–	–
pK 7,0	45 µL	244 µL	–	135 µL	189 µL	162 µL
pK 8,5	167 µL	78 µL	–	–	175 µL	175 µL
pK 9,3	–	179 µL	–	438 µL	–	140 µL
Acrylamid, Bis "PLAT"	1,0 mL	1,0 mL	1,0 mL	1,0 mL	1,0 mL	1,0 mL
Glycerin (87%)	2,0 mL	0,3 mL	2,0 mL	0,3 mL	2,0 mL	0,3 mL
mit H_2O_{Bidest} auf→	*7,5 mL*	*7,5 mL*	*7,5 mL*	*7,5 mL*	*7,5 mL*	*7,5 mL*
TEMED (100 %).	3,5 µL	3,5 µL	3,5 µL	3,5 µL	3,5 µL	3,5 µL

Lösungen sorgfältig mischen, pH-Wert messen, dann auf pH 7 titrieren mit TEMED bzw. 4 mol/L HCl

für optimale und gleichmäßige Polymerisation

in den Gradientenmischer pipettieren:
* *bei 11 cm langen Gelen (Standardkassette, 25 cm breit)*
7,5 mL L.L. in Reservoir,
7,5 mL S.L. in Mischkammer,
+ je 7 µL APS (40 %).

s. Methode 10

* *bei 18 cm langen Gelen (Quellkassette, 11,5 cm breit, Abb. 1):*
5,2 mL L.L. in Reservoir,
5,2 mL S.L. in Mischkammer,
+ je 5 µL APS (40 %).

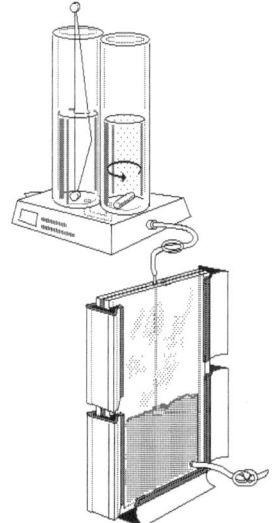

Vor dem Befüllen:
Kassette im Kühlschrank vorkühlen.

Nach dem Befüllen:
Überschichtung mit H_2O_{dest} für Sauerstoff-Abschluß, Kassette 10 min stehen lassen, damit sich der Gradient horizontal ausgleichen kann. Deshalb etwas Glycerin in die L.L.

Polymerisation: 1 h bei 50 °C (Trockenschrank).

Waschen-Trocknen-Rehydratisieren

● Gel aus der Kassette nehmen;

● 3 × waschen in je 300 mL H_2O_{Bidest} für je 20 min;

Abb. 1: Gießen von IPG-Gelen für lange Trenndistanz.

oder in Gelwasch-Apparat

● 1 × waschen in 300 mL 2 % Glycerin für 30 min   *damit sich Gel nicht einrollt*

● bei Zimmertemperatur trocknen lassen (Ventilator).

● Aufbewahrung: in Folie verpackt bei − 20 ˚C (tiefgekühlt).

Die trockenen IPG-Gele werden mit einer Papierschneidema-   *Streifen mit schwarzem Edding*
schine in einzelne Streifen (s. Abb. 2 A) geschnitten (110 bzw.   *3000 Stift auf der hydrophoben*
180 × 4 mm) und in mit Rehydratisier-Lösung gefüllter Kassette   *Rückseite markieren, nummerie-*
anquellen lassen (s. Abb. 2 B). Die Streifen sollen nicht breiter   *ren, Anode und Kathode kenn-*
als 5 mm sein, damit das SDS-Gel der 2. Dimension nicht zu   *zeichnen.*
stark mit nichtionischem Detergenz belastet wird.

A   **B**

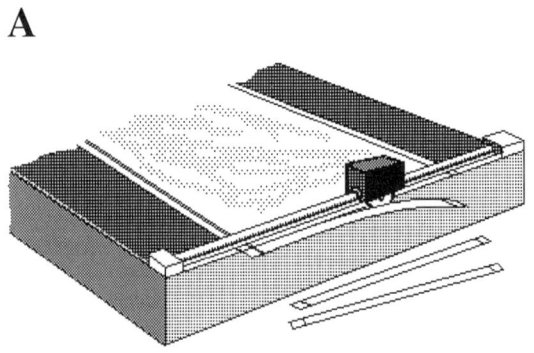
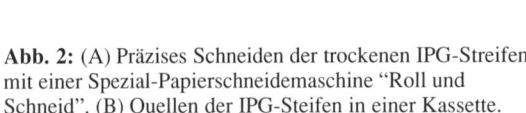
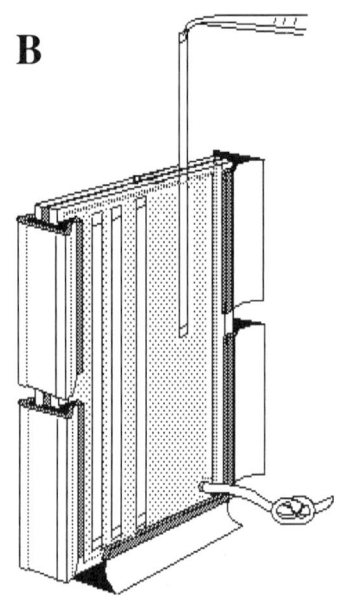

Abb. 2: (A) Präzises Schneiden der trockenen IPG-Streifen
mit einer Spezial-Papierschneidemaschine "Roll und
Schneid". (B) Quellen der IPG-Steifen in einer Kassette.

Bei den normalerweise verwendeten Harnstoff-Gelen: Trä-
gerfoliendicke berücksichtigen, d.h. GelBond-PAG-Film in der
Form des Silikongummirahmens zuschneiden und in Quellkassette mit einlegen. Quellen von IPG-Streifen *ohne* Harnstoff:
diesen Trägerfolienrahmen *nicht* mit einlegen, sonst schwitzen
die Gele bei der Trennung.

● *Rehydratisier-Lösung:*
8 mol/L Harnstoff   24g
0,5 % Nonidet NP-40   250 µL
10 mmol/L DTT   77 mg
mit H_2O_{Bidest} auf →50 mL auffüllen.

● *Rehydratisier-Zeit:* 16 h oder über Nacht.

● *Nach dem Rehydratisieren:*
Oberfläche der Streifen mit H_2O_{Bidest} kurz abspritzen und dann   *damit der Harnstoff auf der*
für einige Sekunden zwischen zwei Blatt *nasses* Filterpapier   *Oberfläche nicht auskristalli-*
legen.   *siert*

SDS-Porengradienten-Gele

Die hier vorgeschlagenen Acrylamid-Konzentrationen für den linearen Porengradienten sind für das Beispiel der Auftrennung von Hefe-Zell-Lysat optimiert worden. Der Porengradient kann durch Verändern der Acrylamid, Bis-Lösungs-Volumina an das jeweilige, von der Zusammensetzung der Probe abhängige, Trennproblem angepaßt werden. Das Probenaufgabeplateau enthält $T = 6\%$, damit es etwaigen elektroosmotischen Einflüssen des IPG-Streifens besser standhält (s. Tab. 2).

Auch hier wird, wie bei Methode 8, die Gießkassette vorgekühlt und APS kurz vor dem Gießen zugegeben, um den Start der Polymerisation hinauszuzögern.

Tab. 2: Herstellung der drei Gelgießlösungen für einen Gradienten $T = 12\%$ bis 15% und ein Plateau mit $T = 6\%$.

"Superschweres" Plateau vermischt sich nicht mit Gradient.

Stammlösungen	Gelgießlösungen		
	Superschwer $T = 6\%$, C = 3%	Schwer $T = 12\%$, C = 2%	Leicht $T = 15\%$, C = 2%
in 3 Falcon-Röhrchen pipettieren:			
Glycerin (87 %)	6,5 mL	4,3 mL	–
Acrylamid, Bis"PLAT"	3,0 mL	–	–
Acrylamid, Bis"SEP"	–	6,0 mL	7,5 mL
Gelpuffer	3,75 mL	3,75 mL	3,75 mL
Orange G	100 µL	–	–
TEMED	10 µL	10 µL	10 µL
mit H$_2$O$_{Bidest}$ auf Endvolumen	*15 mL*	*15 mL*	*15 mL*

Gießmengen
Die Volumina der Gel-Gießlösungen hängen vom gewünschten Gel-Format ab. Hier gibt es zwei Möglichkeiten:

s. Tab. 3
APS. s. Tab. 4

● Verwendung des Standard-Gelformates wie in Methode 8 beschrieben.

250 × 110 × 0,5 mm

● Einsatz längerer Trenndistanzen, um ein höhere Auflösung für hochkomplexe Proteingemische zu erhalten: Geldimension: $250 \times 190 \times 0,5$ mm (*"Large Scale"*)

Hierfür werden Gießkassetten verwendet, die so groß sind wie die Kühlplatte.

Tab. 3:
Volumina der Gießlösungen für Standard- und Large-Scale-Gelformate.

Standard-Gel	V (mL)	Large Scale	V (mL)	pipettieren in:
Superschwer	3,5	Superschwer	5,5	→ Kassette
Schwer	7,0	Schwer	12,5	→ Mischkammer
Leicht	7,0	Leicht	12,5	→ Reservoir

hier vorher APS zugeben: s. Tab. 4

Tab. 4: Volumina der APS-Zugaben für Standard- und Large-Scale-Gelformate.

Standard-Gel	V (µL)	Large Scale	V (µL)	pipettieren und mischen in:
Superschwer:	20,0	Superschwer:	20,0	→ Falconröhrchen
Schwer:	6,0	Schwer:	11,0	→ Mischkammer
Leicht:	4,0	Leicht:	7,0	→ Reservoir

und dann in Kassette pipettieren

Plateau-Gellösung (Superschwer) mit Pipette oder 20-mL-Spritze in die Kassette pipettieren. Der Gradient wird ohne Zwischenpolymerisation auf das Plateau-Gel gegossen. *s. Methode 8, SDS-PAGE*

10 min zum Dichteausgleich bei Raumtemperatur stehen lassen, dann 30 min bei 50 °C polymerisieren.

4 Trennbedingungen

1. Dimension (IPG-IEF)

Die IPG-Fokussierung in individuellen Streifen kann man mit herkömmlicher Ausrüstung direkt auf dem Kühlblock laufen lassen (Abb. 3). Zur verbesserten Probenaufgabe, vereinfachten Plazierung der IPG-Streifen und effektiveren Schutz vor CO_2-Einflüssen – vor allem auf den basischen Teil des Gradienten – empfiehlt sich die Verwendung eines IPG-Streifen-Kits (Abb. 4). *In der IPG-Streifenwanne kann man die Gele auch unter Silikon- oder Praffinöl laufen lassen.*

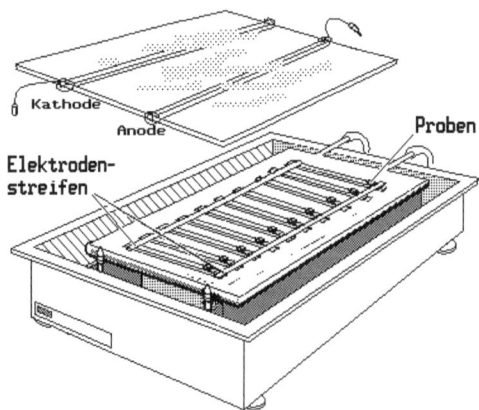

Abb. 3: IEF in individuellen IPG-Streifen direkt auf dem Kühlblock.

IPG-Streifen-IEF mit herkömmlicher Ausrüstung:

● Rekonstituierte IPG-Streifen nebeneinander – mit der Gel-Seite nach oben – auf die mit Kerosin oder DC-200 Silikonöl beschichtete Kühlplatte legen. Elektrodenstreifen, in $H_2O_{Bi-dest}$ getränkt, über die Enden der IPG-Streifen legen (Abb. 3); *Dabei auf richtige Orientierung achten! S. Methode 10.*

● Silikongummirahmen auf anodische Seite der Streifen auflegen;

Lochband in Stücke schneiden

● jeweils 20 µL Probe (einschließlich Dextran-Gel) einpipettieren;

● Fokussierungs-Elektroden aufsetzen und Kabel anschließen (Abb. 3).

Darauf achten, daß das lange Anodenverbindungskabel einge-steckt ist.

IEF mit IPG-Streifen-Kit:

● IPG-Streifen-Wanne auf die mit Kerosin oder DC-200 Silikonöl beschichtete Kühlplatte legen und Kabel anschließen;

● 1 ml DC-200 Silikonöl in die Wanne pipettieren;

hier kein Kerosin verwenden

● Rekonstituierte IPG-Streifen – mit der Gel-Seite nach oben – in die Rillen legen;

Dabei auf richtige Orientierung achten! S. Methode 10.

● Spezial-Elektroden auf die Kontakt-Schienen aufsetzen;

● Elektrodenstreifen, in H_2O_{Bidest} getränkt, über die Enden der IPG-Streifen legen;

● Probenaufgabe-Becher-Halteschiene an der anodischen Seite aufsetzen;

● Probenaufgabe-Becher so auf die Halteschiene setzen, daß die Becher auf die IPG-Streifen gedrückt werden;

● ca. 10 mL Silikonöl DC-200 über die Streifen pipettieren; – dies ist nicht immer notwendig –;

Der gute Kontakt der Becher zum Gel verhindert Einfließen des Öls.

● jeweils 20 µL Probe (einschließlich Dextran-Gel) einpipettieren;

Hier können Probenvolumina bis zu 100 µL einpipettiert wer-den.

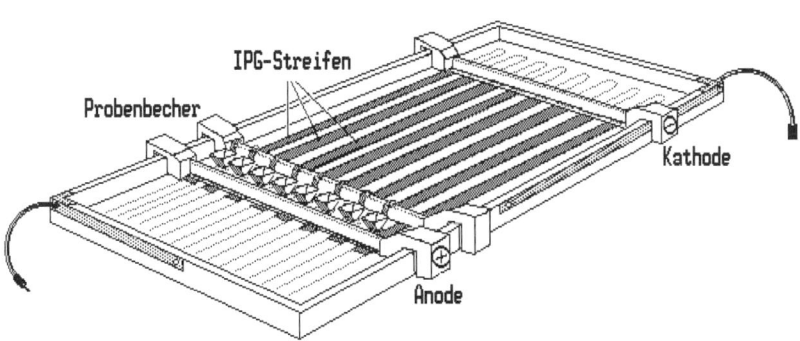

Abb. 4:   IEF in individuellen IPG-Streifen im IPG-Streifen-Kit.

Trennbedingungen

● Temperatur auf 15 °C einstellen;

● Strombedingungen einstellen (Tab. 5).

Bei der IEF in IPG-Streifen muß über die Spannung reguliert werden.

Tab. 5: Strombedingungen.

Stromversorger: 1,0 mA$_{max}$, 5 W$_{max}$			
Trenndistanz	11 cm		18 cm

Probeneintritt (bei E = 10 bis 40 V / cm):			
Spannung	400 V		650 V
Zeit	1 h		1h

IEF:			
Spannung	5000 V	5000 V	
pH-Gradient	4 bis 10	4 bis 7	4 bis 10	4 bis 7
		7 bis 10		7 bis 10
Zeit	5 h	7 h	7 h	über Nacht

Äquilibrieren: IPG-Sreifen vom Kühlblock nehmen, in Reagenzglas mit 10 mL ÄSL + DTT geben und für 15 min auf Schüttler stellen. Vorgang mit 10 mL frischer ÄSL + DTT + Jodacetamid wiederholen. Äquilibrierte IPG-Streifen zu einem "C" biegen und seitlich hochkant für 1 min auf ein trockenes Filterpapier legen, um überschüssige Lösung zu entfernen.

s. S. 218

Nicht sofort verwendete IPG-Streifen bis zu ihrer Äquilibrierung in Flüssigstickstoff aufbewahren oder bei –80 °C lagern.

2. Dimension (SDS-Elektrophorese)

Das SDS-Gel auf Kerosin-beschichtete Kühlplatte legen. Papier-Elektrodenbrücken in Elektrodenpuffer tränken, so auf das Gel legen, daß sie auf jeder Seite 15 mm überlappen. Äquilibrierten (Abb. 5) und abgetupften IEF-Streifen, Gelseite nach unten, auf die Oberfläche des SDS-Gels entlang der kathodischen Elektrodenbrücke auflegen. Elektrodenbrücken durch schwere Glasplatte (260 × 200 mm) oder IEF-Elektrodenhalterplatte fixieren.

Die SDS-Gele sind so dimensioniert, daß man zwei Trennungen, die in 11 cm langen IPG-Streifen gelaufen sind, in einem Gel parallel laufen lassen kann (s. Abb. 4 und 5).

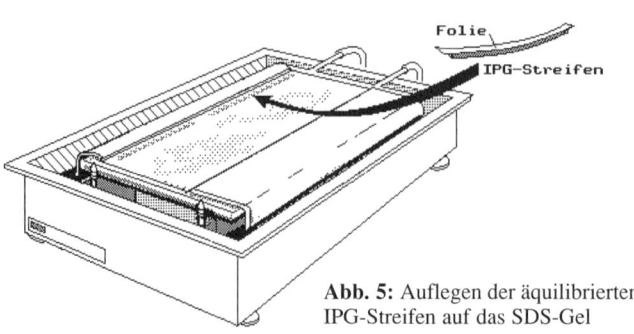

Folie
IPG-Streifen

Abb. 5: Auflegen der äquilibrierten IPG-Streifen auf das SDS-Gel

● *Elektrophorese:* 15 °C, max. 30 mA, max. 30 W.

● 75 min bei max. 200 V, dann IPG-Streifen abnehmen (Abb. 6) und die kathodische Elektrodenbrücke versetzen, daß sie über die Fläche des IEF-Streifen-Kontakts reicht.

IPG-Streifen mit Coomassie-Färbung testen, ob alle Proteine ausgewandert sind).

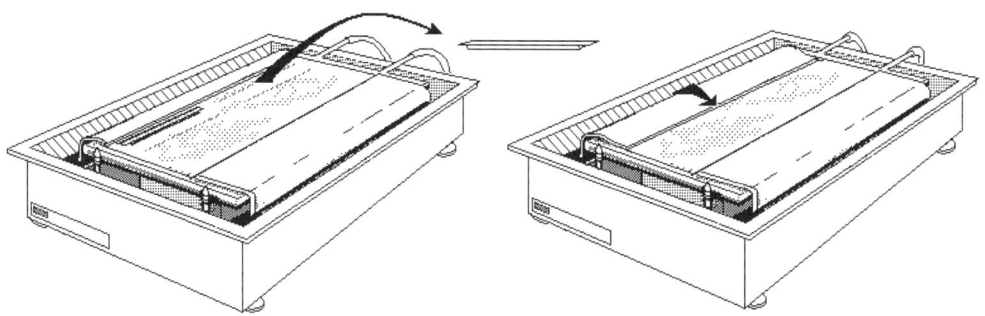

Abb. 6: Entfernen der IPG-Streifen und Versetzen der Kathodenbrücke über die Kontaktfläche.

● Trennung fortsetzen bei max. 800 V bis die Bromphenolblau-Front die anodische Gelkante erreicht hat:

Standard-Gel: 90 min   *Large Scale:*   5 h

5 Coomassie- und Silberfärbung

Schnelle Coomassie-Färbung

● *Färben:* Heißfärbung unter Rühren des Magnetkernes in Edelstahl-Färbewanne: 0,02 % Coomassie R-350: 1 PhastGel-Blue-Tablette gelöst in 2 L 10 % Essigsäure; 8 min, 50 °C (s. Methode 8);

Dabei liegt das Gel mit der Oberfläche nach unten auf dem Gittereinsatz.

● *Entfärben:* Im Multiwash in 10 % Essigsaure 2 h bei Raumtemperatur (s. Methode 8);

● *Präservieren:* In einer Lösung aus 25 mL Glycerin (87% g/v) + 225 mL H_2O_{dest} 30 min;

● *Trocknen:* Luft (Raumtemperatur).

Diese Methode eignet sich besonders für die Quantifizierung von Spots.

Silberfärbung

Meist wird die Silberfärbung angewendet, weil man bei höheren Proteinladungen für Coomassie-Empfindlichkeit einen Teil der Proteine durch Aggregieren verlieren kann. Die empfindlichsten und am besten reproduzierbaren Methoden für 2D-Elektrophoresen sind die Heukeshoven- [93] und die Merril-Technik [48].

Man muß daher auf extreme Sauberkeit und hohe Qualität von Wasser und Reagenzien achten.

Die Empfindlichkeit bei diesen Methoden liegt in etwa bei 0,05 bis 0,1 ng / mm^2.

Formaldehyd ist ein kritisches Reagenz: es darf auf keinen Fall zu alt sein.

1. Methode nach Heukeshoven und Dernick [93].

Bei dieser Methode erhält man einen klaren Hintergrund.

Tab. 6: Silberfärbung nach Heukeshoven und Dernick.

Schritt	Lösung	V (mL)	t (min)
Fixierung	300 mL Ethanol 100 mL Essigsäure mit H$_2$O$_{dest}$ → 1000 mL	250	>30
Inkubierung	75 mL Ethanol*) 17,00 g Na-Acetat 1,25 mL Glutaraldehyd (25% g/v) 0,50 g Na$_2$S$_2$O$_3$ × 5 H$_2$O mit H$_2$O$_{dest}$ → 250 mL	250	30 oder über Nacht
Waschen	H$_2$O$_{dest}$	3 × 250	3 × 5
Versilberung	0,5 g AgNO$_3$**) 50 µl Formaldehyd (37% g/v) mit H$_2$O$_{dest}$ → 250 mL	250	20
Entwicklung	7,5 g Na$_2$CO$_3$ 30 µl Formaldehyd (37% g/v) mit H$_2$O$_{dest}$ → 300 mL wenn pH >11,5, mit NaHCO$_3$ auf diesen Wert titrieren.	1 × 100 1 × 200	1 3 bis 7
Stoppen	2,5 g Glycin mit H$_2$O$_{dest}$ → 250 mL	250	10
Waschen	H$_2$O$_{dest}$	3 × 250	3 × 5
Präservieren	25 mL Glycerin (87% g/v) mit H$_2$O$_{dest}$ → 250 mL	250	30
Trocknen	Luft (Raumtemperatur)		

* NaAc erst in H$_2$O lösen, dann Ethanol zufügen. Thiosulfat und Glutaraldehyd erst vor Gebrauch zugeben.

** AgNO$_3$ in H$_2$O lösen, vor Gebrauch mit Formaldehyd versetzen.

2. Methode nach Merril [48]

Tab. 7: Silberfärbung nach der Methode von Merril.

Schritt	Lösung	V (mL)	t
Vorfixierung	500 mL Methanol 100 mL Essigsäure mit $H_2O_{Bidest} \to 1000$ mL	250	>1 h
Fixierung	75 mL Ethanol 25 mL Essigsäure mit $H_2O_{Bidest} \to 250$ mL	250	über Nacht
Nachfixierung	150 mL Ethanol 50 mL Essigsäure mit $H_2O_{Bidest} \to 500$ mL	2×250	2×10 min
Oxidierung	0,6 g $K_2Cr_2O_7$ 600 mL H_2O_{Bidest} 172 µL HNO_3 (65 %) rühren bis $K_2Cr_2O_7$ vollständig gelöst ist.	250	20 min
Waschen	mit H_2O_{Bidest} 30 µL Formaldehyd (37% g/v) mit $H_2O_{Bidest} \to 300$ mL	4×300	4×30 s
Versilberung	0,5 g $AgNO_3$ mit $H_2O_{Bidest} \to 300$ mL	300	30 min
Vorspülen	Entwickler	2×200	$2 \times$ kurz
Entwicklung	53,4 g Na_2CO_3 1600 mL H_2O_{Bidest} 0,9 mL Formaldehyd (37 %)	250	15 min
Stoppen	2,5 g Glycin	250	10 min
Waschen	H_2O_{Bidest}	250	2×10 min
Präservieren	25 mL Glycerin (87% g/v) mit $H_2O_{Bidest} \to 250$ mL	250	15 min
Trocknen	Luft (Raumtemperatur)		

Diese Methode produziert einen gelben Hintergrund, wenn maximale Empfindlichkeit erreicht werden soll. Durch die sich assymptotisch dem Maximum nähernde Entwicklung der Spots kann man eine sehr hohe Reproduzierbarkeit und Empfindlichkeit erzielen.

Auswertung auf Leuchttisch oder in der Photographie

Die Frage, welche Silberfärbung für die jeweilige Probe die beste ist, kann man klären, indem man in einem SDS-Gel zwei IPG-Streifen mit der gleichen Probe parallel laufen läßt, das Gel in zwei Hälften schneidet und mit beiden Alternativen anfärbt.

A 1 Isoelektrische Fokussierung

1.1 PAGIEF mit Trägerampholyten

Tab. A1-1: Geleigenschaften.

Symptom	Grund	Abhilfe
Gel bleibt an Glasplatte hängen	Glasplatte zu hydrophil	Glasplatte reinigen und mit Repel-Silane beschichten
	Unvollständige Polymerisation	s. u.
Kein oder klebriges Gel, schlechte mechanische Stabilität	Keine oder unvollständige Polymerisation:	
	Wasserqualität schlecht	immer H_2O_{Bidest} verwenden!
	zuviel Sauerstoff in der Gellösung (Radikalfänger)	entlüften an der Wasserstrahlpumpe (verlängern).
	Acrylamid, Bis- oder APS-Lösung überlagert	maximale Lagerdauer im Kühlschrank: Acrylamid, Bis-Lösung 1 Woche; APS-Lösung 40 % 1 Woche
	schlechte Chemikalienqualität	nur Chemikalien mit p.A. Qualität verwenden
	photochemische Polymerisation mit Riboflavin	chemische Polymerisation mit APS ist erheblich effektiver
	pH-Wert zu basisch (enger alkalischer pH-Bereich)	vorpolymerisiertes und getrocknetes Gel in Trägerampholytlösung anquellen lassen (Quellkassette)
Gel löst sich von Trägerfolie	falsche Trägerfolie verwendet	für Polyacrylamid-Gele nur GelBond PAG-Film verwenden, nicht GelBond-Film (für Agarose).
	falsche Seite der Trägerfolie verwendet	Gel nur auf die hydrophile Seite der Trägerfolie gießen, mit Wassertropfen testen
	Trägerfolie falsch oder zu lange gelagert	GelBond-PAG Film immer kühl (<25 °C), trocken und im Dunkeln aufbewahren, Verfallsdatum beachten

Unvollständige Polyme-risation	s. o.
Gellösung enthält nicht-ionisches Detergenz (Nonidet NP-40, Triton X-100)	vorpolymerisiertes und getrocknetes Gel in Trägerampholyt-/Detergenz-Lösung anquellen lassen (Quellkassette)

Tab. A1-2: Effekte beim IEF-Lauf

Symptom	Grund	Abhilfe
Kein Strom	Sicherheitsabschaltung *"Ground Leakage"* wegen Masse- Kurzschluß	Stromversorger abschalten; Trennkammer und Kabel überprüfen; Unterseite der Trennkammer, Kühlschläuche und Labortisch abtrocknen, wieder einschalten
zu wenig oder kein Strom	schlechter oder kein Kontakt zwischen Elektroden und Elektrodenstreifen	gleichmäßige Auflage der Elektroden überprüfen; wird kleines Gel oder Teil eines Geles benutzt, dieses in die Mitte legen
	Verbindungskabel nicht eingesteckt	Stecker überprüfen; Stecker fester in Stromversorger drücken
Stromstärke steigt während der IEF an	Elektrodenstreifen oder Elektrodenlösungen vertauscht	saure Lösung zur Anode, basische Lösung zur Kathode
Kondensation überall	Leistung zu hoch	Stromversorger-Einstellung überprüfen: Richtwert: maximal 1 W pro mL Gel
	Kühlung ungenügend	Kühltemperatur überprüfen; wenn bei höherer Temperatur, z.B.15 °C fokussiert wird, Leistung reduzieren; Kühlwasserfluß überprüfen (Schlauchknick?); Kerosin zwischen Kühlblock und Trägerfolie geben
Kondensation über den Probenauftragsstellen	Salzkonzentration in Probe zu hoch (> 50 mmol/L), dadurch lokale Überhitzung	Probe entsalzen mit Gelfiltration (NAP-Säulen) oder Dialyse gegen 1% Glycin oder 1% Trägerampholyte (g/v)
Gel quillt unter den Elektrodenstreifen	Elektroendosmose transportiert Wasser in Richtung der Elektroden (besonders Kathode)	normale Erscheinung; kein Problem wenn es den Lauf nicht stört; u.U. Elektrodenstreifen zwischendurch abtrocknen

	zuviel Elektroden-lösung in den Streifen	Streifen nach dem Tränken mit Filter-papier abtrocknen
	Elektrodenlösungen zu hoch konzentriert	empfohlene Elektrodenlösungen in korrekter Konzentration verwenden; u.U. etwas verdünnen
Kondensation über den Elektrodenstreifen	Elektrodenstreifen ver-tauscht	saure Lösung zur Anode, basische Lö-sung zur Kathode
Kondensation an be-stimmten Stellen	lokale Überhitzung we-gen Luftblasen in der Kontaktflüssigkeit	Luftblasen entfernen bzw. von An-fang an vermeiden
Kondensation über der basischen Gelhälfte	Wassertransport in Rich-tung Kathode wegen Elektroosmose	besseres Acrylamid verwenden oder frische Lösung. Fokussierzeit so kurz wie möglich; bei engen pH-Bereichen > pH 7 zwischendurch ausgetretene Flüssig-keit abtupfen
Kondensation linienför-mig über gesamte Gel-breite	"Hot spots", Leitfähig-keitslücken verursacht durch Plateauphäno-men; meist bei zu lan-ger Fokussierdauer, besonders bei engen pH-Bereichen	Leitfähigkeitslücken-Bereiche durch Zugabe von Trägerampholyten mit engen pH-Bereichen auffüllen; Fo-kussierzeit so kurz wie nötig halten: oder IPG verwenden
Funkenbildung auf dem Gel	Gründe wie bei Konden-sation, nächstes Stadi-um (Gel ausgetrocknet)	Abhilfe wie bei Kondensation; Maß-nahmen möglichst bereits bei Auftre-ten von Kondensation ergreifen
Funkenbildung entlang der Folienkante	Elektrodenstreifen rei-chen über Gelkanten hinaus	Elektrodenstreifen exakt auf Gelbrei-te zuschneiden oder etwas kürzer.
	hohe Spannung plus Io-nen in der Kontaktflüs-sigkeit	Kerosin oder DC-200 verwenden, *kein* Wasser.

Tab. A1-3: Trennergebnisse.

Symptom	Grund	Abhilfe
pH-Gradient gegenüber dem erwarteten verscho-ben	Gradientendrift ("Plateauphänomen")	
	Acrylsäure ins Gel ein-polymerisiert	nur Chemikalien mit p.A. Qualität verwenden

	Acrylsäure ins Gel ein-polymerisiert durch Überlagerung der Acrylamid, Bis Stammlösung	maximale Lagerdauer im Kühlschrank, im Dunkeln: 1 Woche; Verlängerung durch Abfangen von Acrylsäure-Ionen mit Amberlite MB-1 Ionentauscher
	Temperaturabhängigkeit des pH-Gradienten (pK-Werte!)	Fokussiertemperatur überprüfen.
	Fokussierzeit zu lange	Fokussierzeit so weit wie möglich verkürzen, besonders bei engen alkalischen pH-Bereichen; oder IPG verwenden
	Gel zu lange gelagert	Gele mit engen alkalischen pH-Bereichen haben begrenzte Lagerfähigkeit; rehydratisierbares Gel verwenden
	Gel enthält Kohlensäure-Ionen	Rehydratisierungslösung entlüften (CO_2 entfernen); während der IEF Einflüsse von CO_2 vermeiden (besonders bei alkalischen pH-Bereichen): Trennkammer abdichten, N_2-Atmosphäre erzeugen, CO_2 abfangen: Atemkalk oder 1 mol/L NaOH in Puffertanks geben
teilweiser Verlust des alkalischens Teil des Gradienten	Oxidation von Trägerampholyten während des Laufs	CO_2-Einfluß so niedrig wie möglich halten: s. o.
	Oxidation der Elektrodenlösungen	s. o.
Gewellte Iso-pH-Linien 1. ohne Einfluß der Probe	Verwendung von zuviel APS zur Polymerisation	Vorpolymerisiertes, gewaschenes und getrocknetes Gel in Trägerampholyt-Lösung anquellen lassen; Erhöhung der Viskosität im Gel durch Zugabe von 10 % (g/v) Sorbit zur Quellösung oder Harnstoff (< 4 mol/L in den meisten Fällen nicht denaturierend)

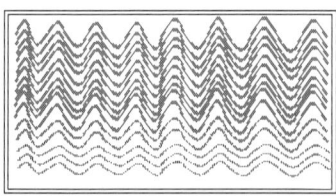

	Harnstoff-Gel überlagert, Harnstoff zu Isocyanat zerfallen	Harnstoff-Gele sofort nach Herstellung verwenden bzw. Gele kurz vor Gebrauch rehydratisieren

	schlechter Elektroden-kontakt	gleichmäßige Auflage und Andruck der Elektroden überprüfen, vor allem der Anode; u.U. Elektrodenhalter zusätzlich beschweren
	ungleichmäßiges oder zu starkes Tränken der Elektrodenstreifen	Elektrodenstreifen vollständig mit Elektrodenlösung tränken und dann mit Filterpapier abtrocknen
	falsche Elektrodenlösungen	die für den jeweiligen pH-Bereich vorgeschlagenen Elektrodenlösungen in korrekten Konzentrationen verwenden
	Gel zu dünn	ultradünne IEF-Gele < 200 µm sind anfällig gegen Proteinüberladungen, variierende Probenkonzentrationen, Puffer- und Salzionen, Eindiffusion der Elektrodenlösungen (Gradienten-stauchung)
Gewellte Iso-pH-Linien 2. mit Einfluß der Probe (A) Proteinkonzentra-tion	stark variierende Pro-teinkonzentrationen der Probe	möglichst gleichkonzentrierte Proben nebeneinander auftragen: entweder höher konzentrierte Proben verdünnen oder in steigender bzw. fallender Konzentration nebeneinander auftragen; Vorfokussierung durchführen; Feldstärke am Anfang reduzieren: < 40 V/cm
	Proben zu weit vonein-ander entfernt aufgetra-gen	Proben enger nebeneinander auftra-gen
	hochkonzentrierte Pro-ben an unterschiedli-chen Stellen im pH-Gradienten aufgetra-gen	bei Stufen-Auftrage-Test nicht anders möglich; aber sonst Proben möglichst neben-einander im pH-Gradienten auftragen; Vorfokussierung durchfüh-ren; Anfangs-Feldstärke < 40 V/cm
	Überladung – Proteinkonzentrationen zu hoch	Proben verdünnen (2 bis 15 µg / Ban-de) oder dickeres Gel verwenden; Ultradünnschicht-IEF: Geldicken > 250 µm; oder IPG verwenden
(B) Puffer-, Salzkonzen-tration	Puffer- bzw. Salzkon-zentrationen in den Pro-ben variieren stark	wie (A); wenn nötig, hochkonzen-trierte Proben entsalzen

	Puffer- bzw. Salzkonzentrationen in den Proben hoch	wie bei (A) darauf achten, daß Proben nahe nebeneinander, auf gleicher Höhe im Gradienten aufgetragen werden; Vorfokussierung durchführen; Anfangs-Feldstärke < 40 V/cm; anfangs 30 min bei < 20 V/cm Salzionen aus Proben auswandern lassen; oder IPG verwenden
	Puffer- u. Salzkonzentrationen i. d. Proben zu hoch - Entsalzung wegen etwaiger Proteinverluste zu riskant oder unmöglich	Probenaufgabeband (Lochband) aus Polyacrylamid (ca. T = 10%) oder Agarose (ca. 2%) mit den in den Proben enthaltenen Salzen in der gleichen Konzentration gießen und über gesamte Gelbreite auflegen; Proben in die Löcher einpipettieren; 30 min bei E = < 20 V/cm Salz-Ionen auswandern lassen; dadurch ist Salzbelastung aus der Probe über die ganze Breite des Gels gleich, so daß punktuelle Verschiebungen des pH-Gradienten ausgeglichen werden; oder IPG verwenden
Banden ziehen Streifen nach	Präzipitat und / oder Partikeln in der Probe	Proben abzentrifugieren
	Probenauftragematerial hält Protein zurück und gibt es später an Gel ab	Probenauftragsmaterial nach ca. 30 min IEF wieder abnehmen oder Lochband verwenden
	Probe alt oder denaturiert	Probenvorbereitung überprüfen, möglichst kurz vor IEF durchführen; Probenaufbewahrung bei < −20 °C
	hochmolekulare Proteine haben pI noch nicht erreicht	länger fokussieren oder Agarose-Gele verwenden
	schlechtlösliche Proteine in der Probe	in Harnstoff (u.U. plus Detergenz, zwitter- oder nichtionisch) oder 30 % DMSO fokussieren
	Proteinüberladung	Probe verdünnen oder weniger auftragen
unscharfe Banden	Diffusion während der IEF, kleinmolekulare Peptide	Oligopeptide, MG < 2 kDa, am besten mit immobilisierten pH-Gradienten fokussieren, da ist Diffusion erheblich geringer

	Diffusion nach der IEF, ungenügende oder reversible Fixierung	Fixier- und Färbemethode überprüfen, s. u.
	Fokussierzeit zu kurz	Fokussierzeit verlängern
	starke Gradientendrift	s. o.
	CO_2-Einfluß auf basische Banden	s. o.
einzelne Banden unscharf	s. o.	s. o.
	Fokussierzeit für einzelne Proteine zu kurz (großes Molekül und / oder niedrige Nettoladung)	Optimierung der Probenaufgabeposition durch Stufentest, Titrationskurvenanalyse; Probe auf der Seite vom pI aufgeben, wo die Nettoladungskurve steiler ist
Banden fehlen	Konzentration zu niedrig oder Nachweisempfindlichkeit der Färbemethode zu gering	mehr Probe auftragen oder Probe konzentrieren; oder andere Nachweismethode verwenden (z.B. nachträgliche Silberfärbung des getrockneten Geles, Blotting)
	Proteine bleiben an Probenauftragematerial hängen	Probenaufgabeband verwenden
	Proteine präzipitieren an der Probenaufgabestelle	
	Aufgabe zu nahe am pI	Probe weiter vom pI entfernt auftragen (Stufentest, Titrationskurvenanalyse)
	Feldstärke beim Probeneintritt zu hoch	Anfangsspannung reduzieren ($E < 40$ V / cm)
	Molekül zu groß für Gelporen	Agarose anstelle von Polyacrylamid verwenden
	Proteine bilden Komplexe	Harnstoff (> 7 mol/L) in Probe geben (u.U. Harnstoff auch im Gel verwenden); EDTA in die Probe geben; Nichtionisches Detergenz (Triton, Nonidet NP-40) in die Probe geben
	Protein instabil bei dem Aufgabe-pH-Wert	Probe an anderer Stelle auftragen (Stufentest, Titrationskurvenanalyse)
	Protein instabil bei der verwendeten Temperatur	Fokussierungstemperatur ändern

einzelne Banden fokussieren an der falschen Stelle	Proteine bilden Komplexe	s. o. wenn Verdacht auf Adukte mit Trägerampholyten besteht, mit IPG überprüfen
	Proteine haben Liganden verloren	Überprüfung mit Titrationskurvenanalyse
"ein" Protein fokussiert in mehreren Banden	unterschiedliche Oxidationsstadien des Proteins	Probenvorbereitung überprüfen; u.U. in N_2-Athmosphäre fokussieren
	Protein in Untereinheiten zerfallen	nicht in Gegenwart von Harnstoff fokussieren
	Carbamylierung durch Cyanat	Probenvorbereitung und Gelherstellung mit Harnstoff überprüfen
	verschiedene Konformationen eines Moleküls	Protein in Gegenwart von Harnstoff (> 7 mol/L) fokussieren
	verschiedene Kombinationen von Oligomeren eines Proteins oder von Untereinheiten	natürliche Erscheinung
	unterschiedliche Grade enzymatischer Phosphorylierung, Methylierung oder Acetylierung	Probenvorbereitung überprüfen
	unterschiedliche Zuckerreste bei Glykoproteinen	natürliche Erscheinung; zur Überprüfung Probe mit z.B. Neuraminidase behandeln.
	teilweise proteolytische Verdauung eines Proteins	Probenvorbereitung überprüfen. Inhibitor (z.B. 8 mmol/L PMSF) hinzufügen
	Komplexbildungen	bei Verdacht auf Aduktbildung mit Trägerampholyten Überprüfung mit immobilisierten pH-Gradienten

1.2 Agarose-IEF mit Trägerampholyten

Hier sind nur Agarose-IEF-spezifische Problemlösungen aufgelistet. Allgemeine, mit der Isoelektrischen Fokussierung oder mit Trägerampholyten zusammenhängende Probleme bitten wir Sie unter 1.1 bei der PAGIEF nachzuschlagen.

Bei Anwendung der Agarose-IEF sollte man sich bewußt sein, daß die Matrix elektrisch weniger inert ist als Polyacrylamid, da an der aus der Natur gewonnenem Agarose noch Reste von Sulfat- und Carboxylgruppen hängen, welche elektroosmotische Erscheinungen verursachen können.

Tab. A1-4: Geleigenschaften.

Symptom	Grund	Abhilfe
Gelkonsistenz ungenügend	Gelierung nicht ausreichend	Gelierung > 1 h; besser: nach einer Stunde aus Kassette entnehmen und über Nacht bei 4 °C in Feuchtekammer aufbewahren. (maximale Lagerzeit: 1 Woche)
	Agarosekonzentration trotz exakter Einwaage zu niedrig; Agarose hat Wasser gezogen	Agarose trocken und außerhalb des Kühlschranks aufbewahren. Packung gut verschließen
	Harnstoff-Gel: Harnstoff unterbricht die Agarosestruktur	höhere Agarosekonzentration verwenden (2 %); längere Zeit gelieren lassen oder rehydratisierbares Agarose-Gel verwenden [64]
Gel löst sich von Trägerfolie	falsche Trägerfolie verwendet	für Agarose-Gele nur GelBond-Film verwenden, nicht GelBond-PAG-Film (für Polyacrylamid-Gele)
	falsche Seite der Trägerfolie verwendet	Gel auf hydrophile Seite der Trägerfolie gießen
	Gel ist bei zu hoher Temperatur gegossen worden	auf Gießtemperatur zwischen 60 bis 70 °C achten
	Gelierzeit zu kurz	s. o.

Tab. A1-5: Effekte beim IEF-Lauf.

Symptom	Grund	Abhilfe
Wasser auf Geloberfläche	Geloberfläche nicht abgetrocknet	Geloberfläche stets vor IEF mit Filterpapier abtrocknen
	Gelierzeit zu kurz	s. o.
	falsche Elektrodenlösungen verwendet.	generell empfohlen: Anode: 0,25 mol/L Essigsäure. Kathode: 0,25 mol/L NaOH
	Elektrodenstreifen zu naß	Flüssigkeitsüberschuß entfernen; Elektrodenstreifen gut abtrocknen, so daß sie beinahe trocken erscheinen
	Elektroosmose	natürliche Erscheinung; alle 30 min Elektrodenstreifen erneut abtrocknen oder durch neue ersetzen

	starke Elektroosmose	immer H_2O_{Bidest} verwenden; ideale Chemikalien-Kombination verwenden: 0,8 % Agarose IEF zusammen mit 2,7 % (g/v) Ampholine
	keine wasserbindenden Additive im Gel	10 % Sorbit in die Gellösung geben
Wasserbildung an der Kathode	Elektroendosmose – Kathodendrift	Kathodenstreifen öfter und besonders sorgfältig abtrocknen; nur so lange wie unbedingt notwendig fokussieren
Wasserbildung an den Probenauftragsstellen	Elektroendosmose wegen Probenauftragsmaterial	bei Agarose-IEF nur mit Probenauftragsbändern oder Probenmasken auftragen, nicht mit Papier, Paratex o.ä.
	Protein-, Salzgehalt in Probe zu hoch	s. Polyacrylamid-Gel
Bildung einer Mulde im Gel	fortgeschrittene Kathodendrift wegen Elektroendosmose	s. o. Bei 10 bis 15 °C fokussieren
	Ungenügende Gelkonsistenz	s. o.
Bildung kleiner Mulden in Nähe der Probenauftragsstellen	Leistung bei Probeneinwanderung zu hoch	In den ersten 5 bis 10 min maximal 5 bis 10 W anlegen (gilt für 1 mm dickes Gel, 25 cm Breite × 10 cm Trenndistanz, bei kleineren Gelen entsprechend weniger einstellen)
	Probenüberladung	siehe Polyacrylamid-Gel.
Gel trocknet aus	fortgeschrittene Elektroosmose	s. o.
	Gel ungleichmäßig gegossen	bei horizontalem Gießen Nivelliertisch exakt einstellen; oder Vertikalgieß-Technik ("Klammer"-Technik in vorgewärmter Küvette) anwenden
	Wärmequelle in der Nähe	Trennkammer bei der Agarose-IEF nicht neben Laborkryostaten stellen
	Luft zu trocken	bei niedriger Luftfeuchtigkeit (besonders im Winter) etwas Wasser in die Elektrodentanks geben
Funkenbildung	Fortgeschrittene Stadien der oben aufgelisteten Effekte	s. o. Maßnahmen möglichst vorher ergreifen

Tab. A1-6: Trennergebnisse.

Symptom	Grund	Abhilfe
Banden seitlich verbreitert	zuviel Probenflüssigkeit aufgetragen	Probenvolumen reduzieren
unscharfe Banden	Fokussierungszeit zu lange (Gradientendrift) oder zu kurz (Proteine haben pI noch nicht erreicht)	s. o. und Polyacrylamid-Gel
	Diffusion bei Agarose wegen der größeren Poren stärker als bei Polyacrylamid-Gelen	Fixier- und Färbemethoden überprüfen; Gel nach der Fixierung trocknen und dann erst anfärben (gilt auch für Silberfärbung)
Fehlende Banden	s. o.	s. o.
fehlende Banden im basischen pH-Bereich	Verlust eines Teils des Gradienten durch Kathodendrift (bei Agarose stärker als bei Polyacrylamid)	Trägerampholyte mit engem basischen pH-Bereich zusetzen; kürzer fokussieren
Banden am Gelrand stark verzogen	Flüssigkeitsaustritt aus Gel oder Elektrodenstreifen; Flüssigkeit fließt entlang der Gelränder und bildet L-förmige "Elektrode"	bei Flüssigkeitsaustritt rechtzeitig Gel oder Elektrodenstreifen abtrocknen
	Proben zu nahe am Rand aufgetragen	beim Probenauftrag an den Rändern ca. 1 cm frei lassen
Banden im Gel stark verzogen	wie bei Polyacrylamid-Gelen	s. Polyacrylamid-Gele
	Unregelmäßigkeiten in der Geloberfläche	Gellösung gut entlüften; bei Aufbewahrung Feuchtekammer verwenden

Agarose-IEF-spezifische Färbeprobleme

Banden unscharf, verschwinden, fehlen	Diffusion	Agarose-Gele immer nach Fixierung trocknen bevor sie gefärbt werden
Gel löst sich beim Färben von Trägerfolie	Fixierlösung vor Trocknen des Gels nicht vollständig ausgewaschen	Gel vor Trocknen 2 × je 20 min in Entfärbelösung plus 5 % Glycerin waschen
	Fehler beim Gelgießen	s. o.

1.3 Immobilisierte pH-Gradienten

Tab. A1-8: Geleigenschaften.

Symptom	Grund	Abhilfe
Gel bleibt an Glasplatte hängen	Glasplatte zu hydrophil	Glasplatte reinigen und mit Repel-Silane beschichten
	Gel zu lange in der Gießküvette	Gel 1 h nach Polymerisationsstart aus der Küvette entnehmen
	Gelkonzentration zu niedrig	unter $T = 4\ \%$ kann kein Glas verwendet werden; in diesem Fall Acrylglas (Plexiglas) verwenden
	unvollständige Polymerisation	s. u.
kein bzw. klebriges Gel	schlechte Wasserqualität	immer H_2O_{Bidest} verwenden!
	Acrylamid, Bis- oder APS-Lösung überlagert	maximale Lagerdauer im Dunkeln im Kühlschrank: Acrylamid, Bis-Lösung 1 Woche, APS-Lösung 40 % 1 Woche
	schlechte Chemikalienqualität	nur Chemikalien mit p.A. Qualität verwenden
	zuwenig APS und/oder zuwenig TEMED verwendet	immer 1 μL APS-Lösung (40 % g/v) pro 1 mL Gellösung und mindestens 0,5 μL TEMED (100 %) pro 1 mL Gellösung verwenden.
	pH-Wert nicht optimal für die Polymerisation	*weite* (> 1 pH-Einheit) und *alkalische* (über pH 7,5) pH-Bereiche: Beide Gellösungen mit 4 mol/L HCl bzw. 4 mol/L NaOH (oder 100 % TEMED) auf ca. pH 7 titrieren, nachdem TEMED zugegeben worden ist (Genauigkeit von pH-Papier ist ausreichend)
	Temperatur zu niedrig für Polymerisation	Gel für 1 h im Trocken- oder Brutschrank bei 50 °C bzw. 37 °C polymerisieren
eine Hälfte des Gels nicht oder unvollständig polymerisiert	APS-Lösung hat sich nicht mit Gellösung vermischt (meist schwere Lösung: wegen des Glyceringehalts Überschichtung mit APS-Lösung)	Magnetrührer nach APS- Zugabe kurzzeitig hoch drehen, daß Kegel entsteht; darauf achten, daß APS-Lösung-Tropfen in die Gellösung einpipettiert werden

	Eine der Lösungen ist nicht auf pH 7 titriert worden	s. o.
Geloberkante klebrig, quillt beim Waschen, löst sich von Folie	Luft-Sauerstoff hat Polymerisation der Oberkante inhibiert	sofort nach Gießen des Gels mit ca. 300 µL H_2O_{Bidest} überschichten; kein Butanol o.ä. verwenden
Gel löst sich von Trägerfolie	Falsche Trägerfolie oder falsche Seite der Trägerfolie verwendet, Trägerfolie falsch gelagert	siehe Polyacrylamidgele.

Tab. A1-9: Effekte beim Waschen.

Symptom	Grund	Abhilfe
Geloberfläche hat in bestimmten Bereichen oder überall *"Schlangenhaut"*-Struktur	normal; Gel besitzt aufgrund der fixierten Puffer leichte Ionenaustauscher-Eigenschaften und quillt an	Trocknen – die Geloberfläche wird wieder normal
Gelschicht wird keilförmig	normal; Die Konzentrationen und Eigenschaften der Puffer sind unterschiedlich; dadurch Quelleigenschaften innerhalb des Gradienten unterschiedlich	Nach dem Waschen das Gel trocknen; vor Gebrauch in Quellkassette anquellen lassen (Kassette verhindert keilförmiges Quellen)

Tab. A1-10: Effekte beim Trocknen.

Symptom	Grund	Abhilfe
Trägerfolie rollt sich ein	Gel zieht sich in alle Richtungen zusammen	1 % bis 2 % Glycerin in das letzte Waschwasser geben, dadurch wird Gel elastischer

Tab. A1-11: Effekte beim Rehydratisieren.

Symptom	Grund	Abhilfe
Gel quillt nicht mehr oder nur teilweise an	Quellzeit zu kurz	Quellzeit jeweils dem Additiv und der Additivkonzentration anpassen; wenn Gel längere Zeit bei Raumtemperatur gelagert wurde oder Verfallsdatum überschritten ist, Quellzeit verlängern

	Gel zu lange und/oder zu heiß getrocknet	Gel mit Ventilator bei Raumtemperatur trocknen, Luftstrom parallel zu den Geloberflächen, am besten in staubfreiem Kabinett
	Gel zu lange bei Raumtemperatur oder noch wärmer gelagert	Gel sofort nachdem es trocken ist verwenden oder wasserdicht verpackt bei < -20 °C lagern
Gel bleibt an der Quellkassette hängen	Glasoberfläche zu hydrophil	Glasoberfläche innerhalb der Dichtung mit Repel-Silane beschichten
Gel hängt an Trägerglasplatte	Gel aus Versehen mit der Geloberfläche auf die nasse Glasplatte gewalzt	in einer Wanne unter Wasser langsam und vorsichtig herunterziehen

Tab. A1-12: Effekte beim IEF-Lauf.

Symptom	Grund	Abhilfe
Kein Strom	Verbindungskabel nicht eingesteckt	Stecker überprüfen; Stecker fester in Stromversorger drücken
"wenig" Strom	normal bei IPG. Gele haben sehr niedrige Leitfähigkeit	Standardeinstellung bei ganzem IPG-Gel: 5000 V, 1,0 mA, 5,0 W; IPG-Streifen: über Spannung regeln
Kondensation über bestimmten Stellen	Salzgehalt in Proben hoch; Salz-Ionen verlassen Probenauftrags-Stelle halbkreisförmig, beim Zusammentreffen zweier Ionenfronten ergeben sich Punkte mit sehr hohen Salzkonzentrationen	Proben mit hohen Salzgehalten möglichst nahe nebeneinander auftragen; wenn an verschiedenen Stellen innerhalb des pH-Gradienten aufgetragen werden muß: Trennspuren durch Streifenschneiden oder Herauskratzen von Rinnen voneinander trennen
Funkenbildung auf dem Gel an bestimmten Stellen	s. o., nächstes Stadium	s. o.; wenn über Nacht fokussiert wird, nicht mehr als 2500 V anlegen, am nächsten Tag auf 5000 V hochregeln
Funkenbildung entlang der Folienkante	hohe Spannung plus Ionen in der Kühlkontaktflüssigkeit	Kerosin als Kontaktflüssigkeit zwischen Kühlplatte und Folie verwenden
Funkenbildung an einer Elektrode	Gel ausgetrocknet wegen Elektroosmose; tritt bei engen pH-Gradienten in extremen pH-Bereichen (< pH 4,5; > pH 9) auf	entweder Glycerin (25 %) *oder* 0,5 % nichtionisches Detergenz zur Quellösung zugeben

	Elektrodenlösungen zu konzentriert	beide Elektrodenstreifen in H_2O_{Bidest} tränken; Leitfähigkeit reicht aus; zudem wird zu Beginn der IEF dadurch die Feldstärke im Gel herabgesetzt, was den Probeneintritt erleichtert
	Gel unvollständig polymerisiert.	s. o.
Schmaler Gelwulst entwickelt sich über gesamte Gelbreite und wandert langsam in die Richtung einer Elektrode	normale Erscheinung bei IPG: Ionenfront, an der ein Feldstärkensprung und eine Umkehr des elektroosmotischen Flusses erfolgt	Gel gut waschen; Proben so auftragen, daß ihnen die Front von der weiter entfernten Elektrode her entgegenkommt; anodischer Probenauftrag: 2 mmol/L Essigsäure zur Quellösung geben; kathodischer Auftrag: 2 mmol/L Tris zugeben
Der Gelwulst wandert nicht mehr weiter	das Gel enthält zu viele freie Ionen, Leitfähigkeitsunterschied innerhalb der Trenndistanz ist so groß, daß die Spannung nicht ausreicht, die Ionen weiter zu transportieren	Gele gut waschen; Stromversorger mit hohen Spannungen verwenden (5000 V sind ausreichend); lange fokussieren, u.U. über Nacht
durchgehende Linie mit veränderter Lichtbrechung am Ende der Fokussierung bei pH 6,2	freie Polymere	Gel nach der Polymerisation ausgiebiger waschen (s. o.); u.U. über Nacht; Elektrodenstreifen (Filterkarton) weglassen

Tab. A1-13: Trennergebnisse.

Symptom	Grund	Abhilfe
Banden und Iso-pH-Linien bilden einen Bogen im Gel	Gel ist polymerisiert bevor horizontaler Ausgleich des Dichte-Gradienten abgeschlossen war	Gießküvetten im Kühlschrank vorkühlen (Verzögerung des Polymerisations-Starts). Zur Beschwerung der sauren Lösung *Glycerin* verwenden, nicht Saccharose o.ä. (Viskosität zu hoch für Gradientenausgleich)
	Katalysatoren ungenügend ausgewaschen	s. o.
Banden unscharf	Fokussierzeit zu kurz	länger fokussieren, u.U. über Nacht
	bei engen pH-Bereichen oder langen Trenndistanzen (> 10 cm): Feldstärke nicht ausreichend	bei engen pH-Bereichen und langen Trenndistanzen sind hohe Spannungen unbedingt notwendig: 5000 V Stromversorger verwenden

	Polymerisationsproble-me, z.B. Alte Acryla-mid, Bis-Lösung; s. o.	frische Stammlösungen verwenden
Banden unscharf im ba-sischen Bereich	CO_2-Einfluß	CO_2 während der IEF abfangen: Kammer abdichten, Atemkalk oder 1 mol/L NaOH in Puffertanks geben
keine Banden zu sehen	falsche Orientierung des pH-Gradienten	Gel mit saurer Seite zur Anode und basischer Seite zur Kathode auf den Kühlblock legen; die basische Seite hat unregelmäßige Kante, die Träger-folie steht weiter über
	Proteine an Auftragstel-le liegen geblieben	
	Feldstärke war am An-fang zu hoch	keine Vorfokussierung durchführen (pH-Gradient existiert bereits); An-fangsfeldstärke gering halten
	Proteine haben an der Auftragsstelle aggre-giert, weil die Konzen-tration zu hoch war	Probenlösung mit Wasser, Was-ser/nichtionischem Detergenz verdün-nen; lieber größeres Probenvolumen als konzentrierte Lösung aufgeben
	Komplexbildung von bestimmten Proteinen; dadurch Verstopfung der Poren	EDTA zur Probe geben; Harnstoff in Probe und Rehydratisie-rungslösung verwenden; durch Harnstoffkonzentrationen < 4 mol/L werden Komplexbildungen verhin-dert, die meisten Enzyme noch nicht denaturiert
	Leitfähigkeitsproblem	Probe auf gegenüberliegender Seite auftragen oder Ionenfrontrichtung, wie oben beschrieben, steuern
	Salzkonzentration in der Probe zu hoch	Probe mit Wasser verdünnen und größeres Probenvolumen auftra-gen
	hochmolekulares Pro-tein in Umgebung nied-riger Ionenstärke instabil	großporigere Gelmatrix herstellen, da-mit Protein in die Matrix einwandern kann, bevor es von kleinmolekularen Begleitsubstanzen vollständig verlas-sen worden ist
		als Notmaßnahme wird vorgeschla-gen, zur Probe 0,8 % (g/v) Trägerampholyte und zur Rehydrati-

		sierungslösung 0,5 % (g/v) Träger-ampholyte des korrespondierenden pH-Bereiches zu geben
pI des Proteins außer-halb des immobilisierten pH-Gra-dienten	enger pH-Bereich: bei falscher Temperatur fokussiert	bei 10 °C fokussieren und/oder pH-Bereich erweitern
	der mit Träger-ampholyten-IEF ermit-telte pI ist gegenüber dem pI im IPG verscho-ben	etwas weiteren oder anderen pH-Be-reich verwenden
	immobilisierter pH-Gra-dient stimmt nicht oder ist nicht vorhanden; Immobiline falsch auf-bewahrt; Acrylamid, Bis-Lösung zu alt; Fehler beim Pipettieren der Immobi-line	exakt den Immobiline-Rezepturen und den Gieß-Vorschriften folgen; an-sonsten: s. o.
	Fokussierungszeit nicht ausreichend	Fokussierzeit verlängern, u.U. über Nacht
einzelne Banden fehlen, sind unscharf oder be-finden sich an der fal-schen Stelle	Sauerstoff-sensitive Proteine im Gel oxidiert (Immobiline-Gele nehmen beim Trocknen Luftsauerstoff auf)	im Falle Sauerstoff-sensitiver Protei-ne (z.B. Hämoglobine) Reduktions-mittel zur Rehydratisierungslösung zugeben
Trennspuren laufen aus-einander und/oder in Kurven	Leitfähigkeit des Gels deutlich niedriger als Leitfähigkeit der Probe (Proteine, Puffer, Salze)	Ionenfront, wie oben beschrieben, steuern; Proben nebeneinander aufge-ben; Trennspuren durch Schneiden des Gels oder Auskratzen von Rinnen trennen

Tab. A1-14: IPG-spezifische Färbeprobleme.

Symptom	Grund	Abhilfe
bei Coomassie-Färbung blauer Hintergrund	basische Immobi-linegruppen binden et-was Coomassie	Färbelösung mit < 0,5 % Coomassie verwenden; oder besser: kolloidale Färbemethode anwenden; keine Hin-tergrundfärbung!

A2 SDS-Elektrophorese

Tab. A2-1: Gelgießen.

Symptom	Grund	Abhilfe
unvollständige Polymerisation	schlechte Chemikalienqualität	nur Chemikalien mit p.A. Qualität verwenden
	Acrylamidlösung und/oder APS-Lösung überlagert	Stammlösungen immer im Kühlschrank im Dunkeln aufbewahren; 40 %ige APS-Lösung ist eine Woche haltbar, niedrigerprozentige APS-Lösungen täglich frisch ansetzen; im Zweifelsfall alle Stammlösungen frisch ansetzen
	Wasserqualität schlecht	immer H_2O_{Bidest} verwenden.
Gel bleibt an Glasplatte hängen	Glasplatte zu hydrophil	Glasplatte reinigen und mit Repel-Silane beschichten
Gradientenmischer undicht	Gummidichtungsring trocken	Gradientenmischer aufmachen, Gummidichtung mit einem dünnen Film CelloSeal® überziehen
Gradienten-Gel: Gellösung polymerisiert bereits im Mischer	Zuviel APS verwendet	APS-Menge reduzieren; Gradientenmischer aufmachen und reinigen
einzelne Luftblasen in der Gellösung	läßt sich nicht immer vermeiden	mit schmalem Folienstreifen vorsichtig herausziehen
Gradienten-Gel: eine Hälfte des Gels nicht oder unvollständig polymerisiert	APS-Lösung hat sich nicht mit Gellösung vermischt (an der Wand hängen geblieben, auf der schweren Lösung)	sorgfältig pipettieren; Magnetrührer kurz so weit hochregeln, daß ein Kegel entsteht, damit APS-Lösung in die schwere Lösung gezogen wird
Gel löst sich von der Trägerfolie	falsche Trägerfolie verwendet	Für Polyacrylamid-Gele nur GelBond-PAG-Film verwenden, nicht GelBond-Film (für Agarose)
	falsche Seite der Trägerfolie verwendet	Gel auf die hydrophile Seite gießen; mit Wassertropfen testen.
	Trägerfolie falsch oder zu lange gelagert	GelBond-PAG-Film immer kühl (< 25 °C), trocken und dunkel aufbewahren; Verfallsdatum beachten

Flüssigkeitsfilm auf der Oberfläche	Hydrolyse der Polyacrylamid-Matrix, weil der Puffer alkalisch ist (pH 8,8)	alkalische Polyacrylamid-Gele max. 10 Tage im Kühlschrank lagern
Löcher an den Probenslots	beim Gießen sind Luftblasen hängen geblieben	Slotformer exakt mit scharfem Skalpell schneiden. Schneidekanten mit gebogener Pinzette nach unten drücken; Tesafilm *"kristallklar"* oder "Dymoband" mit glatter Klebefläche verwenden: sonst können sich kleine Luftblasen bilden, die Polymerisation in ihrer Umgebung inhibieren
Löcher im Gel ("Emmentaler-Effekt")	viele kleine Luftblasen in der Gellösung	Gellösungen entlüften; beim Gradienten-Gel-Gießen den Magnetrührer nicht zu schnell laufen lassen, weil SDS-Lösungen leicht schäumen
Gelkanten ungenügend auspolymerisiert	Gellösung nicht überschichtet	Gellösung überschichten
	Luft-Sauerstoff durch die Dichtung diffundiert	Gel bei erhöhter Temperatur polymerisieren (37 bis 50 °C, ca. 30 min)
	Polymerisation zu langsam	Gellösung entlüften; etwas mehr TEMED und APS zugeben

Tab. A2-2: Effekte bei der Elektrophorese.

Symptom	Grund	Abhilfe
Einzelne Flüssigkeitstropfen auf der Oberfläche	beim Auflegen der in Puffer getränkten Elektrodenbrücken ist Puffer auf die Oberfläche getropft	darauf achten, daß Elektrodenbrücken nie über die Geloberfläche gehalten werden; ist trotzdem etwas passiert, Tropfen mit einem Filterpapier sorgfältig entfernen
Probenaufgabeband: Proben laufen ineinander	Probenaufgabeband liegt nicht gut genug auf	Probenaufgabeband gut andrücken, nicht mehr berühren, beim Einpipettieren das Band nicht mit der Pipettenspitze berühren; oder Probenaufgabestückchen verwenden
kein Strom	Elektrodenkabel nicht eingesteckt	überprüfen, ob alle Kabelverbindungen richtig eingesteckt sind
Stromversorger schaltet ab und zeigt Masse-Kurzschluß an *("Ground Leakage")*	Strom fließt außerhalb der Kammer ab	überprüfen, ob Labortisch trocken ist; bei hohen Raumtemperaturen und hoher Luftfeuchtigkeit von Zeit zu Zeit Kondenswasser von den Zuführungsschläuchen abwischen; am besten:

		Moosgummi-Überschläuche (Isolier-schläuche) verwenden
Strom fällt schnell ab, Spannung steigt schnell an	falsches Elektrodensystem (IEF-Elektroden) verwendet; werden bei Pufferstreifentechnik eingesetzt, nicht bei Puffertanks	für SDS-Elektrophorese die Elektrophorese-Elektroden (orange Platten) in die Puffertanks einsetzen und anschließen; Puffer (je 1 L) in die Elektrodentanks gießen, Elektrodenbrücken verwenden.
Front wandert nicht	Elektrodenpuffer verbraucht	Elektrodenpuffer maximal 5 mal verwenden, dann frischen verwenden
Front wandert in die kürzere Seite des Gels	falsche Steckerpolung; Gel falsch herum aufgelegt	überprüfen, ab Kabelstecker richtig eingesteckt wurden; Gel so auflegen, daß die Probenauftrageseite kathodisch liegt
Front wandert zu langsam; Trennung dauert zu lange	Strom fließt teilweise unter der Trägerfolie	als Kühlkontaktflüssigkeit Kerosin oder DC-200 Silikonöl verwenden, *nicht* Wasser
Elektrophorese dauert zu lange	Chlorid-Ionen im Kathodenpuffer	auf *keinen* Fall Kathodenpuffer (Tris-Glycin) mit HCl nachtitrieren, auch wenn der in Rezepten angegebene pH-Wert (meist pH 8,3) mit den 0,19 mol/L Glycin nicht erreicht wird; meist stellt sich ein pH von 8,9 ein, das ist in Ordnung
Kondensation	Leistung zu hoch	Stromversorger-Einstellung überprüfen: Richtwert: maximal 2,5 W / mL Gel
	Kühlung ungenügend	Kühltemperatur überprüfen (10 bis 15 °C empfohlen); Kühlwasserfluß überprüfen (Schlauchknick?); Kontaktflüssigkeit zwischen Kühlblock und Trägerfolie geben (Kerosin)
Kondensation über den Elektrodenbrücken	zuwenig Papier verwendet, dadurch hoher Widerstand	immer 7 oder 8 Blatt Papier auf jeder Seite verwenden
Wassertropfen auf der Geloberfläche	hohe Raumtemperatur, hohe Luftfeuchtigkeit, Kondenswasser auf der Oberfläche	große Glasplatte oder die Elektrodenhalterplatte über die Papierbrücken legen, damit Kondenswasser abgefangen wird und die Elektrodenbrücken gleichmäßigen Kontakt mit Gel haben

zweite Ionenfront wandert von der Anode in das Gel ein	Elektroden falsch eingesetzt, Elektrolyseprodukte kommen direkt von der Elektrode	Elektrodenplatten so in die Tanks einsetzen, daß sie sich im anderen Teil des Tanks als die Elektrodenbrücken befinden (Unterteilung der Tanks durch Zwischenwand, Diffusionssperre)
Front wandert schief 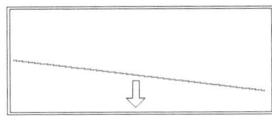	ungleicher elektrischer Kontakt	s. o.
	ungleiche Pufferkonzentration in den Papierbrücken, weil beim Tränken mit Puffer oder vor dem Auflegen auf das Gel schräg gehalten	darauf achten, daß Papierbrücken immer horizontal gehalten werden
	bei Disk- und Gradienten-Gelen war der Gießstand nicht horizontal ausgerichtet	Gießstand mit Hilfe einer Wasserwaage horizontal ausrichten
Front wandert kurvig 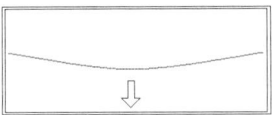	Gel ist polymerisiert bevor horizontaler Ausgleich des Dichtegradienten bzw. der Dichtediskontinuität abgeschlossen war	Start der Polymerisation etwas hinauszögern: durch Reduzierung der APS-Menge und/oder Vorkühlen der Gießkassette im Kühlschrank
Front wandert "mäanderförmig"	punktuelle Austrocknung der Geloberfläche unter den Löchern des Deckels	Glasplatte oder Elektrodenhalterplatte über die Elektrodenbrücken und das Gel legen
Bildung weißer Präzipitate und unregelmäßiger Oberfläche im Gel	Schmutz im Elektrodenbrückenpapier bildet mit SDS Präzipitate	nur Elektrodenpapier reinster Qualität verwenden; Papier nur mit Gummihandschuhen berühren
Gel trocknet an einer Papierkante entlang aus und brennt nach gewisser Zeit an dieser Stelle durch	elektroosmotischer Effekt durch schlechte Chemikalienqualität und/oder alte Acrylamidlösung	nur Chemikalien mit p.A. Qualität verwenden; Acrylamid-Stammlösung im Kühlschrank dunkel und nicht zu lange aufbewahren (für SDS-Gele maximal 2 Wochen)

Slots trocknen aus und brennen nach gewisser Zeit durch; zugleich Wasserbildung an der kathodischen Seite der Slots	Fehler bei der Probenvorbereitung; freie SH-Gruppen nicht geschützt, dadurch Bildung von Schwefelbrücken zwischen verschiedenen Polypeptiden; diese Aggregate sind zu groß für die Gelporen und stark negativ geladen (SDS), elektroosmotischer Wasserfluß in Richtung Kathode	DTT mit EDTA vor Oxidierung schützen; nach Reduzierung, Erhitzung, und Wiederabkühlung der Proben nochmals gleiche Menge an DTT zugeben wie zur Reduzierung; oder Alkylierung mit z.B. Jodacetamid

Tab. A2-3: Trennergebnisse.

Symptom	Grund	Abhilfe
Banden nicht gerade, sondern gekurvt	Verschiebung eines Teils des Gradienten durch Wärmekonvektion bei der Polymerisation	in die leichte Lösung etwas mehr APS geben als in die schwere, so daß die Polymerisation oben startet und nach unten läuft
Banden hängen eng aneinander an der Pufferfront	Trenn-Gel-Konzentration zu niedrig	Trenn-Gel-Konzentration erhöhen
	niedermolekulare Peptide schlecht aufgelöst	Gradienten-Gele (u.U. konkave exponentielle Porengradienten) verwenden; Schägger, von Jagow-Puffersystem verwenden [38]
	Nachpolymerisation nicht abgeschlossen	Gel mindestens einen Tag vorher polymerisieren
niedermolekulare Proteine fehlen	Nachpolymerisation nicht abgeschlossen	Trenn-Gel mindestens einen Tag vor Lauf polymerisieren
Banden sind "zittrig" und unscharf	unvollständige Polymerisation des Trenn-Gels	Trenn-Gel immer mindestens einen Tag vor der Elektrophorese herstellen, weil in der Gelmatrix eine langsame Nachpolymerisation stattfindet
unscharfe Banden	Probe zu nahe an der Kathode aufgetragen	Proben mindestens 1 cm von der Kante der Kathodenbrücke bzw. des Pufferstreifens entfernt auftragen
	alte Proben	Proben frisch ansetzen; manchmal hilft auch nochmaliges Aufkochen (mit vorheriger und nachheriger Zugabe von Reduktionsmittel); oder Alkylierung

	homogenes Gelsystem verwendet, Puffersystem für die Proben nicht optimal	Disk-PAGE und/oder Gradienten-Gel-PAGE ausprobieren; anderes Puffersystem ausprobieren
	Gelpolymerisation unvollständig	s. o.
artefizielle Doppelbanden	teilweise Rückfaltung von Molekülen durch ungenügenden Schutz der SH-Gruppen	Probe nach der Reduktion alkylieren
Proteinkonzentration in Banden ungleichmäßig verteilt	sehr kleine Probenvolumina aufgetragen, dadurch Füllung in Probenslots oder Lochband ungleichmäßig	Proben mit Probenpuffer verdünnen und entsprechend mehr auftragen oder direkt auf Geloberfläche aufpipettieren (bei < 5 µL)
krumme Banden	zuviel Salz in der Probe, dadurch starke Leitfähigkeitsunterschiede beim Start	Proben durch Gelfiltration (NAP-Säulen) oder Dialysieren gegen Probenpuffer entsalzen
Präzipitat an der Slotkante	Gradienten-Gel: Gradient falsch herum gegossen und Proben im engporigeren Teil aufgetragen	darauf achten, daß die Slots sich im Bereich der niedriger konzentrierten Acrylamidlösung befinden
	Elektro-Dekantation, Slots zu tief	Slot-Tiefe (Anzahl der Tesafilmschichten) verringern (soll maximal 1/3 der Gelschicht betragen); wenn größere Probenvolumina aufgegeben werden sollen, lieber Fläche der Slots vergrößern; Lochband verwenden
	einige Proteine sind zu groß, um in die Gelporen einzudringen	Gradienten-Gel verwenden, weil damit größeres Molekulargewichtsspektrum aufgetrennt werden kann
	Fehler bei der Probenvorbereitung; freie SH-Gruppen nicht geschützt, dadurch Bildung von Schwefelbrücken zwischen Polypeptiden, die zu groß für die Gelporen sind	DTT mit EDTA vor Oxidierung schützen; nach Reduzierung, Erhitzung, und Wiederabkühlung der Proben nochmals gleiche Menge an DTT zugeben wie zur Reduzierung; oder Alkylierung mit z.B. Jodacetamid

Hochmolekulare *"Geisterbanden"*	Fehler bei der Probenvorbereitung, s. o.	s. o.
Proteinpräzipitat an der Slotkante; unterhalb der Slotkante zieht ein sich erst verengender und dann wieder verbreiternder Längsstreifen durch die Trennspur	Überladung; Polypeptide komplexieren und aggregieren beim Eintritt in die Gelmatrix; nach und nach geht wieder Protein in Lösung und wandert in Richtung Anode	Probe verdünnen, weniger auftragen
Banden ziehen Streifen nach	Partikeln in der Probe	Proben zentrifugieren oder filtrieren
vereinzelte Längsstreifen, die teilweise mitten im Gel beginnen	Staubpartikeln, Haarschuppen etc. auf die Oberfläche gefallen	Kammerdeckel nicht zu lange offen stehen lassen; beim Probenauftrag möglichst zügig vorgehen; nicht über das Gel beugen
Längsstreifen, die vom Papier ausgehen	Schmutz im Puffertank, im Papier oder an der Abdeckglasplatte bzw. an der Elektrodenhalterplatte	Frischen Puffer verwenden. Apparatur gründlich reinigen. Frisches, hochreines Papier (s. o) verwenden. Mit Gummihandschuhen arbeiten.
verschmierte Banden; Banden ziehen Schweif nach	Fettsubstanzen in der Probe	bei der Probenvorbereitung lipophile Substanzen vollständig entfernen
	ungenügende Beladung mit SDS	der Probenpuffer muß mindestens 1 % SDS enthalten; das Verhältnis SDS / Probe muß über 1,4 : 1 sein
	stark saure, stark basische Proteine, Nukleoproteine verhalten sich im SDS-System nicht optimal	CTAB-Elektrophorese (kationisches Detergenz in saurem Puffersystem) versuchen [40,41]
Molekulargewichte stimmen nicht mit anderen Meßergebnissen überein	Molekulargewichte nicht reduzierter Proben mit reduzierten Markerproteinen ermittelt	eine näherungsweise Abschätzung der Molekulargewichte ist durch den Vergleich von nicht reduzierten globulären Polypeptiden möglich
	Glykoproteine wandern bei verwendetem SDS-Puffersystem langsamer als Polypeptide gleichen Molekulargewichts, weil Zuckerreste nicht mit SDS beladen werden	für Glykoproteine Tris-Borat-EDTA-Puffersystem verwenden; Borat hängt sich an die Zuckerreste, dadurch Erhöhung der Mobilität durch zusätzliche negative Ladungen

| Hintergrund in den Trennspuren | Proteaseaktivität in der Probe | Proteasen sind auch in Gegenwart von SDS aktiv; gegebenenfalls Inhibitoren zusetzen (z.B. PMSF) |

Tab. A2-4: SDS-PAGE-spezifische Färbeprobleme.

Symptom	Grund	Abhilfe
Coomassie-Blau: ungenügende Färbeeffektivität	SDS nicht genügend von Proteinen entfernt	nur reines SDS verwenden, geringe Anteile von 14-C- und 16-C-Sulfat binden stärker an Proteine; SDS mit 20 % TCA auswaschen; länger färben als Nativ-Elektrophoresen
	Alkoholgehalt der Entfärbelösung zu hoch	Ethanol- oder Methanolkonzentration in der Entfärbelösung reduzieren, besonders bei hohen Raumtemperaturen; alkoholische Färbelösungen vermeiden; oder: Kolloidalfärbemethode verwenden
Silberfärbung: negative Banden	Unsauberes SDS	s. o.

Tab. A2-5: Trocknen.

Symptom	Grund	Abhilfe
Gel löst sich beim Färben von der Trägerfolie, reißt während des Trocknens, das trockene Gel rollt sich ein	die Bindung zwischen Trägerfolie und Gel wird von starken Säuren (TCA, H_3PO_4), die in manchen Färbelösungen enthalten sind, teilweise hydrolysiert, so daß sie dem hohen mechanischen Zug hochkonzentrierter Gele nicht mehr standhält	hochkonzentrierte Gele (T > 10 %) mit einem Vernetzungsgrad von $C = 2$ % anstelle von normalerweise $C = 3$ % herstellen; niederkonzentriertes Plateau- oder Sammel-Gel muß jedoch mit 3 % vernetzt werden, sonst mangelnde Stabilität; 10 % (v/v) Glycerin in das letzte Entfärbebad geben, $t > 15$ min

A3 Semidry-Blotting

Tab. A3-1: Aufbau des Blot-Sandwiches.

Symptom	Grund	Abhilfe
Luftblasen zwischen den Filterpapieren	weil Sandwich nicht unter Puffer zusammengebaut wird, kommen Luftblasen zwischen die Filterpapiere	nach dem Aufbau des Sandwiches mit Handroller langsam und vorsichtig Luftblasen herauswalzen, so daß möglichst kein Puffer herausgedrückt wird
auf Trägerfolie polymerisierte Gele schwierig zu handhaben	entfernen der Trägerfolie schwierig: Gele reißen beim Abziehen der Trägerfolie oder verziehen sich	Film Remover verwenden
Gelreste auf der Trägerfolie	das Durchziehen des Film-Remover-Drahtes nicht gleichmäßig durchgeführt, ein paarmal gestoppt	Draht mit gleichmäßiger Geschwindigkeit und auf einmal durchziehen.
Gel verzieht sich beim Abziehen der Trägerfolie	besonders die großporigen und sehr dünnen Gele sowie solche, die Glycerin etc. enthalten, kleben oft an der Folie	Mit einer Pasteurpipette etwas Transferpuffer zwischen Gel und Folie spritzen.

Tab. A3-2: Effekte während des Blottens.

Symptom	Grund	Abhilfe
Stromversorger benimmt sich eigenartig (springt zwischen verschiedenen Stromstärken hin und her) oder schaltet ab	manche Stromversorger arbeiten nicht bei den sehr niedrigen Spannungen, wie sie beim Graphitplatten- Blotten auftreten: 3 bis 6 V	Stromversorger mit niedrigem Innenwiderstand verwenden
hohe Leistung (ca. 20 W)	Filterpapierfläche zu groß gewählt, Strom fließt um Blot herum	Filterpapier auf gleiche Größe wie Gel und Blotfolie zuschneiden, oder Maske aus Plastik zuschneiden und unter Blotfolie einlegen (Fenster ist so groß wie Gel und Blotfolie)

Spannung steigt während des Blottens an	zwischen Graphitplatten und Filterpapier sind Elektrolyse-Gas-Polster entstanden, dadurch wird Leitfähigkeit reduziert	Kathodenplatte mit einem 1 kg-Gewicht beschweren, damit Gas seitlich entweicht
Leistung steigt während des Blottens stark an, Blotter wird heiß	Puffer zu konzentriert, Stromstärke zu hoch	nur die empfohlenen Puffer in korrekter Konzentration verwenden, möglichst nicht mehr als 0,8 mA / cm^2 Blotfläche einstellen

Tab. A3-3: Nach dem Blotten.

Symptom	Grund	Abhilfe
Schwierigkeiten beim Entfernen der Blotfolie	Geloberfläche klebrig	bei großporigen Gelen (Fokussier-Gelen, Agarose-Gelen) Blotfolien mit 0,45 mm Porengröße verwenden, nicht kleinporigere; Gele vor Aufbau des Sandwiches kurz (3 bis 4 min) in Transferpuffer baden; bei IEF-Gelen die ursprünglich der Trägerfolie zugewandte Seite des Gels mit Blotfolie in Kontakt bringen (nicht die Oberfläche)

Tab. A3-4: Ergebnisse.

Symptom	Grund	Abhilfe
Kein Transfer, nichts auf der Blotfolie	falsche Strompolung	überprüfen: bei basischem Puffersystem in Richtung Anode, bei saurem Puffersystem in Richtung Kathode blotten
	Sandwich falsch zusammengebaut, Blotfolie auf der falschen Seite	Reihenfolge der Sandwich-Schichten überprüfen, s. o. bei Strompolung
	Filterpapierfläche zu groß gewählt, Strom ist um Blot herumgeflossen	Filterpapier und Blotfolie auf Größe des Gels zuschneiden, oder Plastikmaske verwenden, s. o.
	Fokussierungs-Gel mit hoher Harnstoffkonzentration: SDS bindet nicht an Proteine, dadurch wegen fehlenden Ladungen kein elektrophoretischer Transfer möglich	Harnstoff-haltige Fokussierungs-Gele für ein paar Minuten in Kathodenpuffer tränken, damit Harnstoff herausdiffundiert, dann Blot zusammenbauen

	Fokussierungs-Gel enthält nichtionisches Detergenz, welches SDS-Beladung der isoelektrischen Proteine verhindert	Nativ-Elektrophorese in Anwesenheit nichtionischer Detergenzien durchführen; für IEF bisher noch kein befriedigender Problemlösungs-Vorschlag bekannt (*Doktorarbeit*)
	Proteine befinden sich innerhalb der Blotfolie und sind deshalb nicht zu sehen	zur Überprüfung Allgemeinanfärbung, z.B. mit Amidoschwarz oder Indian Ink, durchführen und Blot mit einem Laserdensitometer scannen
Transfer nicht komplett (Moleküle bleiben im Gel)	Gelkonzentration zu hoch	niedrigere Gelkonzentration verwenden
	Molekulargewichte einiger Proteine zu groß	limitierte Proteolyse der hochmolekularen Proteine vor dem Transfer im Gel durchführen

Tab. A3-4: Fortsetzung.

Symptom	Grund	Abhilfe
	Wanderungsgeschwindigkeit der Proteine zu unterschiedlich: Niedermolekulare noch im Gel, hochmolekulare schon durchgeblottet	Porengradienten-Gele verwenden
	Methanol im Transferpuffer läßt Gel zu stark schrumpfen	Methanol weglassen oder Konzentration reduzieren
unregelmäßiger Transfer	Stromfluß unregelmäßig, weil die Graphitplatten trocken waren	Graphitplatten immer vor dem Zusammenbauen mit H_2O_{dest} gleichmäßig befeuchten
unvollständiger Transfer	Transferzeit zu kurz	bei dickeren Gelen, z.B. 3 mm, und/oder sehr engporigen Gelen muß empfohlene Blotzeit (1 h) verlängert werden (z.B um 1/2 h).
	Ladungs-/Masse-Verhältnis einiger Proteine ungünstig	Gel vor dem Blotten 5 bis 10 min in Kathodenpuffer äquilibrieren
	Teil des Stroms ist neben Gel und Blotfolie vorbeigeflossen	Filterpapiere und Blotfolie immer exakt auf Gelgröße zuschneiden; oder Plastikmasken mit Fenstern verwen-

		den, welche die Flächen um das Gel herum isolieren
	beim gleichzeitigen Transfer mehrerer "Trans-Units" ist es möglich, daß die Trans-fer-Effektivität in Richtung Kathode abnimmt	in einem solchen Falle nur eine Trans Unit auf einmal blotten
	kontinuierliches Puffer-system verwendet; für manche Proteine nicht so effektiv wie diskonti-nuierliches Puffersystem	diskontinuierliches Puffersystem verwenden
	bei diskontinuierlichem Puffersystem bei zu kalten Temperaturen geblottet, dadurch verändert sich der pK-Wert des Folge-Ions und es wird schneller als die Proteine	wird als Folgeion 6-Aminohexansäu-re verwendet, bei Raumtemperatur (20 bis 25 °C) blotten; wenn tempera-tursensible Enzyme bei niedrigerer Temperatur geblottet werden müssen, anderes Puffersystem auswählen
Schlechter Transfer (Muster gestört)	Kontaktproblem: Luft-blasen im Sandwich	Darauf achten, daß Luftblasen ver-mieden werden; vorsichtig mit Hand-roller die Luftblasen herauswalzen
	Polyacrylamid-Gel quillt während des Blot-tens	20 % Methanol zum Transferpuffer geben; Gel im Transferpuffer vorquel-len lassen (5 min)
	Diffusion	Zeit für den Sandwich-Aufbau und die Äquilibrierungszeit reduzieren; großporige Gele und Blotfolien nicht mehr verschieben, wenn sie in Kon-takt gekommen sind
Transfer nicht effektiv (Moleküle wandern aus dem Gel, aber zuwenig auf der Blotfolie zu fin-den)	Bindung zuwenig effek-tiv	nach Transfer den Blot über Nacht lie-gen lassen oder für 3 h bei 60 °C in Trockenschrank legen, damit Bin-dung verstärkt wird; dann erst anfär-ben oder blockieren
		andere Blotfolie verwenden: z.B. Ni-trocellulose mit geringerer Porengrö-ße, PVDF, Nylonfolien. Oder mehrere Blotfolien hintereinanderle-gen, damit durchgeblottete Moleküle abgefangen werden.

	niedermolekulare Peptide beim Nachweis ausgewaschen	Nylonmembran verwenden, nach Transfer mit Glutaraldehyd fixieren [83]
	Reduzierung der Bindungskapazität durch Detergenzien	Detergenzien weglassen, oder Agarose-Zwischen-Gel verwenden [109]
	pH-Wert zu hoch oder zu niedrig	pH-Wert entsprechend ändern.
	Transferzeit zu lange	Transferzeit verkürzen
zusätzliche Banden auf der Blottingfolie	beim Blotten mehrerer Trans Units sind einige Proteine durchgeblottet und auf die nächste Blotfolie gewandert	beim Blotten mehrerer Trans Units auf einmal, jeweils eine Dialysiermembran dazwischen legen
Transfer nicht effektiv – Proteine sind aus dem Gel, aber nicht auf der Blotfolie	Transferzeit zu lang; Proteine durchgeblottet	Transferzeit verkürzen; Richtwert 1 h gilt für SDS- Gele, bei Nativ-Gelen müssen kürzere Zeiten verwendet werden

Tab. A3-4: Nachweis.

Symptom	Grund	Abhilfe
Fast Green läßt sich nicht abwaschen	zu lange gefärbt	kürzer anfärben; Folie für 5 min in 0,2 mol/L NaOH legen
zu wenig Protein detektiert	Detergenz (z.B. Tween, NP-40) im Blockierungspuffer hat einen Teil der Proteine ausgewaschen	Detergenzien-Konzentration reduzieren oder Detergenzien ganz weglassen
	Nachweisempfindlichkeit zu gering	Steigerung der Nachweisempfindlichkeit für Indian Ink- Färbung und Immunodetektionen durch Alkalibehandlung (nach dem Transfer 5 min Inkubieren der Folie in 0,2 mol/L NaOH); Immunreaktionen und Enzymreaktionen bei 37 °C durchführen
	Nachweisempfindlichkeit der Peroxidase-Reaktion zu gering	anderes Peroxidase-Substrat verwenden, z.B. Tetrazolium- Methode; Immunogold-Methode verwenden
	Nachweisempfindlichkeit der Immunogold-Methode zu gering	anschließende Silber-Verstärkung durchführen

	Nachweisempfindlich- keit sehr gering, weil Antigenkonzentration extrem niedrig ist	amplifizierendes Enzymsystem: Avidin-Biotin-Alkalische Phosphatase-Methode anwenden; oder Autoradiographie verwenden
starker Hintergrund	uneffektives Blockieren	länger blockieren, höhere Temperatur anwenden (37 °C)
	Kreuzreaktionen mit Blockierungsreagenz	Anderes Blockierungsreagenz verwenden, z.B. Fisch-Gelatine, Magermilchpulver
Immunnachweis unspezifisch	SDS zuwenig ausgewaschen, Antikörper bindet auch an SDS-Proteine	länger waschen
	schlechter Antikörper	anderen Antikörper verwenden.
	falschen Sekundär-Antikörper verwendet; Beispiel: Untersuchung von Antigenen pflanzlichen Ursprungs. Sekundär-Antikörper-Tier ernährt sich von Pflanzen	Anderen Sekundär-Antikörper verwenden.
Indian-Ink-Färbung: Nachweisempfindlich- keit zu gering, manche Banden in der Mitte nicht angefärbt	Indian-Ink-Lösung zu alkalisch	1 % Essigsäure zur Indian Ink Lösung geben
Hintergrund nicht vollkommen weiß	Partikeln in der Indian-Ink-Lösung	Indian-Ink-Lösung filtrieren, nicht mit bloßen Händen berühren.
keine Banden	falschen Farbstoff verwendet	Füllfederhalter-Tinte *"Fount India"* verwenden

A4 Zweidimensional-Elektrophorese (IPG-DALT)

Tab. A4-1: 1. Dimension: IEF im immobilisierten pH-Gradienten.

Symptom	Grund	Abhilfe
Harnstoff in den IPG-Streifen kristallisiert aus	IEF-Temperatur zu niedrig	bei 15 °C fokussieren
	Oberfläche trocknet aus	0,5 % Nonidet NP-40 zur Rehydratisierungslösung geben
Funkenbildung	hohe Spannung plus Ionen in der Kühlkontaktflüssigkeit	Kerosin oder Silikonöl DC-200 verwenden
starke Präzipitatbildung an der Probenauftragsstelle	Aggregate und Komplexe in der Probe	Probenvorbereitung überprüfen: s. o., Zugabe von maximal 0,8 % (g/v) Trägerampholyten zur Probe erhöht Löslichkeit
	Protein- und / oder Salzkonzentration in der Probe zu hoch	Probe verdünnen, lieber größeres Probenvolumen; Kontaktfläche Probe – Geloberfläche so klein wie möglich halten; Probenaufgabe in Schlauch- oder Lochbandstückchen
	Feldstärke zu Beginn zu hoch	keine Vorfokussierung durchführen (pH-Gradient existiert bereits); bei IEF in Einzelstreifen Feldstärke über Spannung regeln: 1 h bei max. $E = 40$ V/cm, dann hochregeln
Banden im basischen Bereich unscharf	CO_2-Einfluß	CO_2 während der Fokussierung abfangen: Trennkammer abdichten, Atemkalk oder 1 mol/L NaOH in Puffertanks geben
Präzipitat auf der Oberfläche	Proteine nicht ausreichend solubilisiert	höhere Harnstoff-Konzentration (bis 9 mol/L); nichtionisches Detergenz (Nonidet NP-40) in Probe und Gel; Trägerampholyte und 2-Mercaptoethanol in Solubilisierungslösung
	Proteine konzentrieren sich vor Eintritt ins Gel plötzlich auf und aggregieren	zu Beginn niedrige Feldstärke verwenden. Proben mit granuliertem Gel (Sephadex IEF) vermischen und auftragen

| | Nukleinsäurcn in der Probe sind mit basischen Trägerampholyten präzipitiert | Proben an der Anode auftragen |

Nukleinsäurcn in der Probe sind mit basischen Trägerampholyten präzipitiert — Proben an der Anode auftragen

hochmolekulare Nukleinsäuren formen stark ionisches Präzipitat, an das Proteine gebunden werden — Proben mit RNAse oder DNAse behandeln

Basischer Teil des pH-Gradienten durch 2-Mercaptoethanol aus der Probe überpuffert (pK 9,5) — Proben an der Anode auftragen, DTT verwenden.

Tab. A4-2: 2. Dimension: SDS-Elektrophorese.

Symptom	Grund	Abhilfe
IPG-Streifen wird an anodischer Kante dünner und quillt an kathodischer an, klappt dann vertikal hoch, Gel brennt durch	Elektroosmose; durch SDS-Äquilibrierung wird IPG-Gel negativ geladen, dadurch Wassertransport in Richtung Kathode	2mal 15 min Äquilibrieren unter ständigem Schütteln in modifiziertem Äquilibrierpuffer (+ 6 mol/L Harnstoff, 30 % Glycerin) kompensiert Elektroosmose-Effekte; nach 75 min IPG-Streifen abnehmen, kathodische Elektrodenbrücke versetzen
Fehlen von Spots, Proteinverlust in der 2. Dimension	Elektroosmose (s. o.); elektroosmotischer Fluß transportiert Teil der Proteine (bis zu 2/3) in Richtung Kathode	modifizierte Äquilibrierung, wie oben beschrieben, sowohl bei Horizontal- als auch Vertikalsystem anwenden
horizontale Streifen über das Gel	Proteine nicht vollständig fokussiert	länger fokussieren; bei IPG kein Problem, weil der Gradient nicht driften kann
	Äquilibrierung nicht effektiv genug	modifizierte Äquilibrierung wie oben beschrieben durchführen; Zeiten (2mal 15 min) unbedingt einhalten
	Artefakte durch Reduktionsmittel	bei 2. Äquilibrierungs-Schritt Jodacetamid (4mal soviel wie DTT) hinzufügen (Abfangen des Reduktionsmittel-Überschusses)
horizontale Streifen	einige Proteine haben nicht fokussiert	Fokussierungszeit verlängern, s. o.

	einige Proteine sind auf der IEF-Geloberfläche präzipitiert, aber nach einiger Zeit teilweise wieder in Lösung gegangen	Präzipitatbildung minimieren (s. o.)
	Luftblasen zwischen Gelen der 1. und 2. Dimension	für exakten und luftblasenfreien Kontakt zwischen Gel der 1. und der 2. Dimension sorgen
drei Streifen über die gesamte Breite des Gels hinweg	Artefakte im Zusammenhang mit Reduktionsmittel	Äquilibrierung in 2 Schritten durchführen; Beim 2. Schritt überschüssiges Reduktionsmittel mit Jodacetamid abfangen
Vertikale Streifen	Probleme mit Proteinlöslichkeit	Harnstoff-Lösungen frisch ansetzen, um Isocyanatbildung zu verhindern; Harnstoff beim Äquilibrieren (6 mol/L) verwenden; SDS-Gehalt auf 2 % erhöhen
	Artefakte durch Reduktionsmittel	s. o.
vertikale Streifen, gestörtes Spot-Muster	Störungen durch Mizellen aus nichtionischem Detergenz aus dem IEF-Gel und dem anionischen Detergenz SDS	nur 0,5 % nichtionisches Detergenz statt der oft verwendeten 2 % bei der IEF in das Gel geben, oder schmälere Streifen für die 1. Dimension verwenden
vertikale Streifen im hochmolekularen Bereich	Äquilibrierung für manche Proteine nicht ausreichend	Äquilibrierungszeit verlängern, SDS-Konzentration im Äquilibrierungspuffer erhöhen (bis zu 4 %), Temperatur erhöhen (bis zu 80 °C)
	Proteinkonzentrierungseffekt ("Stacking") nicht ausreichend	diskontinuierliches Gelsystem verwenden
vertikale Streifen im niedermolekularen Bereich	Proteinkonzentrierungseffekt ("Stacking") nicht ausreichend	Methode nach Schägger und von Jagow [38] für die 2. Dimension verwenden
dunkler Hintergrund in verschiedenen Bereichen des Gels	Proteasen-Aktivität in der Probe	Probenvorbereitung überprüfen; u.U. Protease-Inhibitor (z.B. 8 mmol/L PMSF) hinzufügen
auffällige Kette von Spots gleichen Molekulargewichts	Carbamylierung einiger Proteine durch Isocyanat	Probenvorbereitung überprüfen; Harnstoff-Lösungen frisch ansetzen, hohe Temperaturen vermeiden; nur hochreinen Harnstoff verwenden

| Fehlen von Spots | 1. Dimension zu lange oder falsch zwischengelagert | sofort nach der 1. Dimension Äquilibrierung und 2. Dimension durchführen; oder IPG-Streifen in flüssigem Stickstoff oder bei < −80 °C zwischenlagern |
| | Zwischenfärbung oder -fixierung der 1. Dimension; manche Proteine danach nicht mehr löslich | Methode der Zwischenfärbung oder -fixierung nur bei leichtlöslichen Proteinen durchführen |

Literatur

Aebersold RH, Teplow D, Hood LE, Kent SBH *J Biolog Chem* **261** (1986) 4229-4238.

Aebersold RH, Pipes G, Hood LH, Kent SBH. *Electrophoresis*, **9** (1988) 520-530.

Altland K, Hackler R. In: *Electrophoresis' 84*. Neuhoff V, Hrsg. Verlag Chemie, Weinheim (1984) 362-378.

Altland K. *IPG-MAKER zur IPG-Berechnung*. Version 2 (1989) Pharmacia LKB Freiburg Electrophoresis **11** (1990) 140-147.

Altland K, Banzhoff A, Hackler R, Rossmann U. *Electrophoresis*. **5** (1984) 379-381.

Alwine JC, Kemp DJ, Stark GR. *Proc Natl Acad Sci USA*. **74** 81977) 5350-5354.

Anderson NG, Anderson NL. *Anal Biochem*. **85** (1978) 331-340.

Andrews AT. *Electrophoresis: theory, techniques and biochemical and clinical applications*. Clarendon Press, Oxford (1986).

Ansorge W, De Maeyer L. *Chromatogr*. **202** (1980) 45-53. Ansorge W, Sproat BS, Stegemann J, Schwager C. *J Biochem Biophys Methods*. **13** (1986) 315-323.

Atin DT, Shapira R, Kinkade JM. *Anal Biochem*. **145** (1985) 170-176.

Bog-Hansen TC, Hau J. *J Chrom Library*. **18 B** (1981) 219-252.

Baldo BA, Tovey ER, Hrsg. Protein blotting. Methodology research and diagnostic applications. Karger, Basel (1989).

Baumstark M, Berg A, Halle M, Keul J. *Electrophoresis*. **9** (1988) 576-579.

Bayer EA, Ben-Hur H, Wilchek M. *Anal Biochem*. **161** (1987) 123-131.

Beisiegel U. *Electrophoresis*. **7** (1986) 1-18.

Bjellqvist B, Ek K, Righetti PG, Gianazza E, Görg A, Westermeier R, Postel W. *J Biochem Biophys Methods*. **6** (1982) 317-339.

Bjellqvist B, Linderholm M, Östergrem K, Strahler JR. *Electrophoresis*. **9** (1988) 453-462.

Bjerrum OJ, Hrsg. Paper symposium protein blotting. *Electrophoresis*. **8** (1987) 377-464.

Bjerrum OJ, Selmer JC, Lihme A. *Electrophoresis*. **8** (1987) 388-397.

Blake MS, Johnston KH, Russell-Jones GJ. *Anal Biochem*. **136** (1984) 175-179.

Blakesley RW, Boezi JA. *Anal Biochem*. **82** (1977) 580-582.

Brada D, Roth J. *Anal Biochem*. **142** (1984) 79-83.

Brewer JM. *Science*. **156** (1967) 256-257.

Brown RK, Caspers ML, Lull JM, Vinogradov SN, Felgenhauer K, Nekic M. J Chromatogr. **131** (1977) 223-232.

Burnette WN. *Anal Biochem*. **112** (1981) 195-203.

Chiari M, Casale E, Santaniello E, Righetti PG. *Theor Appl Electr*. **1** (1989) 99-102.

Chiari M, Casale E, Santaniello E, Rhigetti PG. *Theor Appl Electr*. **1** (1989) 103-107.

Chrambach A. *The practice of quantitative gel electrophoresis*. VCH Verlag, Weinheim (1985).

Cohen AS, Karger BL. *J Chromatogr*. **397** (1987) 409-417.

Davis BJ. *Ann NY Acad Sci*. **121** (1964) 404-427.

Denhardt D. *Biochem Biophys Res Commun.* **20** *(1966) 641-646.*

Diezel W, Kopperschläger G, Hofmann E. *Anal Biochem.* **48** (1972) 617-620.

Dockhorn-Dworniczak B, Aulekla-Scholz C, Dworniczak B. Pharmacia LKB Sonderdruck **A 37** (1990).

Dunn MJ, Burghes AHM. *Electrophoresis.* **4** (1983) 97-116.

Eckerskorn C, Lottspeich F. *Chromatographia.* **28** (1989) 92-94.

Eckerskorn C, Mewes W, Goretzki H, Lottspeich F. *Eur J Biochem* **176** (1988) 509-519.

Eley MH, Burns PC, Kannapell CC, Campbell PS. *Anal Biochem.* **92** (1979) 411-419.

Estela LA, Heinrichs TF. *Am J Clin Pathol.* **70** (1978) 239-243.

Everaerts FM, Becker JM, Verheggen TPEM. Isotachophoresis, Theory, Instrumentation and Applications. *J Chromatogr Library.* Vol. **6**. Elsevier, Amsterdam (1976).

Ferguson KA. *Metabolism.* **13** (1964) 985-995.

Fujimura RK, Valdivia RP, Allison MA. *DNA Prot Eng Tech.* **1** (1988) 45-60.

Gershoni JM, Palade GE. *Anal Biochem.* **112** (1983) 1-15.

Gianazza E, Chillemi F, Duranti M, Righetti PG. *J. Biochem Biophys Methods.* **8** (1983) 339-351.

Görg A, Postel W, Westermeier R. *Anal Biochem.* **89** (1978) 60-70.

Görg A, Postel W, Westermeier R, Gianazza E, Righetti PG. *J Biochem Biophys Methods.* **3** (1980) 273-284.

Görg A, Postel W, Günther S, Weser J. *Electrophoresis* **6** (1985) 599-604.

Görg A, Postel W, Weser J, Günter S, Strahler JR, Hanash SM, Somerlot L. *Electrophoresis.* **8** (1987) 45-51.

Görg A, Postel W, Weser J, Günther S, Strahler JR, Hanash SM, Somerlot L, Kuick R. *Electrophoresis.* **9** (1988) 37-46.

Görg A, Postel W, Günther S. *Electrophoresis.* **9** (1988) 531-546.

Grabar P, Williams CA. *Biochim Biophys Acta.* **10** (1953) 193.

Günther S, Postel W, Weser J, Görg A. In: Dunn J, Hrsg. *Electrophoresis "86.* VCH, Weinheim (1986) 485-488.

Hanash SM, Strahler, JR, Somerlot L, Postel W, Görg A. *Electrophoresis.* **8** (1987) 229-234.

Hanash SM, Strahler JR. *Nature.* **337** (1989) 485-486.

Hancock K, Tsang VCW. *Anal Biochem.* **133** (1983) 157-162.

Handmann, E, Jarvis HM. *J Immunol Methods.* **83** (1985) 113-123.

Hannig K. *Electrophoresis.* **3** (1982) 235-243.

Hedrick JL, Smith AJ. *Arch Biochem Biophys.* **126** (1968) 155-163.

Heukeshoven J, Dernick R, Radola BJ, Hrsg. In: *Elektrophorese-Forum"86.* (1986) 22-27.

Hjalmarsson SG, Baldesten A. In: *CRC Critical Reviews in Anal Chem.* (1981) 261-352.

Hjerten S. *J Chromatogr.* **270** (1983) 1-6.

Hoffman WL, Jump AA, Kelly PJ, Elanogovan PL. *Electrophoresis.* **10** (1989) 741-747.

Hsu SM, Raine L, Fanger H. *J Histochem Cytochem.* **29** (1981) 577-580.

Itakura K, Rossi JJ, Wallace RB. *Ann Rev Biochem.* **53** (1984) 323.

Jackson P, Thompson RJ. *Electrophoresis.* **5** (1984) 35-42.

Jeppson JO, Franzen B, Nilsson VO. *Sci Tools*. **25** (1978) 69-73.

Johansson KE. *Electrophoresis*. **8** (1987) 379-383.

Johnson DA, Gautsch JW, Sportsman JR, Elder JH. *Gene Anal Tech*. **1** (1984) 3-8.

Jovin TM, Dante ML, Chrambach A. Multiphassic Buffer Systems Output. Natl Techn Inf Serv, Springfield, VA, USA, PB (1970) 196 085-196 091.

Karey KP, Sirbasku DA. *Anal Biochem*. 178 (1989) 255-259.

Kittler JM, Meisler NT, Viceps-Madore D. *Anal Biochem*. **137** (1984) 210-216.

Klose J. *Humangenetik*. **26** (1975) 231-243.

Kohlrausch F. *Ann Phys*. **62** (1897) 209-220.

Krause I, Elbertzhagen H. In: Randola BJ, Hrsg. *Elektrophorese Forum"87*. (1987) 382-384.

Kyhse-Andersen J. *J Biochem Biophys Methods*. **10** (1984) 203-209.

Lane LC. *Anal Biochem*. **86** (1978) 655-664.

Laurell CB. *Anal Biochem*. **15** (1966) 45-52.

Lämmli UK. *Nature*. **227** (1970) 680-685.

Leifheit HJ, Gathof AG, Cleve H. *Ärztl Lab*. **33** (1987) 10-12.

LKB Appl Note. **345**.

LKB Appl Note. **373**.

Maniatis T, Fritsch EF, Sambrook J. *Molecular cloning a laboratory manual*. Cold Spring Harbor Laboratory (1982).

Matsudaira P. *J Biol Chem*. **262** (1987) 10035-10038.

Maurer RH. *Disk-Elektrophorese: Theorie und Praxis der diskontinuierlichen Polyacrylamid-Elektrophorese*. W de Gruyter, Berlin (1968).

Maxam AM, Gilbert W. *Proc Natl Acad Sci USA*. **74** (1977) 560-564.

Merill CM, Goldman D, Sedman SA, Ebert MH. *Science*. **211** (1981) 1437-1438.

Moeremans M, Daneels G, Van Dijck A, Langanger G, De Mey J. *J Immunol Methods*. **74** (1984) 353-360.

Moeremans M, Daneels G, De Mey J. *Anal Biochem*. **145** (1985) 315-321.

Moeremans M, De Raeymaeker M, Daneels G, De Mey J. *Anal Biochem*. **153** (1986) 18-22.

Montelaro RC. *Electrophoresis*. **8** (1987) 432-438.

Narang SA, Brousseau R, Hsiung HM, Michniewicz JJ. *Methods Enzymol*. **65** (1980) 610.

Neuhoff V, Stamm R, Eibl H. *Electrophoresis*. **6** (1985) 427-448.

O'Farrell PH. *J Biol Chem* **250** (1975) 4007-4021.

Olson BG, Weström BR, Karlsson BW. *Electrophoresis*. **8** (1987) 377-464.

Olzewska E, Jones K. *Trends in genetics*. **4** (1988) 92-94.

Ornstein L. *Ann NY Acad Sci*. **121** (1964) 321-349.

Ouchterlony Ö. *Allergy*. **6** (1958) 6.

Pflug W, Laczko B. *Electrophoresis*. **8** (1987) 247-248.

Pharmacia LKB Sonderdruck. *Arbeitsanleitung: Herstellung von Gelen für PhastSystem*. (1988).

Pharmacia LKB. *Development technique file No. 230 PhastSystem*. (1989).

Pharmacia LKB Sonderdruck **008**. *SDS-Elektrophoresen in Vertikalsystemen*. (1989).

Pharmacia LKB Sonderdruck **92**. (1989).

Poduslo JF. *Anal Biochem*. **114** (1981) 131-139.

Prieur B, Russo-Marie F. *Anal Biochem*. **172** (1988) 338-343.

Radola BJ. *Biochim Biophys Acta.* **295** (1973) 412-428.

Raymond S, Weintraub L. *Science.* **130** (1959) 711-711.

Reiser J, Stark GR. *Methods Enzymol.* **96** (1983) 205-215.

Renart J, Reiser J, Stark GR. *Proc Natl Acad Sci USA.* **76** (1979) 3116-3120.

Rickwood D, Hames BD. *Gel electrophoresis of nucleic acids.* IRL Press Ltd. (1982).

Righetti PG, Drysdale JW. *Ann N Y Acad Sci.* **209** (1973) 163-187.

Righetti PG. *J Chromatogr.* **138** (1977) 213-215.

Righetti PG. In: Work TS, Burdon RH. Hrsg. *Isoelectric focusing: theory, methodology and applications.* Elsevier Biomedical Press, Amsterdam (1983).

Righetti PG, Gelfi C. *J Biochem Biophys Methods.* **9** (1984) 103-119.

Righetti PG. In: Burdon RH, van Knippenberg PH, Hrsg. *Immobilized pH gradients: theory and methodology.* Elsevier, Amsterdam (1989).

Rimpilainen M, Righetti PG. *Electrophoresis.* **6** (1985) 419-422.

Rosengren A, Bjellqvist B, Gasparic V. In: Radola BJ, Graesslin D, Hrsg. *Electrofocusing and isotachophoresis.* W. de Gruyter, Berlin (1977) 165-171.

Rossmann U, Altland K. *Electrophoresis.* **8** (1987) 584-585.

Rothe GM, Purkhanbaba M. *Electrophoresis.* **3** (1982) 33-42.

Salinovich O, Montelaro RC. *Anal Biochem.* **156** (1986) 341-347.

Sanger F, Coulson AR. *J Mol Biol* **94** (1975) 441-448.

Schägger H, Jagow von G. *Anal Biochem.* **166** (1987) 368-379.

Scherz H. *Electrophoresis.* **11** (1990). [im Druck]

Schickle HP, Gronau-Czybulka S, Westermeier R. [zur Publikation eingesandt]

Schumacher J, Meyer N, Riesner D, Weidemann HL. *Phytopath.* **115** (1986) 332-343.

Schwartz DC, Cantor CR. *Cell.* **37** (1984) 67-75.

Serwer P. *Biochemistry* **19** (1980) 3001-3005.

Shapiro AL, Vinuela E, Maizel JV. *Biochem Biophys Res Commun* **28** (1967) 815-822.

Simpson RJ, Moritz RL, Begg GS, Rubira MR, Nice EC. *Anal Biochem.* **177** (1989) 221-236.

Sinha PK, Bianchi-Bosisio A, Meyer-Sabellek W, Righetti PG. *Clin Chem.* **32** (1986) 1264-1268.

Smith MR, Devine CS, Cohn SM, Lieberman MW. *Anal Biochem.* **137** (1984) 120-124.

Smithies O. *Biochem J.* **61** (1955) 629-641.

Southern EM. *J Mol Biol.* **98** (1975) 503-517.

Strahler JR, Hanash SM, Somerlot L, Weser J, Postel W, Görg A. *Electrophoresis.* **8** (1987) 165-173.

Susann J. *The valley of the dolls.* Corgi Publ. London (1966).

Sutherland MW, Skerritt JH. *Electrophoresis.* **7** (1986) 401-406.

Svensson H. *Acta Chem Scand.* **15** (1961) 325-341.

Taketa K. *Electrophoresis.* **8** (1987) 409-414.

Tiselius A. *Trans Faraday Soc.* **33** (1937) 524-531.

Tovey ER, Baldo BA. *Electrophoresis.* **8** (1987) 384-387.

Towbin H, Stachelin T, Gordon J.
Proc Natl Acad Sci USA. **76** (1979) 4350-4354.

Vandekerckhove J, Bauw G, Puype M, Van Damme J, Van Montegu M.
Eur J Biochem. **152** (1985) 9-19.

Vesterberg O. *Acta Chem Scand.* **23** (1969) 2653-2666.

Wagner H, Kuhn R, Hofstetter S.
In: Wagner H, Blasius E, Hrsg. *Praxis der elektrophoretischen Trennmethoden.* Springer Verlag, Berlin Heidelberg (1989) 1-20.

Wagner H, Kuhn R, Hofstetter S.
In: Wagner H, Blasius E, Hrsg. *Praxis der elektrophoretischen Trennmethoden.* Springer Verlag, Heidelberg (1989) 223-261.

Weber K, Osborn M. *J Biol Chem.* **244** (1968) 4406-4412.

Westermeier R, Postel W, Weser J, Görg A.
Biochem Biophys Methods. **8** (1983) 321-330.

Westermeier R, Postel, W, Görg A.
Sci Tools. **32** (1985) 32-33.

Westermeier R, Schickle HP, Theßeling G, Walter WW.
GIT Lab Med. **4** (1988) 194-202.

Wiesner P.
Dissertation. Universität Erlangen, Nürnberg,
Naturwissenschaftliche Fakultät (1987).

Willoughby EW, Lambert A.
Anal Biochem. **130** (1983) 353-358.

Sachregister

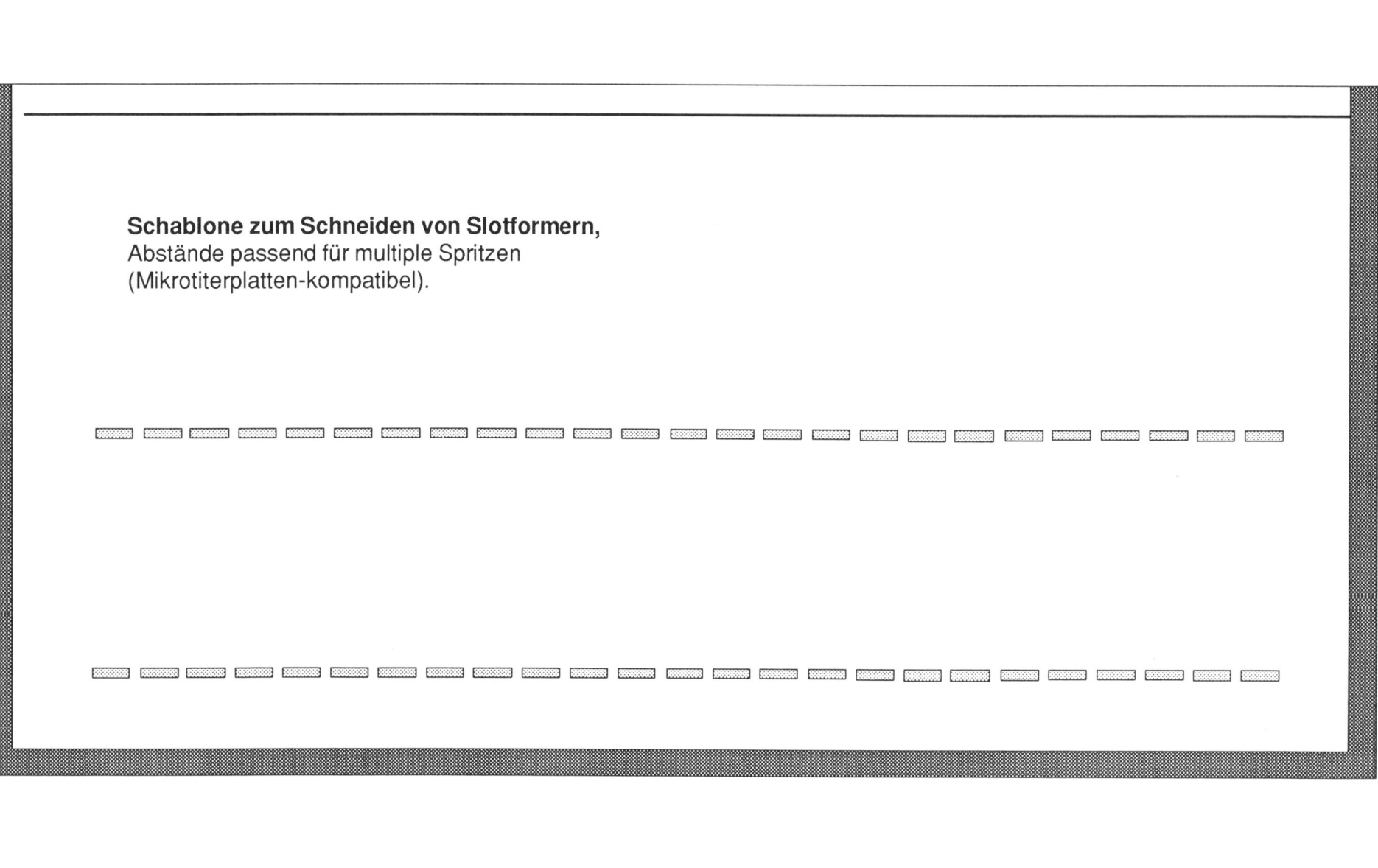

Schablone zum Schneiden von Slotformern,
Abstände passend für multiple Spritzen
(Mikrotiterplatten-kompatibel).

Schablone zum Ausschaben von Gelstreifen für IPG-Fokussierungen

	1	2	3	4	5	6	7	8	9	10	11	12	13	14	15	16	17	18	19	20